该学术专著是由赤峰学院学术专著出版基金资助出版，是由国家自然基金《具有高迁移率的有机发光二极管材料的设计、合成和性能研究》(21563002) 资助出版，是由赤峰学院教育教学研究项目（JYXMY202109）资助出版。

不同类型燃料电池及其所需催化剂的研究

张　曼/著

中国原子能出版社

图书在版编目 (CIP) 数据

不同类型燃料电池及其所需催化剂的研究 / 张曼著 .
-- 北京 : 中国原子能出版社 , 2021.8
ISBN 978-7-5221-1528-3

Ⅰ . ①不… Ⅱ . ①张… Ⅲ . ①燃料电池—催化剂—研究 Ⅳ . ① TM911

中国版本图书馆 CIP 数据核字 (2021) 第 174160 号

内容简介

燃料电池被誉为21世纪的新能源之一，是继火电、水电、核电之后的第四代发电方式。新能源技术被认为是新世纪世界经济发展中最具有决定性影响的领域之一，燃料电池的广阔应用前景已引起了世界各国的高度重视。本书是作者结合在燃料电池方面的研究工作及与国内外专家交流体会，并查阅近年来燃料电池进展的相关资料撰写而成。本书主要以燃料电池为中心，从燃料电池的原理、特征等基本知识引入，介绍了几种不同类型的燃料电池，尤其重点阐述质子交换膜燃料电池和直接醇类电池的结构、性能及有关的催化剂研究等内容。

不同类型燃料电池及其所需催化剂的研究

出版发行　中国原子能出版社（北京市海淀区阜成路 43 号 100048）
责任编辑　张　琳
责任校对　冯莲凤
印　　刷　三河市德贤弘印务有限公司
经　　销　全国新华书店
开　　本　787 mm × 1092 mm　1/16
印　　张　14.5
字　　数　230 千字
版　　次　2022 年 3 月第 1 版　2022 年 3 月第 1 次印刷
书　　号　ISBN 978-7-5221-1528-3　　定　　价　72.00 元

网　　址：http://www.aep.com.cn　　E-mail:atomep123@126.com
发行电话：010-68452845　　版权所有　侵权必究

前　言

由于污染物的排放等问题而引起的全球气候变化使得人类的生存发展面临着前所未有的严峻挑战，能源危机和环境污染迫在眉睫，要解决能源安全和可持续发展的问题，我们不仅要大力提高现有能源高效、清洁的开发技术和使用效率，而且必须开发绿色环保、高效便捷的新型持续的能源技术。作为新能源之一的燃料电池引起了人们的研究兴趣。

燃料电池是一种在等温条件下，不经过燃烧直接以电化学反应方式将燃料和氧气中的化学能转化为电能的发电装置，只要能保证燃料和氧化剂的供给，燃料电池就可以连续不断地发电，是继火力发电、水力发电、太阳能发电和原子能发电之后的新一代发电技术，具有高效、无污染、无噪声、可靠性高、模块化、对负载变化可以快速响应等显著优点，被认为是解决能源环境危机的终极方案。

现阶段主要将燃料电池分为五类：碱性燃料电池（AFC）、质子交换膜型燃料电池（PEMFC）、磷酸盐型燃料电池（PAFC）、熔融碳酸盐型燃料电池（MCFC）和固体氧化物型燃料电池（SOFC）。燃料电池被誉为21世纪的新能源之一，是继火电、水电、核电之后的第四种发电方式。新能源技术被认为是新世纪世界经济发展中最具有决定性影响的领域之一，燃料电池的广阔应用前景已引起了世界各国的高度重视，发达国家政府和大型公司投入巨资支持燃料电池技术的研究和开发，我国政府也将燃料电池技术列入国家科技攻关计划之中。为此，燃料电池及其相关技术的研究与开发成为近些年的热点课题，在国防和民用的电力、汽车、通信等多领域的应用已取得非常有意义的进展。

本书是作者结合在燃料电池方面的研究工作及与国内外专家交流体会，并查阅近年来燃料电池进展的相关资料撰写而成。本书主要以燃料电池为中心，从燃料电池的原理、特征等基本知识引入，介绍了几种不同类型的燃料电池，尤其重点阐述质子交换膜燃料电池和直接醇类电池的结构、性能及有关的催化剂研究等内容。全书共计 7 章。第 1 章为燃料电池概述,第 2 章为几种常见类型燃料电池及其催化剂研究,第 3 章为质子交换膜燃料电池的基本原理,第 4 章为质子交换膜燃料电池的催化剂研究,第 5 章为直接醇类燃料电池的基本原理,第 6 章为直接甲醇类燃料电池(DMFC)的催化剂研究,第 7 章为直接乙醇类燃料电池(DEFC)的催化剂研究。本书内容全面系统,概念清楚、文字简练、图文并茂,可供从事燃料电池研发的科技工作者参阅。作者由衷地希望,这本书有助于我国读者全面地了解燃料电池及其应用,有助于我国的燃料电池及催化剂的研究。

本书的写作过程中,参考和借鉴了大量的文献资料。在此,向参考过的文献的作者表示诚挚的谢意。燃料电池技术涉及众多学科领域。由于作者水平所限,书中的疏漏或不妥之处,敬请广大读者批评指正。

作　者

2021 年 2 月

目　录

第 1 章　燃料电池概述

燃料电池（Fuel Cell, FC）是一种将氢气（H_2）和氧气（O_2）通过电化学反应直接将化学能转化为电能的装置，其反应过程不受卡诺循环限制、无污染、能量转化率高，对环境零污染。因此，受到较多企业的关注，具有较为广阔的应用前景。

1.1　燃料电池的类型及构造

1.1.1 燃料电池（FC）分类

现阶段主要将燃料电池分为五类：碱性燃料电池（Alkaline Fuel Cell, AFC）、质子交换膜型燃料电池（Proton Exchange Membrane Fuel Cell, PEMFC）、磷酸盐型燃料电池（Phosphoric Acid Fuel Cell, PAFC）、熔融碳酸盐型燃料电池（Molten Carbonate Fuel Cell, MCFC）和固体氧化物型燃料电池（Solid Oxide Fuel Cell, SOFC）。

AFC 现阶段技术比较成熟稳定，主要用于航空任务的燃料电池。

PEMFC 是应用广泛的一种，一般采用全氟磺酸膜作为电解质。然而，由于其电解质膜成本昂贵而阻碍商业化进程。PEMFC 主要采用铂作为电催化剂，最早直接采用铂黑为电极催化剂，Pt 载量高达 10 mg/m^2，分散度低，粒度较大，成本很高，目前大多使用负载型 Pt/C 电催化剂。PEMFC 在技术上已经成熟，但是由于膜和催化剂的成本居高不下，对其推广应用发展造成了很大障碍。膜电极是 PEMFC 最关键部件，由质子交换膜、催化剂层和气体扩散层组成。其制备技术不但直接影响电池性能，而且对提高电池比功率和比能量、降低电池成本至关重要。故 PEMFC 的电催化剂及膜电极是近年来的研究热点。PAFC 是目前商业化应用程度最高，但是需要贵金属铂作催化剂的燃料电池。

MCFC 发电站现今已接近商业化发展。MCFC 不仅具有燃料电池环保高效的特点，而且噪音低，在高温条件下工作时不需要贵金属作催化剂，耐受硫化物的能力相对较高，因此系统比较简单，电池堆易于组装，成本较低。MCFC 的发电效率通常达到 50% 以上，而且其余热品位高，可用作燃料的处理和联合发电，或甲烷的内部重整，若电热两方面都利用，效率可提至 80%。MCFC 工作温度为 600 ~ 700 ℃，可适用的原料气种类广泛，可使用煤气或天然气为燃料，是一种发电效率高于传统火力发电的清洁能源。由于其高效率低排放的特点，被认为是目前商业化应用前景最广阔的一种高温燃料电池。目前，MCFC 的发展正处于大型化和商业化阶段，被誉为 21 世纪最有希望的发电技术。

SOFC 是具有诸多优点的、全固态封装结构的、无须贵金属催化剂的、最具发展潜力的燃料电池。

1.1.2 燃料电池的构造

1.1.2.1 燃料电池的反应

H_2-O_2 燃料电池在酸性和碱性介质中的电化学反应如下：

在酸性介质中

阴极反应：$O_2(g)+4H^+(aq) \longrightarrow 2H_2O(l)$

阳极反应：$H_2(g) \longrightarrow 2H^+(aq)+2e^-$

电池反应：$2H_2(g)+O_2(g) \longrightarrow 2H_2O(l)$

在碱性介质中

阴极反应：$O_2(g)+2H_2O(l)+4e^- \longrightarrow 4OH^-(aq)$

阳极反应：$H_2(g)+2OH^-(aq) \longrightarrow 2H_2O(l)+2e^-$

电池反应：$2H_2(g)+O_2(g) \longrightarrow 2H_2O(l)$

1.1.2.2 电极

实际应用的燃料电池，需要有足够高的电流密度，因而应提高电极反应的速率。燃料电池中的反应发生在电极表面（严格说是电极、气体和电解质组成的三相界面）上，氢气在阳极发生电极反应，产生的电子和质子分别通过外电路和电解质到达阴极,并在阴极与氧气反应生成水。电子经过外电路时输出了电能。

影响电极反应速率的主要因素是催化活性和电极表面积。燃料电池的电极不是简单的固体电极,而是所谓的多孔电极。多孔的表面积是电极几何面积的 10^2 ~ 10^4 倍。电极的催化活性对于低温燃料电池尤为重要,因为电极反应在低温时的速率很低。另外燃料电池的电极还要求导电性好,耐高温和耐腐蚀。

1.1.2.3 电解质

燃料电池中电解质的主要作用是提供电极反应所需的离子、导电以及隔离两极的反应物质。与一般电解质不同,燃料电池中的电解质或者本身没有流动性,或者被固定在多孔的基质中。

PEMFC 的电解质是固态聚合物膜,允许质子通过,故称为质子交换膜。

AFC 的电解质是 KOH 溶液,根据电池工作温度的不同(50 ~ 200 ℃),KOH 的浓度变化很大(35% ~ 85%)。KOH 被吸附在石棉基质中。KOH 与 CO_2 反应生成溶解度较低的 K_2CO_3 而造成堵塞,反应气体中的 CO_2 需要去除。

PAFC 使用接近 100% 的磷酸为电解质,浸在多孔 SiC 陶瓷中。浓磷酸的热稳定性好,并可以吸收电极反应生成的水蒸气,因而 PAFC 的水管理简单。

MCFC 的电解质是混合碳酸盐(Li_2CO_3-K_2CO_3),基质为 $LiAlO_2$ 陶瓷,导电的离子是 CO_3^{2-}。

SOFC 的电解质是多孔金属氧化物,即 Y_2O_3 稳定的 ZrO_2,导电的离子是 O^{2-}。

1.1.2.4 双极板

阴极、阳极和电解质构成一个单个燃料电池,其工作电压约 0.7 V。为了获得实际需要的电压,须将几个、几十个甚至几百个燃料电池连接起来,称为电池堆。两个相邻的燃料电池通过一个双极板连接。双极板的一侧与前一个燃料电池的阳极相连,另一侧与后一个燃料电池的阴极连接(故称为双极板)。

双极板的主要作用有 3 个,即收集燃料电池产生的电流、向电极供应反应气体、阻止两极之间反应物质的渗透。另外,双极板还起到支撑、加固燃料电池的作用。

低温(小于 300 ℃)燃料电池的双极板材料通常是石墨,高温燃料电池的双极板用不锈钢或导电陶瓷制作。不论用何种材料,双极板的设计和制作都是十分关键的。当然,在燃料电池的制造成本中,占相当大的比例。

1.1.2.5 周边系统

燃料电池发电系统的核心部分是电极、电解质和双极板。但在整个系统流程中,数量更多、体积更大的是周边系统(Balance of Plant, BOP)。在联合供热发电电站(Combined Heat and Power, CHP)中,燃料电池的体积仅占很小的比例。周边系统的种类、规模和数量与燃料电池的类型和所用的燃料有关。供气子系统可能有燃料储存装置、重整装置、气体净化装置、气体压力调节装置、空气压缩机、气泵等。电力调节子系统可能有 DC-AC 转换器、电机等。冷却系统主要是换热器。此外还有各种控制阀。

1.2 燃料电池的工作原理及特性

燃料电池是通过化学反应将化学能直接转换成电能的一种装置,具有以下五个特点:因为它不经过燃烧,所以不受卡诺循环的限制,没有中间转换能量损失,综合能量利用率较高,因此具有较高的发电效率;设备容量对发电效率并无影响;小型轻便,适用于分散型供电系统,无须远距离传输系统;电池工作时没有噪音,被称为“安静电站”排放废物量少,污染较小。

燃料电池是一种能转换装置,它按电化学原理,即原电池(如日常所用的锌锰干电池)的工作原理,等温地把贮存在燃料和氧化剂中的化学能直接转化为电能。

对于一个氧化还原反应,如:

$$[O]+[R]\longrightarrow P$$

其中，[O]代表氧化剂，[R]代表还原剂，P 代表反应产物。原则上可以把上述反应分为两个半反应，一个为氧化剂[O]的还原反应，一个为还原剂[R]的氧化反应，若 e 代表电子，即有

$$[R] \longrightarrow [R]^+ + e^-$$

$$\frac{[R]^+ + [O] + e^- \longrightarrow P}{[R] + [O] \longrightarrow P}$$

以最简单的氢氧反应为例，即为

$$H_2 \longrightarrow 2H^+ + 2e^-$$

$$\frac{1/2O_2 + 2H^+ + 2e^- \longrightarrow H_2O}{H_2 + 1/2O_2 \longrightarrow H_2O}$$

一节燃料电池由阳极、阴极和电解质隔膜构成。燃料在阳极氧化，氧化剂在阴极还原，从而完成上述两个半反应，即构成一节燃料电池。燃料电池的输出电压等于阴极电位与阳极电位的差。在电池开路（无输出电流）时，电池的电压为开路电压 E''。当电池输出电流对外做功时，输出电压由 E'' 下降至 E，这种电压降低的现象称为极化。电池输出电流时阳极电位的损失称为阳极极化，阴极电位的损失称为阴极极化。一个电池总的极化是阳极极化、阴极极化和欧姆电位降三部分的总和。从极化形成的原因来分析，极化包括由于电化学反应速度限制所引起的电位损失——活化极化，由反应剂传质限制所引起的电位损失——浓差极化，由电池组件（主要是电解质膜）的电阻所引起的欧姆电位损失——欧姆极化。

燃料电池与常规电池不同，它的燃料和氧化剂不是贮存在电池内，而是贮存在电池外部的贮罐中。当它工作时（输出电流并做功时），需要不间断地向电池内输入燃料和氧化剂并同时排出反应产物。因此，从工作方式上看，它类似于常规的汽油或柴油发电机。

由于燃料电池工作时要连续不断地向电池内送入燃料和氧化剂，所以燃料电池使用的燃料和氧化剂均为流体，即气体和液体。最常用的燃料为纯氢、各种富含氢的气体（如重整气）和某些液体（如甲醇水溶液）。常用的氧化剂为纯氧、净化空气等气体和某些液体（如过氧化氢和硝酸的水溶液等）。

1.3 燃料电池的工作电压和效率

1.3.1 燃料电池的工作电压

燃料电池的工作电压可由下式计算

$$V = E - (J + J_{in})r - X\ln\frac{J + J_{in}}{J_0} + Y\ln\left(1 - \frac{J + J_{in}}{J_L}\right) \qquad (1\text{–}1)$$

式中，V 为燃料电池工作电压，V；E 为理论开路电压，V；r 为面积电阻率，kΩ · cm²；J 为电池电流密度，mA/cm²；J_{in} 为内部电流密度，mA/cm²；J_0 为交换电流密度，mA/cm²；J_L 为极限电流密度，mA/cm²；X 为 Tafel 曲线的斜率，V；Y 为浓差极化公式的常数，V。

式（1-1）的应用有一定的限制，只适用于电流密度不太低和不太高时，即 $(J_0 - J_{in}) < J < (J_L - J_{in})$。必要的参数确定后，可用式（1-1）计算燃料电池的工作电压。

低温燃料电池与高温燃料电池的一个显著差别是交换电流密度。低温燃料电池（如 PEMFC）的交换电流密度很低，远远低于内部电流密度，造成电压损失，即使在电流密度为 0 时，其开路电压也小于理论开路电压。而且在曲线的起始阶段（电流密度小于 20 mA/cm²），工作电压急剧降低。

高温燃料电池的交换电流密度很高，实际开路电压和理论开路电压几乎相等，而且在低电流密度时，电压降很小。

1.3.2 燃料电池的效率

燃料电池性能的评价，除工作寿命、重量、成本等因素外，最重要的就是效率。一般来讲，能量转换装置的效率是指装置输出的能量占输入能量的百分数比，即

$$\eta = \frac{\text{输出能量}}{\text{输入能量}} \times 100\%$$

除电化学能量转换装置以外，其他能量转换装置是将化学反应能转换为机械能或热能，然后再转换成电能。在能量转换过程中，效率是受

一定限制的。比如热机效率，从热力学第二定律知，任何热机的效率都不可能达到100%。而对于只有冷、热两热源的热机系统，其最大效率为卡诺（Carnot）循环效率，即

$$\eta_{Carnot}=\frac{T_1-T_2}{T_1}\times 100\% \tag{1-2}$$

由式（1-2）可知，除非冷源温度 T_2 为绝对零度，否则 η_{Carnot} 效率不会达到100%。而工作在 T_1、T_2 两热源的实际热机，因不可能维持可逆、绝热等条件，其效率要大大低于 η_{Carnot}。

所以，实际热机效率是受到制约的，即 $\eta<\eta_{Carnot}$。换句话说，不论如何改变热机的工作性能，都永远不能使其效率超过 η_{Carnot}。

但是，燃料电池没有这样的制约，其效率要比其他能量转换装置的效率高。

然而，燃料电池的效率表达方式也非常复杂，各种资料的介绍也不严格一致，在使用及比较时须加以注意。本节介绍几种常用的效率表达方法。

1.3.2.1 热力学效率

热力学效率也称极限效率，是燃料电池理论上能达到的最高效率。

由化学热力学可知，如果化学反应的 $\Delta G<0$，则该反应释放的能量可以做有用功 W'。如果将燃料电池的热力学效率定义为

$$\eta_{th}=\frac{W'}{\Delta G}$$

由于原电池所作的最大有用功等于吉布斯自由焓变化，不论反应系统和条件如何变化，如此定义的效率极限都是100%。而且，ΔG 是随温度变化的。因此，上述定义的意义不大。

由于燃料电池所用的燃料通常可以燃烧并释放能量，可以用发电装置产生的电能与燃料燃烧反应所释放的热能（ΔH）相比较，相应地，燃料电池的热力学效率为

$$\eta_{th}=\frac{\Delta G}{\Delta H}=1-\frac{T\Delta S}{\Delta H} \tag{1-3}$$

由于式（1-3）的定义是以焓变为基数，燃料电池的热力学效率可以与其他转化装置的效率进行比较。

利用式(1-3)计算热力学效率时应注意,如果反应产物有水,应明确它是液态还是气态,因为水的状态不同,反应的 ΔH 不同。例如,氢气的燃烧反应

$$H_2(g)+\frac{1}{2}O_2(g) = 2H_2O(g) \quad \Delta H^{\Theta}=-241.8\ kJ/mol(LHV)$$

$$H_2(g)+\frac{1}{2}O_2(g) = H_2O(l) \quad \Delta H^{\Theta}=-285.8\ kJ/mol(HHV)$$

生成气态水的反应焓变称为低热值(LHV),生成液态水的反应焓变称为高热值(HHV)。所以,热力学效率应注明是基于 HHV 还是 LHV。如不注明,热力学效率通常是指利用高热值计算的数值。

值得注意的是这里还有一个有趣的现象:热力学效率理论值有时大于 1。在碳氢化合物 - 空气燃料电池中,若温度低于 100 ℃,产物水呈液态,反应的熵变为负值,则其热力学效率低于 1。而当温度高于 100 ℃,水呈气态,反应的熵变为正值时,其热力学效率就大于 1 了,如各种烃 -O_2 燃料电池。在标准状态下,若反应的熵变为正值,相应的热力学效率也超过 100%。此时,过电位损失会将这些燃料电池的实际效率降至远低于热力学效率。然而若采用电极催化等手段,充分改进电极的工作状态,降低过电位,则有可能获得接近热力学效率的实际效率。较为适当的方法是降低电流密度,则过电位也随之降低。

燃料电池效率与热机效率的另一区别还在于它们对温度的响应截然不同。燃料电池反应为放热反应,其熵变总是负值,如果熵变为负值,由式(1-3)知,随着温度增加,电池的热力学效率是降低的。比如 H_2-O_2 燃料电池,其理论热力学效率在 25 ℃时为 0.83,而在 100 ℃时为 0.78。对于热机系统,冷源温度近似视为与环境温度相同且保持不变,因而增加高温热源温度,可使二热源温差增加,由式(1-2)知,Carmot 热效率也增加。实际上,在增加高温热源温度 T_1 时,冷源(环境)温度也随之上升,这样一来,因提高 T_1 而导致的效率增加要比理论计算的 T_2 不变时要小些。如此看来,在说明效率时,应指出相应的工作温度。

理论上燃料电池的热力学效率在高温时比低温时低。然而在较高温下,反应速率增加,且相同电流密度下过电位也比低温时要低。另外,高温燃料电池可以少用或不用贵金属电极催化剂,产生的余热更容易利用。因而,综合比较起来,高温燃料电池的实际效率更高。

1.3.2.2 电化学效率

燃料电池只有在最佳状态(理想、可逆)时,才能输出 ΔG。当燃料电池有负载时,电极过程是不可逆的,实际的工作电压(V_c)低于理论开路电压(E)。对于不同的电池设计,即使是相同的电化学反应,也会有不同的效率。

电化学效率,也称电压效率,其定义为

$$\eta_{el}=\frac{-nFV_c}{\Delta G}=\frac{V_c}{E}$$

式中,V_c 为燃料电池的工作电压,V;E 为燃料电池的理论开路电压,V。

H_2-O_2 燃料电池的电化学效率在低电流密度时,可高达 0.9,且在达极限电流密度之前,随电流增加而缓慢降低。

1.3.2.3 发电效率

燃料电池是能量转换装置,将燃料中的化学能转变为电能。所谓“化学能”是一个比较模糊的概念。燃料电池所能产生的最大电能等于电池反应的自由能变化(ΔG)。一般情况下,燃料是通过燃烧产生热能来利用的,如在内燃机中的情形,产生的最大热能等于燃烧反应的焓变(ΔH)。对于同一种燃料,这里所说的电池反应和燃烧反应是同一个反应。

如果反应焓变能够转变为电能,则电池的开路电压为

$$E_{enthalpy}=\frac{-\Delta H}{nF}$$

燃料电池的发电效率,也称实际效率,其定义为

$$\eta_p=\frac{V_c}{E_{enthalpy}}=\frac{-nFV_c}{\Delta H}$$

影响实际效率的因素较多,主要有电流密度、极化、温度、燃料利用率等。

对于以纯氢气为燃料的燃料电池,发电效率为

$$\eta_p=\begin{cases}V_c/1.48(\mathrm{HHV})\\V_c/1.25(\mathrm{LHV})\end{cases}$$

HHV 效率是电池产物水为液态时的效率，LHV 效率则是电池产物水为气态时的效率。

1.3.2.4 共发电效率

燃料电池的一个显著优点是在发电的同时，能提供高质量的热水或水蒸气。特别是千瓦级以上的燃料电池电站和发电厂。这种发电模式称为联合供热发电，也称为共发电。共发电功率等于燃料电池电力输出功率与热负荷之和，共发电效率定义为

$$\eta_{CHP}=\frac{P_S+P_H}{P_{in}}$$

式中，η_{CHP} 为共发电效率，%；P_S 为燃料电池电力输出，kW；P_H 为燃料电池系统热负荷，kW；P_{in} 为燃料电池系统输入功率，kW。

对于完整的燃料电池系统来说，发电的全过程除了发电和供热，还包括燃料重整，反应气体的输送，电极的加热、冷却，电力调节和转换等，这些过程的效率都影响燃料电池系统的总效率。燃料电池总效率是所有过程效率综合的结果。

1.4 燃料电池的研究现状及应用

1.4.1 燃料电池国内外研究现状分析

燃料电池起源于 1838 年，Willian Robert Grove 于 1843 年公开发表并提出“气体电池”的原始模型，被称为“燃料电池之父”，其所使用的实验装置也被称为燃料电池的第一个装置气体电池的工作原理为燃料电池的诞生奠定了理论基础。燃料电池因制造成本、电极材料、市场等限制，多年来未受重视。直至 20 世纪 60 年代，随着卫星和太空宇宙飞船等领域的迅猛发展，使得燃料电池技术再次得到重视，加之能源匮乏和环境污染等问题的日益突出，使得燃料电池技术得到了合理的开发。

我国燃料电池技术研究始于 20 世纪 50 年代末，到 70 年代出现了第一次研究高峰，主要用于航天航空领域的碱性燃料电池（AFC），如肼 / 空气、氨 / 空气、乙二醇 / 空气燃料电池等。到了 80 年代，我国燃料电

池研究一度处于低潮期，自90年代以来随着国外燃料电池技术的不断发展，在国内掀起了新一轮的研究热潮，但截至目前，我国的燃料电池技术与国外相比仍有差距，整体产业处于研发和小规模示范运行阶段。尽管通过国家相关政策的扶持，已初步掌握了燃料电池电堆和关键材料、动力系统等的核心技术，但在关键材料的开发使用及工艺等方面与国外相比仍有明显差距[①]。

1.4.2 燃料电池产业化发展存在问题

随着环境问题的日益突出，人们迫切需要寻找既有较高的能源利用效率，而又不对环境造成污染的新能源，而燃料电池是比较理想的发电技术。燃料电池的特点既可应用于军事、航空航天等领域，也可应用于民用，如机动车、移动设备等领域。伴随着燃料电池技术的不断突破和创新燃料电池的小型化设计因符合市场的需求，也成为燃料电池的发展方向之一，可作为笔记本电脑、照相机、无线电电话等携带型电子产品的电源。

但我国在燃料电池技术研究方面仍存在一些问题，如过多对燃料电池应用方面进行研究而对质子交换膜燃料电（PEMFC）的市场化尚未进行实现研究，而燃料电池的发动机、备用电源、电站等项目，都只是由政府买单的研发-示范项目，距离实现商业化还有较大差距。而燃料电池能否顺利实现商业化，是能否实现节能环保的重要保障。此外，研究燃料电池技术所需的成本（如资金、材料、催化剂等问题）和燃料电池使用寿命同样是影响其能否实现商业化的重要保障。

1.4.3 燃料电池应用前景分析

燃料电池技术的实用性已经得到业界公认，尽管目前还存在一些问题如燃料电池的研发与利用等方面，但作为较为理想且能达到零污染的清洁能源，燃料电池技术研究及应用已急剧增加。随着对燃料电池成本的控制和氧能技术的不断发展其应用领域也正不断拓宽，并形成良好的良性循环，燃料电池商业化进程中的问题也将会逐步得到解决。此外随

① 邵明标.燃料电池的发展趋势及应用前景综述[J].山东化工，2019，48(23)：71-73.

着我国政府对燃料电池技术的高度关注,也使得研究单位越来越多,且具有多年的人才储备和科研积累、产业部门的兴趣也不断增加等这些都将为我国燃料电池技术的高速发展带来了无限的生机。

第 2 章　几种常见类型燃料电池及其催化剂研究

几种常见类型燃料电池具有广阔的应用前景,比如曾主要用于航天领域的碱性燃料电池,最接近实际应用的磷酸燃料电池,适用于中小规模分散电站的熔融碳酸盐燃料电池,符合绿色经济和可持续发展的固体氧化物燃料电池。下面将针对这几种燃料电池及其催化剂进行说明。

2.1　碱性燃料电池及催化剂的相关研究

碱性燃料电池(Alkaline Fuel Cell, AFC)最早应用于阿波罗登月计划中。其阳极活性物质是氢气,阴极活性物质是空气,操作温度是室温。由于氧在碱性水溶液中的还原反应 E_0 只要 0.4 V,而在酸性水溶液中的 E_0 则为 1.23 V,因而氧在碱性水溶液中的还原反应更易进行,电动势更高,其工作电压可以高达 0.875 V,可以获得较高的效率,达到 60% ~ 70%,高于质子交换膜燃料电池的 40% ~ 50% 的效率。碱性水溶液腐蚀性相对较小,材料选择范围宽,催化剂也可以使用非贵金属。另外,电池工作温度低,启动快;电解液中 OH^- 为传导介质,电池的溶液内阻较低;不需要成本较高的聚合物隔膜。这些优点使得碱性燃料电池曾经受到广泛重视,但是空气中的 CO_2 对碱性燃料电池电极催化剂具有毒化作用,大大降低了效率和使用寿命,难以用于以空气为氧化剂气体的交通工具中。近几年研究表明,CO_2 毒化作用可以通过多种方式解决,使得碱性燃料电池具有一定的发展潜力。

2.1.1 碱性燃料电池的原理

碱性燃料电池（AFC）以强碱（如氢氧化钾、氢氧化钠）为电解质，氢为燃料，纯氧或脱除微量二氧化碳的空气为氧化剂，采用对氧电化学还原具有良好催化活性的Pt/C、Ag、Ag-Au、Ni等为电催化剂制备的多孔电流气体扩散电极为氧电极，以Pt-Pd/C、Pt/C、Ni或硼化镍等具有良好催化氢电化学氧化的电催化剂制备的多孔气体电极为氢电极。以无孔炭板、镍板或镀镍甚至镀银、镀金的各种金属（如铝、镁、铁等）板为双极板材料，在板面上可加工各种形状的气体流动通道构成双极板。

AFC单体电池主要由氢气气室、阳极电解质、阴极和氧气气室组成。AFC属于低温燃料电池，最新的AFC工作温度一般在20～70 ℃。氢气经由多孔性碳阳极进入电极中央的氢氧化钾电解质，氢气与碱中的OH^-在电催化剂的作用下，发生氧化反应生成水和电子，电子经由外电路提供电力并流回阴极，并在阴极电催化剂的作用下，与氧及水接触后反应形成氢氧根离子。最后水蒸气及热能由出口离开，氢氧根离子经由氢氧化钾电解质流回阳极，完成整个电路。电极反应为：

阳极反应：$H_2+2OH^- \longrightarrow 2H_2O+2e^-$

阴极反应：$O_2+2H_2O+4e^- \longrightarrow 4OH^-$

总反应：$O_2+H_2 \longrightarrow 2H_2O$

为保持电池连续工作，除需以电池消耗氢气、氧气的量等速地供应氢气、氧气外，通常还需通过循环电解液来连续、等速地从阳极排出电池反应生成的水，以维持电解液碱浓度的恒定，以及排除电池反应的废热以维持电池工作温度的恒定。

从电极过程动力学来看，提高电池的工作温度，可以提高电化学反应速率，还能够提高传质速率，减少浓差极化，而且能够提高OH^-的迁移速率，减小欧姆极化，所以电池温度升高，可以改善电池性能。此外，大多数的AFC都是在高于常压的条件下工作的。因为随着AFC工作压力的增加，燃料电池的开路电压也会随之增大，同时也会提高交换电流密度，从而导致AFC的性能有很大的提高。

2.1.2 碱性燃料电池的优缺点

2.1.2.1 优点

(1)工作性能好。一般来说,氧的还原反应要比氢氧化难以进行,因此,电池性能的提高主要依靠氧还原性能的提高。由于氧在碱性溶液中的还原性能要远好于酸性溶液中的,因此, AFC 的性能一般要好于使用酸性电解质的 PAFC 和 PEMFC。

(2)低温工作性能好。由于在碱性电解液中,氢的电氧化和氧的电还原性能都较好,因此, AFC 的低温工作性能好。加上浓的 KOH 电解液的冰点较低,因此,AFC 可在低于 0 ℃下工作。

(3)启动容易。由于 AFC 工作温度低,低温工作性能好,因此,电池启动快,而且可在常温下启动。

(4)电池系统成本低。在 AFC 中,阴、阳极都可用非贵金属催化剂,所以催化剂的成本相对较低。电解质为 KOH,其价格很低。而在其他燃料电池,如 PEMFC 中,电解质是 Nafion 膜,它的价格特别高。另外, AFC 的工作温度低,电解液的腐蚀性相对较弱,所以对电池组成材料的要求较低,选择面宽,材料便宜。因此,AFC 的成本较低。

2.1.2.2 缺点

由于 AFC 用的 KOH 电解质会和 CO_2 反应生成溶解度较小的 K_2CO_3,会使电池性能下降。特别是当 K_2CO_3 的质量分数一旦达到 30% 以上,就会使电池性能急剧下降。而且, K_2CO_3 易于在电极中结晶而破坏电极结构。因此, AFC 最好用纯氢和纯氧,这样运行成本较高,只能在一些特殊的情况下,如在宇宙飞船等方面使用。如要用有机物热解得到的氢和空气中的氧作为燃料,必须加上除 CO 装置,或经常更换电解液,这就使系统复杂化。由于 AFC 工作温度低,它产生的热不易利用；因此,虽然对地面民用 AFC 也进行了不少研究,但现在基本上已经停止了地面民用 AFC 的开发和应用。

2.1.3 基本结构

AFC 单体电池主要由氢气气室、阳极和电解质、阴极及氧气气室组成。AFC 电堆是由一定大小的电极、一定的单电池层集在一起,用端板夹住或者使全体黏合在一起组成的。

2.1.3.1 燃料和氧化剂

(1)燃料。AFC 一般用纯氢做燃料,但 AFC 在地面使用,存在纯氢价格高,氢源的储氢量低等问题;而用有机物热解制氢做燃料,由于其中会含 CO 而带来不少问题。在这种情况下,人们考虑了用液体燃料来代替氢,因为液体燃料的储存和运输比较方便、安全。研究过的液体燃料有肼液氨、甲醇和烃类。

肼(也称为联胺),极易在阳极上发生分解

$$N_2H_4 \longrightarrow N_2+2H_2$$

由此可见,肼实际上是作为氢源使用的。但是,由于肼的分解反应和制得的氢中含较多的氮,因此,用肼做燃料的 AFC 性能也不太好。肼曾经在 20 世纪 50、60 年代盛行过,当时主要应用在英、法、德、美的防御计划中,作为军用电源使用。但是由于联胺的剧毒性和高昂的价格,使得它的应用到 20 世纪 70 年代就中止了。这种燃料电池也基本停止了研究。

另外,也有人对氨—空气燃料电池进行了研究。它的理想阳极反应为

$$4N_3+3O_2 \longrightarrow 2N_2+6H_2O$$

按照这个反应,氨生成的有效氢比例较大,但是实际上由于氨反应产生的氮原子不容易互相结合形成氮气,反而会在电极上形成某种氮化物而导致电极催化剂中毒,发生如下的反应

$$2NH_3+6OH^- \longrightarrow N_2+6H_2O+ 6e^-$$

(2)氧化剂。AFC 的氧化剂既可以是空气,也可以是氧气。例如,美国国际燃料电池公司和德国的西门子公司所开发的 AFC 主要采用纯氧作为氧化剂,而比利时电化学能源公司主要采用空气作为氧化剂。在一定电压下,用空气做氧化剂的 AFC 输出电流密度要比用纯氧的低 50%。最大的问题是空气中含 CO_2 等杂质,虽然通过预处理除去了 CO_2,但是还有一些其他杂质,如 SO_2 等存在;这些杂质对于电池的影响也是不利的。

2.1.3.2 电极

（1）电极结构。由于电极必须是气体扩散电极，因此，一般由三个部分组成。第一是为扩散层，它与气体接触。因此，首先，要求它有较大的孔径，一般大于 30 μm，以利于气体的扩散；其次，还要具有较好的憎水性，其憎水性用加入 PTFE 形成；最后，要具有好的导电性，因此，扩散层的主体材料一般是多孔金属粉，常用的是烧结镍粉、Raney 镍等，Raney 镍是由镍铝复合物中溶出铝得到的。第二是催化层，它是将催化剂和 PTFF 混合得到，这样使催化层也有一定的防水性。PTFE 的质量比一般是催化剂的 30% ~ 50%。第三是集流体，一般是由镍网制成，它不易在 KOH 中腐蚀，而且又有较好的导电性

（2）对催化剂的要求。催化剂性能的好坏对于电池性能的优劣有着很重要的影响。因此，对催化剂有如下要求：

●具有良好的导电性或使用导电性良好的载体。

●具有电化学稳定性，在电催化反应过程中，催化剂不会因电化学反应而过早失活。

●必要的催化活性和选择性。要能促进主反应的进行，同时也能抑制有害的副反应发生。

2.1.4 阳极催化剂

2.1.4.1 贵金属催化剂

氢分子分解为氢原子过程所需的能量较大，约为 320 kJ/mol，所以只有一些对氢原子亲和力较大而且吸附氢原子的吸附热大于 160 kJ/mol 的电极才能与氢原子发生吸附。能够满足这些条件的电极多为金属电极，如 Pt、Pb、Fe、Ni 等。所以，人们虽然研究出了很多非贵金属催化剂；但是到目前为止，性能最好的仍然是贵金属催化剂。这些催化剂的催化性能远远超过了非贵金属催化剂。虽然非贵金属催化剂存在着价格上的优势；但是，就性能来考虑，贵金属催化剂还是存在着不可替代的优点。而且电池的性能和贵金属催化剂的用量相关。早期，人们采用高负载量的贵金属催化剂作为碱性燃料电池的阳极，如国际燃料电池公司（IEC）采用的阳极材料为 10 mg/cm^2 的贵金属（80%Pt，20%Pd）。

现在，人们考虑到电池的成本问题，或者开发出了新的载体材料，使催化剂载量降低到了原来的1/20 ~ 1/100。因此，在航天用的AFC中，一般都用贵金属催化剂。

由于这些贵金属催化剂价格昂贵，现在已经开发和研究了许多复合催化剂以降低电池成本。

2.1.4.2 合金或多金属催化剂

在研制地面使用的AFC时，一般不使用纯氢和纯氧做燃料和氧化剂，因此要考虑进一步提高催化剂的电催化活性、提高催化剂的抗毒化能力和降低贵金属催化剂的用量。一般用Pt基二元和三元复合催化剂来达到上述的要求。研究过的Pt基复合催化剂有Pt-Ag、Pt-Rh、Pt-Pd、Pt-Ni、Pt-Bi、Pt-La、Pt-Ru、Ir-Pt-Au、Pt-Pd-Ni、Pt-Co-W、Pt-Co-Mo、Pt-Ni-W、Pt-Mn-W、Pt-Ru-Nb等二元以及三元合金催化剂

例如，东北大学的顾军等人研究了Pd、Ni、Bi、La对Pt/C催化剂的影响。他们采用共沉淀法制备催化剂，即将Pt、Pd、Ni、Bi、La的硝酸盐溶液与活性炭(颗粒直径约为10 cm左右)混合在一起，预先高速搅拌0.5 h，以甲醛和KOH的混合溶液作为还原剂。制备过程分为3个阶段。首先将还原剂以不同的滴加速度滴入悬浮液中进行还原；还原之后，再继续搅拌1 h，过滤、洗涤，最后烘干，得到合金催化剂。将催化剂粉末和PTFE混合，辊压成薄膜，制得催化剂层。将硫酸钠和PTFE乳液混合，辊压成透气膜，并以不锈钢网作为集流层。将这三部分在10 MPa下压制成氢电极。测试了电极的电化学性能。实验发现制备得到的合金催化剂以Pt-Pd/C性能最好，其次是Pt-Ni/C催化剂，而Pt/C催化剂性能最差。通过扫描电镜观察发现，Pt/C催化剂的颗粒最大，而且分散性很差，而Pt/C的电化学比表面积较小；Pt-Pd/C和Pt-Ni/C催化剂分散较好，而且粒子尺寸较小，使得二者的有效表面积较大。这可能是造成它们催化性能存在差异的原因。该作者提出，从催化剂成本来考虑，应优先考虑Pt-Ni/C。另外，在该篇文献中，作者还制备了Pt-Ni-La/C催化剂，并考察了其电化学性能。发现La的加入，使催化剂Pt-Ni/C的性能提高，原因主要是使Pt-Ni/C催化剂的分散性更好，从而提高了Pt-Ni/C催化剂的有效表面积，增加了反应的活性数目，提高了氢电极的氧化性能。

另外，对在 H_2 中有 CO 存在的情况下，为了避免或减少催化剂中毒情况，Pt-RuC 催化剂的研究日益增多。何志斌等人对该类催化剂的研究进行了评述。合金催化剂中 Ru 的作用是使 CO 的氧化电势降低，而且 Pt-Ru 合金与水的结合能较大，产生的 OH^- 活化能较小，有利于氢的氧化。所以，在 CO 存在的情况下，Pt-Ru/C 催化剂的性能要高于纯 Pt 催化剂。而若以纯 H_2 为燃料，则 Pt 催化剂的活性要高于 Pt-Ru/C 催化剂。

Lee 等发现，Pt-Sn/C 催化剂的抗 CO 水平与 Pt-Ru/C 比较相近，但是 Pt-Sn/C 催化剂的稳定温度低于 85 ℃。当高于该温度时，催化剂变得不稳定，而且工作时，电极电位不能超过 600 mV；若高于该电位，合金会发生烧结现象。Mukerjee 等人研究了 Pt-Mo/C 催化剂的活性，并与 Pt/C、Pt-Ru/C 催化剂做了比较。该催化剂的活性与 Pt/Mo 的原子比相关，当该比值为 3∶1 时，催化剂的活性最高，要高于 Pt/C 和 Pt-RuC 催化剂。

侯中军等人对几种三组分催化剂进行了研究。发现 Pt-Co-W/C、Pt-Co-Mo/C、Pt-Ni-W/C、Pt-Mn-W/C、Pt-Ru-Nb/C 等都具有较佳的耐 CO 毒化的性能。

2.1.4.3 镍基催化剂

碱性燃料电池由于在室温下操作，不需要加湿系统，而且电催化剂和电解质的成本较低，使其具有在商业化燃料电池中应用的巨大优势。但是，为了扩大其应用范围，应该进一步降低催化剂成本，因此，碱性燃料电池催化剂的另一发展方向，就是采用镍或者其合金 Raney 镍作为阳极催化剂。最早使用的是 Raney 镍。所谓 Raney 镍就是先将 Ni 与 Al 按 1∶1 的质量比配成合金，再用饱和 KOH 溶液将 Al 溶解后形成的多孔结构（Raney 金属通常是由一种活泼的金属如镍，和一种不活泼的金属如铝，混合得到类似合金的混合物，然后将这种混合物用强碱处理，把铝熔化掉，就可以得到一种表面积很大的多孔材料。这个过程不需要使用烧结镍粉，可以通过改变两种金属的量来控制孔径的大小）。其活性强，在空气中容易着火。为了保证电极的透液阻气性，应该将镍电极做成两层，使其在液体侧形成一个润湿的多孔结构，在气体侧有更多的微孔，即近气侧的孔径大于 30 μm，而近液侧的孔径小于 16 μm，电极厚度约为 1.6 mm，以利于吸收电解液。不过为了使气液界面处在合适的位置，需要严格地控制气体与电解质间的压力差；控制合宜，就可有效地将反应区稳定在粗孔层内。在氧化 H_2 的反应中，如果单纯使用镍，其活性比 Pt 低了约 3 个数量级，改进的办法是加入助催化剂。

助催化剂或称助剂，是加到催化剂中的少量物质，本身没有活性或活性很小，但加入后能提高主催化剂的活性、选择性，改善催化剂的耐热性、抗毒性、机械强度和寿命等性能。根据文献报道，有人研究出了含有若干助剂的各种雷尼镍催化剂，它们相当稳定，在同样条件下，其活性是性能良好的雷尼镍催化剂的 2 ~ 3 倍。助催化剂可分为结构型助催化剂和电子型助催化剂。张富利等人采用 Co、Cu、Bi 和 Cu_2O 为助催化剂，制备了雷尼镍催化剂，并考察了催化剂催化氢气氧化反应的性能，发现可以使电极的放电性能得到提高。

2.1.4.4 氢化物电催化剂

实现碱性燃料电池商业化的一个阻碍是阳极催化剂贵金属 Pt 的价格昂贵。因此，为了实现 AFC 与其他电池的竞争，必须寻找一种新的、以非贵金属催化剂作为 AFC 的阳极材料。AB_5 型稀土储氢合金材料，在室温下具有可逆析放氢的优良性能，其作为 Ni/MH 电池的负极材料具有很多优点——优良的电化学性能。在碱性电解质中机械性能和化学性能稳定，原料来源丰富，价格低廉等。由于碱性燃料电池中的阳极活性材料的工作温度和压力非常接近于环境条件，其所使用的电解质是质量分数为 30% ~ 40% 的 KOH 溶液。这些条件和 Ni/MH 电池的负极材料的工作条件非常接近，而且由于 AB_5 型稀土储氢合金材料所具有的优点，所以其可以作为 AFC 的阳极材料。在几十年前，一些研究小组致力于研究金属储氢合金材料作为 AFC 的阳极材料。初始的研究结果表明，将储氢合金作为阳极材料，其初始活性很高；但是随着时间的延长，其活性下降很快，需要进一步提高其活性以满足实际的需要。

其他研究过的非贵金属催化剂有 Ni-Mn、Ni-Cr、Ni-CO、W-C、Ni-B 等。但这些催化剂的活性和寿命都不如贵金属催化剂，加上使用炭载体后，贵金属载量大幅度降低，进而降低了成本，因此，这些非贵金属催化剂很少在实际的 AFC 中使用①。

① 卢立娟 .AuPt 双金属纳米粒子合成及电催化性能研究 [D]. 重庆：重庆大学，2018.

2.1.5 阴极催化剂

碱性燃料电池的阴极催化剂主要是以 Pt、Pd、Au 为代表的贵金属催化剂以及基于 Pt 的二元金属和三元金属催化剂，如 Pt-Au 和 Pt-Ag 等。这类催化剂活性高，稳定性好，但成本较高，资源有限，而且 O_2 在碱性介质中反应速率较快，可以不使用贵金属催化剂。另一类为非贵金属催化剂，包括 Ag 基催化剂、碳纳米管、氧化锰等。

2.1.5.1 碳纳米管

碳纳米管是另一种研究较多的非贵金属催化剂。以乙炔作为前驱体，用化学气相沉积法合成了直径为 20 nm 的单壁碳纳米管，并以此制备 60 μm 厚、孔隙率为 60% 的薄膜，然后在该薄膜上沉积 Pt 的纳米颗粒，该电极显示了良好的氧化还原活性。

2.1.5.2 金属氧化物催化剂

金属氧化物如 MnO_2 也可以在碱性溶液体系作为氧还原的催化剂。将 MnO_2 和 $LmNi_{4.1}Co_{0.4}Al_{0.3}Mn_{0.4}$ 储氢合金分别用于阴极和阳极催化剂，可以降低碱性燃料电池体系的体积、质量和成本。研究表明，高催化剂负载量（>150 mg/cm^2）的能量密度与 0.3 mg/cm^2 负载的 Pt/C 催化剂（阴极和阳极均采用这种催化剂）相当。但是当工作电压较低时，由于 MnO_2 和储氢合金还充当能量储存物质，因而可以释放额外的能量。

对于阴极电催化剂而言，最常见的就是如果 AFC 使用空气作为氧化剂，则空气中的 CO_2 会随着氧气一起进入电解质和电极，与碱液中的 OH^- 发生反应形成碳酸盐，生成的碳酸盐会析出沉积在催化剂的微孔中，造成微孔堵塞，使催化剂活性损失，电池性能下降。与此同时该反应使电解质中载流子 OH^- 浓度降低，影响了电解质的导电性。另外炭载型催化剂虽然具有较好的催化活性和较高的电位，但高电位同时会造成炭电极的更快氧化，使催化剂性能下降。

为了保持 AFC 电催化剂的反应活性，延长 AFC 的使用寿命，目前提出的防止催化剂中毒的方法主要有四种：利用物理或化学方法除去 CO_2，主要有化学吸收法、分子筛吸附法和电化学法；使用液态氢，利用液态氢吸热汽化的能量，采用换热器来实现对 CO_2 的冷凝，从而使气态 CO_2 降低到 0.001% 以下；采用循环电解液，主要通过连续更新电解液，清除溶液中的碳酸盐，并及时向电解液中补充 OH^- 载流子；改善电极制备方法。

2.1.5.3 氮化物催化剂

近年来，金属氮化物的催化性能逐渐为人们所发现，有文献报道，氮化物作为氧气在酸性介质中还原的电催化剂。他们的研究表明，由特定的制备工艺制得的氮化物的催化性能可与贵金属相媲美，被誉为“准铂催化剂”。另外，氮化物还具有磁性和一定的抗 CO 性，因此，氮化物也被认为是有望代替铂作为碱性燃料电池的阳极催化剂。目前，关于这方面的报道，国内还不多见。

赖渊等对炭黑采用酸处理并加入醋酸钴，再经氨气热处理改性后制备了气体扩散电极，研究了其在碱性燃料电池中对氧还原的电催化性能。先将炭黑（Vulcan X C-72R）进行预处理，放入 6 mol/dm^3 盐酸溶液中，去除可能存在的氯化物杂质，过滤后用大量去离子水清洗，再用 65% 的硝酸溶液氧化，过滤后再用大量去离子水清洗，然后在干燥箱中干燥、备用。最后在氨气气氛中和醋酸钴 $[Co(Ac)_2 \cdot 4H_2O]$ 一起进行高温处理。得到的混合物为 Co-N/C 复合催化剂，在制作过程中经过超声处理步骤得到的催化剂以 Co-N/C-ultra 进行标记。

2.1.5.4 银催化剂

为了解决贵金属催化剂成本高的问题，研究者们开发了一系列的催化剂，其中银催化剂是燃料电池中常用的氧电极催化剂之一。滕加伟等人研究了 Ag 作为 AFC 阴极催化剂的性能，发现电极需要较大量的 Ag 才能达到适宜性能。Lee 等人将 Ag 负载到炭黑上以降低催化剂 Ag 的用量；而且他们还制备了 Ag-Mg/C 催化剂以及相应的气体扩散电极，并测试了其对氧气还原的电催化活性。实验结果得到：Ag/C 电极中，Ag 的含量为 30% 时，催化剂的活性最高。当电池运行 2 h 后，电流密度达到最大。而对于 Ag-Mg/C 催化剂来说，其 Ag/Mg 的质量比为 3 : 1 时，催化剂性能最佳。在 300 mV 放电，电流密度可以达到 240 mA/cm^2。

滕加伟等人考察了 Ag/C 催化剂中添加助催化剂 Ni、Bi、Hg 制成的催化剂对氧化还原反应的电催化活性。催化剂制备采用化学还原法：烧杯中依次加入活性碳（通化 103#）、乙炔黑（日本）硝酸银和助催化剂的金属硝酸盐，制成混合浆液，在搅拌条件下加入还原剂和氢氧化钾的混合溶液，反应完全后，经过滤洗涤，于 110 ~ 120 ℃下真空干燥 2 h。实验中，采用稳态极化曲线测试催化剂的电化学性能，发现 Ag-Bi-Hg/C 催化剂对氧化还原反应具有较高的催化活性，其最佳组成为 Ag50%-N2%-Bi3%-Hg3%-C42%。该催化剂可以在电池中稳定存在 5 200 h，无催化剂失活问题。通过 XRD 和 SEM 辅助表征发现，催化剂活性的提高主要是由于助催化剂的加入使银的结晶趋于无定形化，减小了银结晶的尺寸，增大了银的比表面积，显著提高了催化剂的活性。另外，助催化剂 Ni、Bi、Hg 可以延缓 Ag 催化剂微晶的聚结，延长 Ag 催化剂的使用寿命。

2.1.6 催化剂中毒的原因及预防办法

碱性燃料电池如果使用空气作为氧化剂，则空气中的 CO_2 会随着氧气一起进入电解质和电极，会形成碳酸盐，使电解质导电性能下降，也会导致阴极催化剂中毒。

2.1.6.1 阴极催化剂中毒

（1）生成碳酸盐，造成堵塞。空气中的 CO_2 会和碱液中的 OH^- 发生反应：

$$CO_2+2OH^- \longrightarrow CO_3^{2-}+H_2O$$

生成的 CO_3^{2-} 会析出沉积在催化剂的微孔中，造成微孔堵塞，使催化剂活性损失，电池性能下降。另外，这个反应使电解质中载流子 OH^- 浓度降低，影响了电解质的导电性。Saleh 等对 Ag/PTFE 电极的电催化性能进行了研究，发现可以耐 CO_2 浓度到 1%，在这个浓度范围内，工作 200 h，电池的性能没有出现下降的趋势。另外，催化剂耐 CO_2 的性能和电池工作温度有关，在 25 ℃以下，CO_2 的存在会使催化剂中毒，这主要是由于碳酸钾的溶解度较低，会沉积出来，堵塞电极的微孔。

（2）碳载体氧化。Kinoshita 认为，高活性催化剂虽然性能较好，具有较高的电位，但同时高电位也会造成碳电极的更快氧化。Appleby 等认为，CO_2 对电极的影响和电极结构有关，如果电池结构合理，CO_2

对电极性能的影响不大。Van-Den 等测试了不含 CO_2 的空气和含 0.005%CO_2 的空气给电池进料对电池性能的影响,测试时间为 6 000 h 以上,实验结果发现两种方式进料没有表现出性能和承受力的不同。这说明,催化剂的中毒并不是完全由空气中的 CO_2 引起的,可能还存在其他影响因素。

2.1.6.2 阳极催化剂中毒

(1)毒性金属杂质的影响。一些杂质(如 Hg、Pd)如果存在,对催化剂的毒化作用很强,因此在制备催化剂或者在燃料的净化等方面,要注意防止这些杂质的引入。因为杂质的主要来源是反应原料、化学药品和设备材料等。

(2)CO 的毒化。众所周知,阳极燃料中如果存在 CO 杂质,会对催化剂产生毒化作用。CO 会吸附在催化剂的表面,占据活性点,使催化剂的有效表面积减小,从而使催化剂对 H_2 氧化反应的催化作用减弱,造成催化剂中毒。

(3)电解质中阴离子在催化剂表面的吸附。和 CO 对催化剂的毒化作用相似,电解液中存在的阴离子在电极表面的吸附也会造成催化剂的毒化。在电极表面吸附作用最强的阴离子为 Cl^-,其次为 SO_4^{2-},吸附作用最弱的为 ClO_4^-。

2.1.6.3 防止催化剂中毒的方法

(1)化学吸收 CO_2。由燃料气中带来的 CO_2 可以采用化学吸收的方法进行消除。采用钠钙进行吸收,据报道,1 kg 的钠钙可处理 1 000 m^3 空气,将其 CO_2 含量从 0.03% 降低到 0.001% 从而基本使 CO_2 的含量降低到 AFC 允许的范围。

这种方法原理简单,但缺点是需要不断更换吸收剂,操作比较复杂,实际应用起来比较困难。

(2)分子筛筛选。采用多次通过分子筛的方法,也可以降低 CO_2 的含量。CO_2 的吸附和解析是通过温度摆动、压力摆动和气体清洗实现的。由于水优先被吸附,所以需要增加空气干燥程序,使得流化床较大,增加了能量消耗和系统再生成本。

(3)电化学法去除 CO_2。当碳酸盐形成后,可将电池在高电流条件下短时间运行。主要目的是降低电极附近 OH^- 的浓度，增大碳酸盐的浓度，形成 H_2CO_3，然后分解，释放出 CO_2。这种方法的优点是，不需要任何辅助设备，简单易行。

（4）使用液态氢。液态氢是一种储存氢的方式。液态氢也可以作为一种去除 CO_2 的方法。Ahuja 等人提出利用液态氢除去 CO_2 的方法。主要原理是：利用液态氢吸热气化的能量，采用换热器来实现对 CO_2 的冷凝，从而使气态 CO_2 的含量降低到 0.001% 以下。但是由于氢往往以压缩气体而非液态的形式贮存，这种方法很少使用。

（5）采用循环电解液。Cifran 等人提出使用循环电解液清除 CO_2 的方法。这种方法主要是通过更新电解液，清除溶液中的碳酸盐，使其不会在电极上析出，减弱其对电极的破坏作用，并可以向电解液中补充载流子 OH^-。但是这种方法也有缺点，就是附加了电解液循环装置，增加了系统的复杂性。

（6）改善电极制备方法。Gulzow 等研究了一种新的方法用于制备电极。这种方法是将催化剂材料和 PTFE 粒子（粒径小于 1 m）在高速下进行混合，粒径较小的 PTFE 粒子会覆盖在催化剂的表面，增加其强度，同时阻碍了析出的碳酸盐对电极微孔的堵塞，减少了碳酸盐对电极的破坏。他们还对这种制备方法得到的电极性能进行了测试，在氧气中加入 5% 的 CO_2，对电极应用在 AFC 中的稳定性进行了研究，时间为 3 500 h，发现 CO_2 对电极性能没有影响，表明这种新的制备方法确实起到了耐 CO_2 毒化的作用。Rahman 等人将湿法和干法结合，得到了一种新的方法过滤法。在这种方法中，当 PTFE 的含量为 8%（质量比），研磨时间为 60 s 时，得到的催化剂性能最佳。

2.2　磷酸燃料电池及催化剂的相关研究

磷酸燃料电池（Phosphoric Acid Fuel Cell, PAFC）是一种以浓磷酸为电解质的中低温型（工作温度 180 ~ 210 ℃）燃料电池，具有发电效率高、清洁等特点，而且还可以以热水的形式回收大部分热量。

采用浓磷酸作为电解质具有以下一些优点。

（1）磷酸的化学稳定性好，在工作温度下，腐蚀速率相对较低，且离子电导率高。

（2）磷酸电解质不受燃料气体中 CO_2 的影响，这是区别于碱性燃料电池 KOH 电解质最大的特点。

（3）O_2 在磷酸中的溶解度较大。

（4）磷酸蒸气压较低，电解质损失少。

（5）接触角大，在催化剂上接触性能较好，最初开发磷酸燃料电池是为了控制发电厂的峰谷用电平衡，近来则侧重于作为向公寓、购物中心、医院、旅馆等场所集中提供电和热的现场电力系统。除此之外，磷酸燃料电池还用作车辆和可移动电源等[①]。目前的研究重点是提高能量密度和降低成本。

2.2.1 磷酸燃料电池的原理

磷酸燃料电池以浓磷酸（95% 以上）为电解质，以负载在炭上的贵金属 Pt 或 Pt 合金作催化剂。以天然气或者甲醇转化气为原料，电池工作温度在 170 ~ 210 ℃，发电效率 40% 左右。PAFC 单体电池主要由氢气气室、阳极、磷酸电解质隔膜、阴极和氧气气室组成。

PAFC 用氢气作为燃料，氢气浸入气室，到达阳极后，在阳极催化剂作用下，失去 2 个电子，氧化成 H^+。H^+ 通过磷酸电解质到达阴极，电子通过外电路做功后到达阴极氧气浸入气室到达阴极，在阴极催化剂的作用下，与到达阴极的 H^+ 和电子相结合，还原生成水。电极反应为：

阳极反应：$2H_2 \longrightarrow 4H^+ + 4e^-$

阴极反应：$O_2 + 4H^+ + 4e^- \longrightarrow 4H_2O$

总反应：$O_2 + H_2 \longrightarrow 2H_2O$

PAFC 具有以下优点。

（1）耐燃料气体及空气中的 CO_2，无须对气体进行除 CO_2 的预处理，所以系统简化，成本降低。

（2）电池的工作温度在 180 ~ 210 ℃，工作温度较温和，所以对构成电池的材料要求不高。

（3）PAFC 在运行时所产生的热水可利用，即可以热电联供。

① 隋升，顾军，李光强，等．磷酸燃料电池（PAFC）进展[J]．电源技术，2000（1）：50-53.

（4）启动时间较短，稳定性比较好。

但是，PAFC 也存在一些缺点。

（1）发电效率低，仅能达到 40% ~ 45%。

（2）由于采用酸性电解质，所以必须使用稳定性较好的贵金属催化剂，如价格昂贵的铂催化剂，因而成本较高。

（3）采用的 100% 磷酸具有腐蚀作用，使得电池的寿命很难超过 40 000 h。

（4）由于采用贵金属 Pt 作为催化剂，所以为了防止 CO 对催化剂的毒化，必须对燃料气进行净化处理

目前，PAFC 的工作条件为：

（1）工作温度 180 ~ 210 ℃。工作温度的选择主要根据电解质磷酸的蒸气压、材料的耐蚀性能、电催化剂耐 CO 中毒的能力以及实际工作的要求。如果温度提高，电池的效率也会提高。

（2）工作压力，对于加压工作条件下，压力一般为 0.7 ~ 0.8 MPa。一般对于大容量电池组选择加压工作；而对于小容量电池组，往往采用常压进行工作。在加压下工作，可以使反应速率加快，发电效率提高。

（3）燃料利用率，一般为 70% ~ 80%。燃料利用率，指在电池内部转化为电能的氢气量和燃料气中氢气量的比值。

（4）氧化剂利用率，一般为 50% ~ 60%。如空气作为 PAFC 的氧化剂，其中的氧的质量分数为 21%，50% ~ 60% 的利用率表明空气中 10% ~ 12% 左右的氧消耗在电池发电中。

（5）反应气体组成，典型的 PAFC 燃料气体中 H_2 的质量分数大约为 80%，CO_2 的质量分数大约为 20%，还有少量的 CH_4、CO 与硫化物。

2.2.2 基本结构

磷酸燃料电池从电极膜三合一结构上看，与碱性石棉膜型燃料电池是一样的。它采用由碳化硅和聚四氟乙烯制备的电绝缘的微孔结构隔膜，饱浸浓磷酸作电解质。该隔膜的孔径远小于它所采用的氢氧多孔气体扩散电极的孔径。这将确保浓磷酸容纳在电解质隔膜内，发挥离子导电和分隔氢氧气的作用。当饱吸浓磷酸的隔膜与氢氧电极组合在一起的时候，在电池组装力作用下，部分磷酸电解液进入氢氧多孔气体扩散

电极，构成稳定的三相界面[①]。

起初，人们采用经特殊处理的石棉膜和玻璃纤维纸作磷酸燃料电池的隔膜以进行实验研究。但在电池的长时间运行过程中，石棉和玻璃纤维中的碱性氧化物组分会慢慢与浓磷酸发生化学反应，导致电池性能的衰减。为此，人们开始在磷酸中采用其化学与电化学性质均很稳定的碳化硅粉末与聚四氟乙烯来制备磷酸燃料电池的隔膜，从而解决了隔膜在长期运行中的稳定性问题。

在酸性电池研究中的另一项重大突破是采用导电、抗腐蚀、高比表面、低密度和廉价的炭黑（如 X-72 型碳）作电催化剂（如贵金属铂）的担体，提高了铂的分散度和利用率，进而导致电催化剂贵金属铂的用量大幅度降低。铂的用量已从 20 世纪 60 年代采用铂黑时的 9 mg/cm^2 降至目前的 0.25 mg/cm^2。

在寻求新型、高效电催化剂的同时，为提高铂的利用率，降低铂用量，进一步降低电池成本，延长电池寿命，人们在电极结构的改进方面取得了突破性的进展，成功地研制出多层结构的电极。现今磷酸燃料电池采用的是多孔气体扩散电极，该电极分为三层：第一层通常采用碳纸。碳纸的孔隙率高达 90%，在浸入 40% ~ 50% 的聚四氟乙烯乳液后，孔隙率降至 60% 左右，平均孔径为 12.5 μm，细孔为 3.4 nm。它起着收集、传导电流和支撑催化层的作用，其厚度为 0.2 ~ 0.4 mm。为便于在支撑层上制备催化层，需在碳纸的表面制备一层由 X-72 型碳与 50% 聚四氟乙烯乳液的混合物所构成的整平层。其厚度仅为 1 ~ 2 μm。有时亦称其为扩散层。在扩散层上覆盖由铂 / 碳电催化剂和 30% ~ 50% 聚四氟乙烯乳液制备的催化层。该催化层的厚度约为 50 μm。一般而言，电极制备好以后需经过滚压处理。压实后在 320 ~ 340 ℃烧 0.25 mg/cm^2，对氧电极约为 0.50 mg/cm^2。

双极板分隔氢气和氧气，同时传导电流。在其两面加工的流场将反应气均匀分配至电极各处。与碱性燃料电池不同，由于酸的强腐蚀性，不能采用一般的金属材料，如在碱性电池中曾以镍作双极板材料，而在这里只能采用石墨作双极板材料。首先将石墨粉与树脂混合，在 900 ℃左右将树脂部分炭化作双极板材料。但在实际应用中发现，这种材料

---

① 宋海华，邬慧雄，马海洪．燃料电池技术在电催化反应领域的应用 [J]. 化学进展，2004（3）：400-405.

在磷酸电池的工作条件下会发生降解。于是,将热处理温度提高到2 700 ℃,使石墨粉与树脂的混合物接近完全石墨化。在磷酸燃料电池的工作条件下,如温度190 ℃,97%浓度的磷酸介质,氧气工作压力为0.48 MPa,工作电压0.8 V时,该材料可稳定工作40 000 h以上,达到了预期的目标。但生产这种双极板的费用太高。为降低该双极板的造价,目前采用复合双极板,中间一层为无孔薄板,起着分隔氢氧气的作用,在其两侧再加置带气体分配孔道的多孔碳板作流场板,以构成一套完整的双极板。在磷酸型燃料电池中,这一多孔碳板所制备的流场板内部还可贮存一定容量的磷酸。当电池隔膜中的磷酸因蒸发等原因损失时,贮存在多孔碳板中的磷酸就会依靠毛细力的作用迁移到电解质隔膜内,以延长电池的工作寿命。

磷酸型燃料电池由多节单电池按压滤机方式组装以构成电池组。磷酸电池的工作温度一般在200 ℃左右,能量转化效率约在40%。因此,为保证电池组的工作稳定,必须连续地排出电池所产生的废热。一般而言,每2 ~ 5节电池间可加入一片排热板。在排热板内通水、空气或绝缘油以进行电池的冷却。最常用的是水冷。水冷又分沸水冷却与加压水冷却。采用沸水冷却时,电池的废热利用水的汽化潜热被带出电池。由于水的汽化潜热很大,所以冷却水的用量较低。而采用加压水冷却时,则要求水的流量较大。采用水冷时,为防止腐蚀的发生,对水质要求颇高。如水中的重金属含量需低于百万分之一,而氧的含量要达到十亿分之一以下。采用空气强制对流冷却,不但系统简单,同时操作也稳定可靠。但由于气体热容低,空气循环量大,消耗动力过大,通常仅适用于中小功率的电池组。采用绝缘油作冷却剂,其排热原理、结构和加压水冷却均相似,其优点是避免了对水质的高要求,但由于油的比热小于水,流量需要亦颇大。

2.2.3 阳极催化剂

在PAFC中,为了促进电极反应,起初一般采用贵金属(如铂黑)作为电极催化剂,铂黑的用量为9 mg/cm^2,成本较高。但随着引入具有导电性、耐腐蚀性、高比表面积、低密度的廉价炭黑(如X-72型炭)作为电催化剂的担体后,铂催化剂的分散度和利用率得到极大的提高,使电催化剂铂的用量大幅度降低,现在PAFC阳极铂的担载量已降至0.1 mg/cm^2,

阴极为 0.5 mg/cm^2。

对阳极而言,到目前为止,PAFC 所使用的阳极催化剂仍然以铂或铂合金为主。在磷酸燃料电池运行条件下,Pt 阳极反应可逆性好,其过电位只有 20 mV 左右,催化活性较高,能耐燃料电池中电解质腐蚀,因而具有长期的化学稳定性。阳极主要问题是消除燃料气体中有害物质(如 CO、H_2S 等)的中毒影响。研究表明,Pt-Ru 合金阳极催化剂具有良好的抗中毒能力。另外,在电极中形成催化剂的梯度分布或者选择表面具有适当疏水性的催化剂,也能提高电极催化剂的利用率,从而降低电极中贵金属 Pt 的用量①。

2.2.4 阴极催化剂

对阴极而言,由于在酸性介质中,酸的阴离子吸附等会影响氧在电催化剂上的电还原速度,电池中的电化学极化主要是由氧电极产生。因此,阴极极化被认为是影响电池性能的一个主要因素,阴极的电催化剂用量较大。对于阴极催化剂的研究主要集中于减少阴极极化和延长催化剂使用寿命。阴极除了使用贵金属作为催化剂,为了降低电池成本,也有人采用其他金属大环化合物催化剂来代替纯 Pt 或 Pt 合金化合物,如 Fe、Co 的卟啉等大环化合物作为阴极催化剂,虽然这种阴极催化剂的成本低,但是它们的性能,特别是稳定性不好,在浓磷酸电解质条件下,只能在 100 ℃下工作,否则会出现活性下降的问题。现在发现 Pt 与过渡金属元素形成合金,其催化性能和稳定性均优于纯 Pt 催化剂。例如 Pt-Cr/C、Pt-Co/C、Pt-Co/C、Pt-Co-Ni/C、Pt-FeCo/C、P-Co-Cr/C、Pt-FeMn/C 以及 Pt-Co-Ni-Cu/C 等,该类催化剂能够提高氧化还原反应的电催化活性,如 Pt-Ni 阴极催化剂的性能比 Pt 提高了 50%。

铂合金电催化剂常用的制备方法为金属氧化物沉淀法,在该制备方法中其反应为

$$Pt+x/2C+MO_x \longrightarrow Pt\text{-}M + x/2CO_2$$

而对于硫化物沉淀热分解法和碳化物热分解法,则首先形成 Pt 的碳化物,其反应为

① 隋升,顾军,李光强,等.磷酸燃料电池(PAFC)进展[J].电源技术,2000(1):50-53.

$$Pt+2CO \longrightarrow Pt\text{-}C + CO_2$$

再经过一系列热处理形成Pt-V-C、Pt-U-Y-C等铂的碳化物合金电催化剂。

如衣宝廉书中提到，铂与过渡金属合金催化剂的制备方法有两种：一是在已制备好的纳米级Pt/C电催化剂上浸渍剂量的过渡金属盐（如硝酸盐或氯化物），再经惰性气氛下高温处理，制备铂合金电催化剂。二是将氯铂酸与过渡金属的气化物或硝酸盐水溶液采用还原剂进行还原，使它们同时沉淀到炭载体上，再焙烧制成铂合金电催化剂[①]。

2.3　熔融碳酸盐燃料电池及催化剂的相关研究

能源是国家经济发展的动力，也是衡量综合国力、人民生活水平、文化发展与社会进步的重要指标。当今世界各国工业快速发展的同时，环境与能源问题日益受到人们的关注。随着生存环境的加重，改变能源结构，开发新能源，减少对传统能源的依赖变得尤为重要。燃料电池是将燃料中的化学能直接转换成电能并且能持续输出的发电设备，因燃料电池的效率高、无污染、建设周期短及易维护等优点，被认为是最有希望的洁净发电技术。而熔融碳酸盐燃料电池（Molten Carbonate Fuel Cell, MCFC）与其他燃料电池相比更有优势，MCFC不仅具有燃料电池环保高效的特点，而且噪音低，在高温条件下工作时不需要贵金属作催化剂，耐受硫化物的能力相对较高因此系统比较简单，电池堆易于组装，成本较低，MCFC的发电效率通常达到50%以上，但其余热品位高，可用作燃料的处理和联合发电，或甲烷的内部重整，若电热两方面都利用，效率可提至80%。MCFC工作于600 ~ 700 ℃，可适用的原料气种类广泛，可使用煤气或天然气为燃料，是一种发电效率高于传统火力发电的清洁能源。MCFC由于其高效低排放的特点，被认为是目前商业化应用前景最广阔的一种高温燃料电池。目前，熔融碳酸盐燃料电池的发展正处于大型化和商业化阶段，被誉为21世纪最有希望的发电技术。

MCFC使用熔融碱金属碳酸盐作为电解质。直接燃料电池模块由

① 衣宝廉.燃料电池：高效、环境友好的发电方式[M].北京：化学工业出版社，2000.

内含充碳酸盐的载体薄膜(基体)的多孔镍电极组成。在 650 ℃下,阳极产生二氧化碳和来自氢气与从电解质中补充的碳酸盐所产生的水。在阴极上,二氧化碳中的氧被还原成碳酸盐。碳酸根离子负责电解质中的电荷传输。电解质平衡的决定性因素是二氧化碳回收:阴极消耗的二氧化碳必须从阳极侧稳定地加以补偿。阳极废气二氧化碳不含水蒸气并以过量的空气供给阴极。波纹板状集电器可确保气体供应,通过双极板将串联连接的单个电池分开。

电池的余热可用于甲烷的燃料制备和内部重整。低排放的电力和热力联合生产(热电联产)使得这项技术对于中小型发电厂来说非常有趣,商业化正在运行中。

碳酸盐燃料电池属于高温燃料电池,不需要贵金属作催化剂。首先,燃料的选择面广,既可以用纯的氢气,同时天然气、甲烷、石油等转化来的富含氢的合成气体都可以用作发电燃气。其次,排出的废气温度高,可以进行二次利用。同时与磷酸盐燃料电池和固体氧化物燃料电池相比,具有不同的优点,应用前景十分广阔。

2.3.1 MCFC 的结构和工作原理

2.3.1.1 单电池的结构及原理

MFCF 由阳极、阴极、隔膜和双极板构成,其中隔膜是最关键部件。MCFC 单电池结构如图 2-1 所示。位于两侧的阳极和阴极以及中间的电解质构成了一个长方体结构体,外侧是燃料气和氧化气通道,两侧再加隔板,可组成电池堆,隔绝各单电池。其中阳极一般为燃料极,Ni 多孔体,阴极一般为氧化剂。在发电的过程中,阳极中的氢气与电解质中的碳酸根反应生成二氧化碳和水,同时经过外电路把电子传送到阴极,而阴极空气中的氧气和二氧化碳与电子反应又生成碳酸根离子。此过程中,阳极端生成的二氧化碳提供给阴极,从而实现电池的循环和稳定。

2.3.1.2 电堆的结构

单电池工作时输出电压一般为 0.6 ~ 0.8 V,将多个单电池串联可以获得高电压,相邻单电池间用金属隔板隔开,构成电堆,隔板起上下单电池串联和气流通路的作用.安装在圆形或方形的压力装置中。

沈辰等在熔融碳酸盐燃料电池系统研究中组建的电堆外壳材料使用耐高温、耐腐蚀的316 L不锈钢,采用机械精密加工成型。利用MCFC具有湿密封的特点,无须外加密封设备,在电堆外壳加上足够的压力,保证电堆被充分压紧。

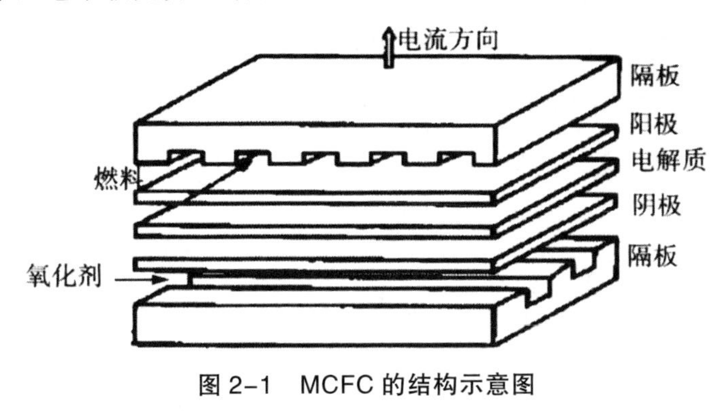

图2-1　MCFC的结构示意图

2.3.1.3 MCFC系统的结构和优点

图2-2为MCFC电池发电系统的示意图。除电堆本身外,最基本的MCFC发电系统还包括从传统燃料中产生的燃料处理装置、直交流变换装置以及余热利用(联合发电或底层循环)等部分组成。

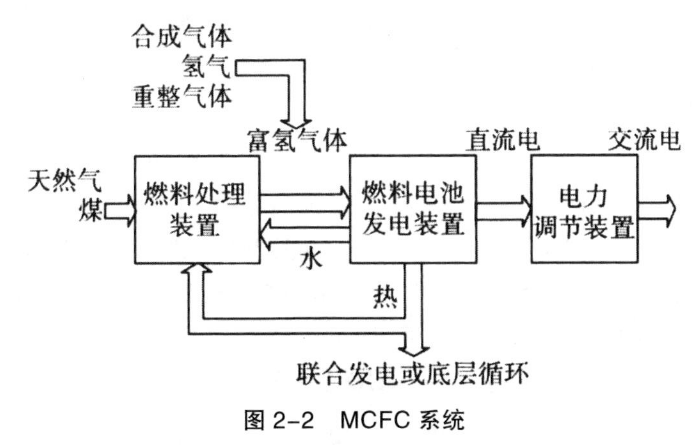

图2-2　MCFC系统

燃料电池工作过程实质上是燃料的氧化过程和氧化剂的还原过程。燃料和氧化剂气体流经阳极和阴极通道。氧化剂中的O_2和CO_2在阴极与电子进行氧化反应产生CO_3^{2-},电解质板中的CO_3^{2-}直接从阴极移动到阳极，燃料气中的 H_2 与 CO_3^{2-} 在阳极发生反应，生成了 CO_2、H_2O 和电子。电子被集流板收集起来，然后到达隔板。隔板位于燃料电池单元的上部和下部，并和负载设备相连。从而构成了包括电子传输和离子移动在内的完整的回路①。

MCFC 内部发生的电极反应如下：

阳极反应：$2H_2+2CO_3^{2-}\longrightarrow 2CO_2+2H_2O+4e^-$

阳极水气转换反应：$2CO+2H_2O\longleftrightarrow 2CO_2+2H_2$

阴极反应：$O_2+2CO_2+4e^-\longrightarrow 2CO_3^{2-}$

总反应：$O_2+2H_2\longrightarrow 2H_2O$

2.3.1.4 电解质隔膜

电解质隔膜在电池中起到电子绝缘、离子导电、阻气密封作用，是构成 MCFC 的核心部件。通过实验人们发现，有多数的问题使得其不能商品化，例如：阴极溶解，阳极蠕变，隔膜烧结，电解质流失，双极板腐蚀等，所以要求电解质基本具有耐高温熔盐腐蚀、良好的离子导电性能、高强度、浸入熔盐电解质后能阻挡气体通过等性质。

早期曾采用 MgO、$SrTiO_3$ 作为 MCFC 的隔膜材料，但 MgO、$SrTiO_3$ 在高温熔盐中会发生微量的溶解，使隔膜的强度变差。大量的研究表明，$LiAlO_2$ 既有很强的抗高温熔融碳酸盐腐蚀的能力，又有优异的化学稳定性，同时也是一种绝缘的陶瓷材料，因而目前被普遍用于做 MCFC 电解质隔膜的原料。

作为 MCFC 隔膜材料的 $LiAlO_2$，其物理特性和结构形态（如粒子大小粗细粒子比例、比表面积等）都会强烈地影响隔膜的强度和保持电解质的能力。$LiAlO_2$ 有 α、β、γ 三种晶型，分别属于六方、斜方和四方晶系，它们的外形分别为棒状、针状和片状，密度分别为 3.400 g/cm^3，2.610 g/cm^3 和 2.615 g/cm^3。其中 γ-$LiAlO_2$ 和 α-$LiAlO_2$ 都可用做 MCFC 的隔膜材料，早期，γ-$LiAlO_2$ 用得多一些；目前，α-$LiAlO_2$ 用得更多一些。

① 杨力．混合装置半物理仿真系统中物理子系统的仿真及软件平台设计[D]．上海：上海交通大学，2007.

（1）MCFC 隔膜材料的合成。

就合成方法而言，报道过的主要有以下几种：

①固相反应烧结法。

通常以 Al_2O_3 或 $Al(OH)_3$ 为 Al 离子源，以 LiOH 或 Li_2CO_3 为 Li 离子源，按化学配比充分混合均匀后，在空气中煅烧而成．其反应属于分子级别的接触反应。

虽然固相反应法是最早合成 $LiAlO_2$ 粉体的方法，但是这种方法存在着较多的缺点，主要有：

●晶体粒化过程难以控制；

●均匀性不易控制；

●在反应过程中有产物损失；

●反应有副产物产生；

●反应物的比表面积低；

●反应产物的化学计量比不容易控制。

②熔盐介质法。

主要是将反应原料和熔盐体系混合并在一定温度下待熔盐熔融后，在熔盐介质中反应生成 $LiAlO_2$，然后冷却反应体系，最后用水溶掉盐，即得到 $LiAlO_2$ 粉体。例如，以 $Al_2O_3 \cdot H_2O$ 和过量的 $LiOH \cdot H_2O$ 为原料，加入一定量的NaCl/KCl，在662 ~ 672 ℃下制备 $LiAlO_2$ 粉体。但是，采用此法得到的通常为混合相的 $LiAlO_2$。

③溶胶 - 凝胶法。

这种合成方法是一种湿化学方法，其特点是用液体化学试剂（或将粉末试剂溶于溶剂）或溶胶为原料，反应物在液相下均匀混合进行水解或醇解反应，生成稳定的凝胶体系，经放置陈化后转变成凝胶，最后经煅烧得到成品。例如，以丁氧基醇铝 / 甲醇锂和丁氧醇铝 /LiOH 为原料制备 $LiAlO_2$，在 1 000 ℃锻烧，前者生成 α-$LiAlO_2$（5.1%），γ-$LiAlO_2$（94.9%），后者生成的是 γ-$LiAlO_2$（100%）；以 Al（NO3）3 与乙醇锂为反应原料，800 ℃下煅烧 4 h 得到晶粒大小约 100 nm 的 γ-$LiAlO_2$。与其他方法相比，溶胶凝胶法合成的粉体颗粒细小，比表面积大，由于是离子间的反应，因此均匀性较高。但是，这种方法的缺点在于：①反应所需的中间步骤较多；②由于反应原料通常为醇氧基金属盐，价格昂贵且不稳定，因此存在成本和安全性的问题。

用于制备 MCFC 电解质板原料的 $LiAlO_2$ 粉体，纯度要尽可能的高，以防止在 MCFC 工作过程中发生相转变而造成电解质板性能的下降，同时要求合成方法快捷、方便、安全，成本低廉，可满足大规模生产的要求。但是，以上的方法都不能完全满足这两个要求，因此，探索新的合成方法具有非常实际的意义。

（2）MCFC 隔膜的制备。

在 MCFC 系统的工作过程中，隔膜会受到力学应力和热应力的冲击。力学应力主要来源于外界的压力；热应力包括不均匀的热温度分布和热循环造成的应力，因此要求隔膜具有较高的强度。而隔膜的力学性能受到制备工艺的制约，所以要获得高性能和高可靠性的隔膜，就要对其制备工艺进行严格的优化。

MCFC 隔膜的制备工艺主要借鉴了陶瓷的制备工艺，主要有热压法、辊轧法和流延法。其中流延法是一种适合于大规模制备陶瓷支持体和多层结构陶瓷的方法，目前被普遍用于 MCFC 隔膜（也包括电极）的制备。流延法能有效地完成大面积无机薄膜及厚膜的制备。用流延法制备 MCFC 隔膜，首先将陶瓷粉体分散于溶剂中，通过添加合适的分散剂、黏结剂、塑性剂和其他试剂来使粉体在体系中均匀分散，经过可移动的刮刀流延在带状基材上，等溶剂挥发后形成柔韧、光滑和性质均匀的薄膜。流延法制作 MCFC 隔膜的具体操作过程如下：将一定规格的 $LiAlO_2$ 粉体与分散剂、溶剂进行球磨或超声混合处理，然后在混合浆料中加入增塑剂和黏结剂，再进行混合处理，将具有一定黏度的浆料进行真空排气后，用流延刮膜机刮膜，将膜干燥，在电池外烧结或直接安装到 MCFC 上，当 MCFC 升温到特定温度，即可进行工作。具体的工艺过程如图 2-3 所示。一般地，流延成型工艺要求最终的素坯具有：①能粘连形成干膜；②干燥过程无缺陷；③良好的热压性；④烧结时具有较高的强度；⑤易于热降解。因此，在流延成型工艺中应考虑以下几方面因素：什么温度和条件下有机物可被除去，是否在非氧化气氛下就可以进行；黏度变化范围如何；溶剂使用和种类有何限制，对环境和健康的影响；是否能有效地将其与底板分离；成本等问题。

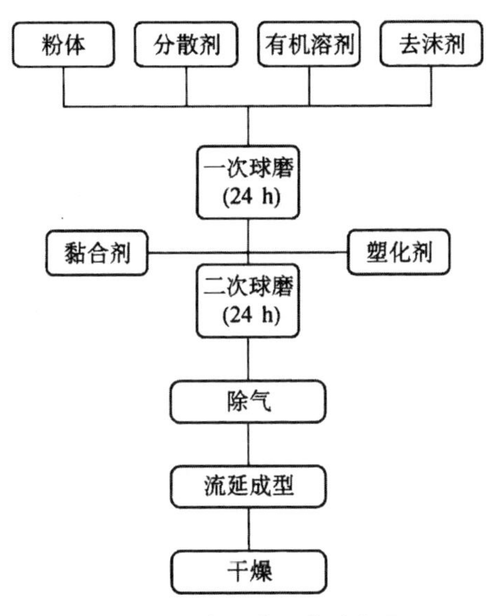

图 2-3 流延法工艺流程图

目前，最常用的电解质极板材料为 γ-$LiAlO_2$ 隔膜，其制备流程如图 2-4 所示。

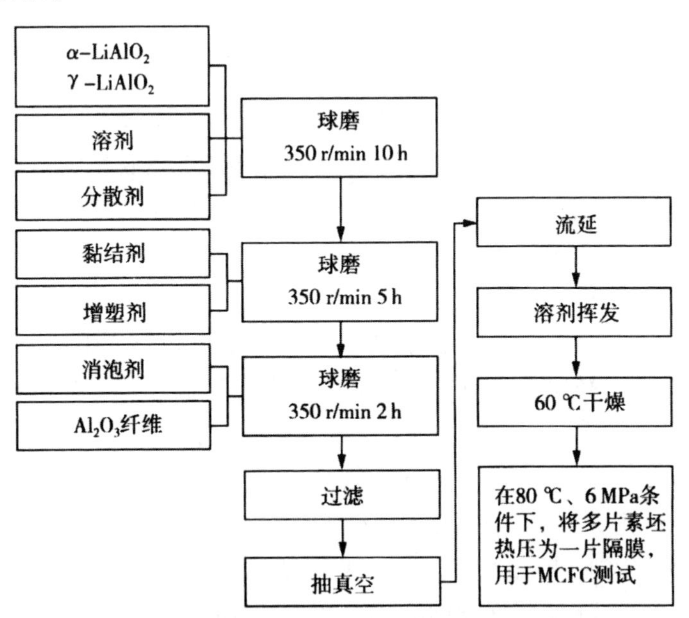

图 2-4 电解质极板材料 γ-$LiAlO_2$ 的制备流程图

（3）MCFC 隔膜的性能。

在 MCFC 隔膜中起保持碳酸盐电解质作用的是亲液毛细管，按

Yang-Laplace 公式

$$P = 2\sigma\cos\theta / r \tag{2-1}$$

式中，P 为毛细管承受的穿透气压；r 为毛细管半径；σ 为电解质表面张力系数，$\sigma\left(\left(Li_{0.62}K_{0.38}\right)_2 CO_3\right) = 0.198\ N/m$；$\theta$ 为电解质与隔膜体的接触角，假设完全浸润，则 $\theta=0°$。

由式（2-1）可知，隔膜孔半径 r 越小，其穿透气压 P 就越大。若要求 MCFC 隔膜可承受阴、阳极压力差为 0.1 MPa，则可计算出隔膜孔半径应该 ≤3.96 μm。所以，为保证隔膜孔半径不大于 3.96 μm，$LiAlO_2$ 粉料的粒度应尽量小，必须严格控制。

隔膜孔内浸入的碳酸盐电解质起离子传导作用，按 Meredith-Tobias 公式

$$\rho=\rho_o/\left(1-\alpha\right)^2 \tag{2-2}$$

式中，ρ 为隔膜电阻率；ρ_o 为电解质电阻率

$\rho_o\left(\left(Li_{0.62}K_{0.38}\right)_2 CO_3, 650\ ^\circ C\right) = 0.576\ 7\ \Omega\cdot cm$；$\alpha$ 为隔膜中 $LiAlO_2$ 所占的体积分数，（1-α）为隔膜的孔隙率。

由式（2-2）可以看出，隔膜的孔隙率越大，隔膜中浸入的碳酸盐电解质就越多，从而隔膜的电阻率就越小。所以，为了同时满足能够承受较大穿透气压和尽量降低电阻率的要求，隔膜应该有小的孔半径和大的孔隙率，常把孔径和孔隙率作为衡量 MCFC 隔膜性能的指标。一般，孔隙率可控制在 50% ~ 70%。通常，制备出的 MCFC 隔腴应满足以下性能指标：厚度 0.3 ~ 0.6 mm；孔隙率 60% ~ 70%；平均孔径 0.25 ~ 0.8 μm。

MCFC 属于高温燃料电池，多孔气体扩散电极中无憎水剂，电解质（熔融碳酸盐）在电解质板、电极板之间的分配主要靠毛细管力实现平衡，服从以下方程：

$$\gamma_a\cos\theta_a/D_a = \gamma_c\cos\theta_c/D_c = \gamma_e\cos\theta_e/D_e \tag{2-3}$$

式中，D 为孔直径；θ 为接触角；γ 表示表面张力；下标 c 代表阴极；e 代表电解质隔膜板；a 代表阳极。图 2-5 为熔融碳酸盐在 MCFC 电极和网膜中的分布示意图，根据此示意图，在 MCFC 工作过程中，首先要确保电解质板中充满熔融碳酸盐，所以它的平均孔半径 γ_e 应最小，为减少电极极化，促进阴极内氧的传质，防止阴极被电解液“淹死”，阴极的孔半径应最大，而阳极的孔半径居中。

池电极和隔膜中的分布示意图见图 2-5。

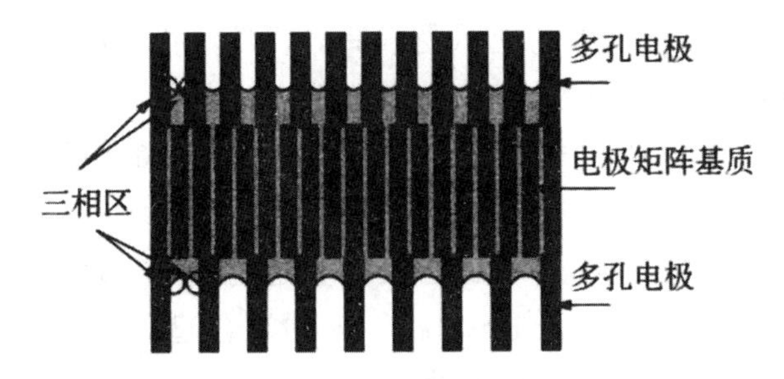

图 2-5　熔融碳酸盐在 MCFC 电极和网膜中的分布示意图

2.3.2 MCFC 的电催化剂与电极

MCFC 工作时，在阳极发生氢的氧化反应，阴极则发生氧的还原反应，由于工作温度高（650 ℃），反应时有电解质（CO_3^{2-}）的参与，故要求电极材料有很高的耐腐蚀性和较高的电导。同时，由于工作温度高，MCFC 的电极催化活性也高，通常使用非贵金属 Ni 作为 MCFC 的电极材料。

2.3.2.1 MCFC 的阳极

多孔镍自 20 世纪 70 年代就被作为 MCFC 的阳极材料，其角色主要是电催化作用（$H_2 \rightarrow H^+$）。在 MCFC 工作条件下，其特性参数如下：

孔径：3 ~ 5 μm；

孔隙率：55% ~ 70%；

比表面积：0.1 ~ 1.0 m^2/g；

厚度：0.5 ~ 0.8 mm。

目前提出的氢在 MCFC 中的阳极氧化过程机理有 3 种，最重要的一种为

$$H_2+2M \longleftrightarrow 2M—H \tag{2-4}$$

$$2\{M—H+CO_3^{2-} \longrightarrow OH^-+CO_2+M+e^-\} \tag{2-5}$$

$$2OH^-+CO_2 \longleftrightarrow H_2O+CO_3^{2-} \tag{2-6}$$

反应式（2-5）是速度控制步骤。研究表明，由于 Ni 具有较强的吸氢能力，所以有较高的交换电流密度。但是在高温应力长期作用下，塑

性的金属材料会发生蠕变。对多孔镍而言，由于在 MCFC 中的工作温度为 650 ℃，并在法线方向上承受载荷，这很容易造成多孔结构的破坏以及厚度的收缩、接触密封不良和高的阳极过电位等缺陷，严重影响了 MCFC 电堆的效率和寿命。MCFC 技术要求 40 000 h 的阳极蠕变量小于 3%。

通常，为了防止镍阳极的蠕变，可对其进行增强处理。例如，在电极制备过程中，将镍粉与 2 ~ 10wt% 的 Cr 粉混合起来，制成片状材料，将其烧结成连续多孔的半成品，再将半成品直接安装到电池上，将电池升温到操作温度，将燃料气和氧气引入电池中。随后，阳极中的 Cr 就被氧化成 Cr_2O_3 和 $LiCrO_2$（与熔融碳酸锂反应得到），氧化产物可以弥散增强镍阳极，从而减轻阳极的蠕变。同样，在镍粉中添加 Al 粉，也可起到类似的效果。但是，就目前的研究来看，上述的方法并不是很理想，这是因为 $LiCrO_2$ 或 $LiAlO_2$ 的生成降低了熔融碳酸盐对电极表面的浸润性，改变了电极表面的性质，因此，有的学者采用了在制备电极时向镍粉中添加 NiAl 或 NisAl 合金或稀土元素，或在陶瓷粉体（如 $LiFeO_2$ 等）表面镀镍，将此种复合粉体制成素坯，再烧结成阳极板。这些处理可以在一定程度上增强镍电极，或阻止镍晶粒的长大，从而使 MCFC 的阳极具有较好的抗蠕变性能。Cu 与 Cu-Ni 合金也可作为 MCFC 的阴极材料，其交换电流密度与 Ni 接近，电导和耐氧化性能比 Ni 好，但 Cu 的熔点比 Ni 低，抗蠕变性能不如 Ni。已有的实验证明，将 Al_2O_3 分散到 Cu 或 Cu-Ni 合金中可改进其抗蠕变的性能，但是制造工艺比较复杂。可见，在如何有效地提高 MCFC 阳极的抗蠕变性能并同时保持其高效的电化学催化性能方面，尚有大量的工作要做。

MCFC 的阳极也是气体的屏障和电解质的贮存场所。在阳极中，电解质的电解过程与电解质的填充量没有相关性，从而允许在 MCFC 工作过程中，可以通过阳极来补充电解质板的电解质损失。而在阳极表面生成的 Ni-$LiAlO_2$ 微孔薄膜则有效地避免熔融碳酸盐过快地从阳极流向电解质板，同时也避免了燃料气透过阳极而发生“串气”。

2.3.2.2 MCFC 的阴极

一般来说，MCFC 的阴极材料必须具备高的电导率、机械强度和在熔盐中低的溶解度。

MCFC 阴极的特征参数如下：

孔径：6 ~ 10 μm；

孔隙率：60% ~ 80%；

比表面积：约 0.5 m^2/g；

厚度：0.50 ~ 0.75 mm。

最初，MCFC 的阴极由金属银或铜作为原料制成，但 20 世纪 70 年代以来，镍替代了其他金属而成为制作 MCFC 阴极的主要原料。在 MCFC 工作过程中，多孔的金属镍板与熔融的碳酸盐接触，在氧化气氛（air/CO_2）中，逐渐成为氧化镍。氧化镍是一种内部存在缺陷的 p 型半导体，但导电性能很差，纯氧化镍在空气中烧成以后的电阻率约为 108 Ω · cm。在阴极环境中，熔融碳酸锂的锂离子可以进入 NiO 晶格中（锂化过程），造成晶格的正电子缺陷（部分 Ni^{2+} 被 Ni^{3+} 取代以达到电荷平衡），而 NiO 的导电性强烈依赖于晶格中的缺陷。大量的锂溶于氧化镍晶格中，结果形成与加入溶体中的锂数量相等的 Ni^{3+}。所以，“锂化”作用大大提高了 NiO 的导电性。具体的反应如下：

$$(1-x)NiO+0.5xLi_xO+0.5xO_2 \longrightarrow Li_x^+Ni_x^{3+}Ni_{(1-2x)}^{2+}$$

MCFC 阴极的作用是：提供还原反应活性位、催化阴极反应及提供反应物通道、传递电子。同时，由于阴极反应特征、高温熔盐环境和电站长寿命要求（40 000 h 以上），对阴极材料提出了如下要求：

（1）电子良导体，内阻小，在 650 ℃具有高的电导率（>1 S/cm）。

（2）在 MCFC 的标准工作气氛下稳定。

（3）在阴极环境下熔融碳酸盐的熔解度尽可能低。

（4）优良的电催化活性，对 O_2 具有高的催化还原效率。

（5）易于形成多孔电极板，比表面积高，孔结构和孔径分布适宜，有利于传质。

MCFC 阴极电催化剂普遍采用多孔 NiO，它是多孔金属 Ni 在电池升温过程中，经高温氧化而成。为了提高 NiO 电极的导电性，在 NiO 中掺杂物质分数约为 2% 的 Li，形成非化学计量化合物 $Li_xNi_{1-x}O$，产生游离电子。但是，这样制备的 NiO 电极会产生膨胀，向外挤压电池壳体，破坏壳体与电解质基体之间的湿密封。

在实现 MCFC 商业化过程中，阴极的稳定性是实现这一目标的关键。随着电极长期工作运行，阴极在熔盐电解质中将发生熔解，熔解产

生的 Ni^{2+} 扩散进入电池隔膜中，被隔膜阳极一侧渗透的 H_2 还原成金属 Ni，而沉积在隔膜中，最后可能造成电池短路 NiO 在熔盐中的腐蚀熔解以及转移和沉积过程非常复杂，主要受以下几种因素影响：温度、熔盐的组成和气氛。当熔盐为 Li_2CO_3/K_2CO_3 时，NiO 熔解度随钾含量增加而增加。由于 MCFC 阴极气体组成中含 CO_2，所以当 CO_2 含量较高时，阴极熔解短路机理主要是酸性熔解机理：

$$NiO + CO_2 \longrightarrow Ni^{2+} + CO_3^{2-}$$

$$Ni^{2+} + CO_3^{2-} + H_2 \longrightarrow Ni + CO_2 + H_2O$$

以 NiO 作电池阴极，电池每工作 1 000 h，阴极的重量和厚度损失将达 3%。当气体工作压力为 0.1 MPa 时，阴极寿命为 25 000 h；当气体工作压力为 0.7 MPa 时，阴极寿命仅 3 500 h。

为提高阴极抗熔盐电解质腐蚀能力，比较成功的是以 $LiCoO_2$ 作电池阴极代替 NiO。以 $LiCoO_2$ 作阴极的阴极熔解机理为：

$$LiCoO_2 + \frac{1}{2}CO_2 \longrightarrow CoO + \frac{1}{4}O_2 + \frac{1}{2}Li_2CO_3$$

若以 $p(O_2)$ 和 $p(CO_2)$ 分别代表阴极 O_2 和 CO_2 气体的分压，比较阴极熔解机理可知，以 NiO 作阴极，熔解速度和 $p(CO_2)$ 成正比；以 $LiCoO_2$ 作阴极，阴极熔解速度和 $p(CO_2)1/2 \cdot p(O_2)1/4$ 成正比。显然后者的熔解速度远远低于前者。$LiCoO_2$ 在熔融碳酸盐中的熔解度为 NiO 的 1/3，在常压下的熔解速度小于 0.5 μg/（$cm^2 \cdot h$）。

2.4 固体氧化物燃料电池及催化剂的相关研究

迄今为止，几乎所有的能源动力都来自直接燃烧固、液、气三种燃料。社会工业化程度在一直扩展，日常生活和现代工业的能量消耗量在不断增多，环境污染以及能源危机成了举世关注的重大问题。因此，眼下最重要的事就是研究动力产生方式以及新能源。固体氧化物燃料电池（Solid Oxide Fuel Cell，SOFC）是一种能够直接把化学能转化为电能的电化学装置，它具有燃料可选择范围广、无须任何金属来催化、能量转化效率高、能够给全固态结构带来操作简便等特性，是一种新型绿色能源。由于 SOFC 释放污染环境气体少，且有高的发电效率，所以得到了密切关注。SOFC成了继水电、火力和核电的第四代新型发电技术。SOFC大部分是由一层表面较为致密的电解质材料和附着在电解质两侧的多孔阴极与阳极组成,阴极性能和电解质决定了它的操作温度。SOFC的中低温化可以大大降低其制造成本,并且可以提高操作寿命,这样既能保持传统SOFC的突出优点,又可避免因工作温度过高而带来的一系列问题,因而成了当前SOFC的研究热点。

20世纪40年代人们便开始了对SOFC的研究,而在80年代以后对其研究才得到蓬勃发展。早期开发出来的SOFC工作温度较高,一般在800～1 000 ℃。现如今科学家们已经成功研发得到了工作温度在800 ℃左右的中温固体氧化物燃料电池。部分国家的研究人员也正在努力开发低温SOFC,使其工作温度可以降低至650～700 ℃。也正是因为工作温度的进一步降低,才使得SOFC的实际应用得到进一步的拓展。从绿色经济和可持续发展角度来看,SOFC被普遍认为在未来会得到广泛应用的一种燃料电池。

2.4.1 工作原理

SOFC的单电池是一层致密的电解质材料与两层多孔的电极三层结构组成的电化学发电装置,多孔电极主要发生电化学催化反应及传输电流,电解质层传导氧离子或质子,并且具有隔离作用。

SOFC的核心部件包括阳极、阴极、电解质。燃料(氢气)和氧化剂(氧气)分别在阳极和阴极端被催化裂解。电解质为反应提供了离子传输通道,具备隔膜特性,即防止电子短路,避免燃料和氧化剂的直接混合。根据电解质传导离子的类型,SOFC分为氧离子传导型和质子传导型燃料电池,如图2-6所示。

发生化学反应的装置主要由阳极、阴极和电解质构成,其中阳极供给燃料,阴极提供氧化剂,中间是电解质材料。当氧化剂通过阴极时,氧分子得到电子后变成氧离子,然后氧离子在电解质隔膜两侧电位差与浓度驱动力的作用下,透过电解质隔膜中的氧空位,定向跃迁至阳极侧,并与燃料(如H_2、CO及CH等)进行氧化反应,单电池的电化学反应中,在使用H_2为燃料的情况下,为H_2氧化生成水的反应,即水之电解的逆反应；若是使用 CO 为燃料的情况下，为 CO 氧化生成 CO_2 的反应[①]。

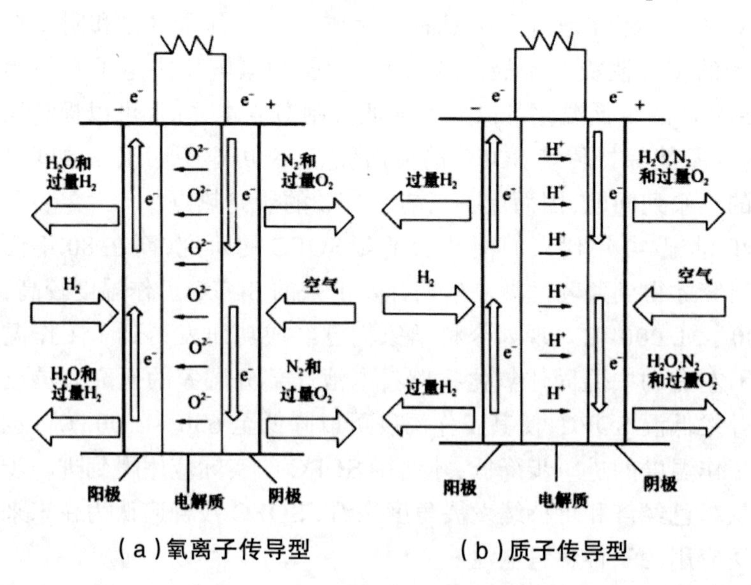

图 2-6　SOFC 工作原理示意图

以氢燃料为例，其各反应的电化学反应方程式分别为：

阴极反应：$O_2+4e^- \longrightarrow 2O^{2-}$

在阴极区，氧气得外电路电子被还原为 O^{2-}，O^{2-} 通过电解质传输到阳极上与燃料发生氧化反应。

阳极反应：$2H_2+2O^{2-} \longrightarrow 2H_2O+4e^-$

在阳极区，氢气失去电子与氧离子结合生成水。失去的电子可通过外电路到达阴极。

总反应：$2H_2+O_2 \longrightarrow 2H_2O$

在质子传导型燃料电池中，质子在电解质中传导，其各电化学反应方程式分别为：

阳极反应：$2H_2 \longrightarrow 4H^+ + 4e^-$

在阳极区，氢气失去电子被催化成质子，质子则通过电解质传输到阴极。

阴极反应：$O_2+4e^-+4H^+ \longrightarrow 2H_2O$

① 赖晓锋，王苗苗，陈哲，等．金属陶瓷阳极材料的高效固体氧化物燃料电池研究[J]．中国陶瓷，2011，47（3）：7-11.

在阴极区，氧气与电子、质子反应生成水。

总反应：$2H_2+O_2 \rightarrow 2H_2O$

整个电池的电动势可以用 Nernst 方程式表示：

$$E_r = E^0 + \frac{RT}{4F}\ln P_{O_{2c}} + \frac{RT}{2F}\ln\frac{P_{H_{2a}}}{P_{H_2O}} \qquad (2\text{-}7)$$

式中，R 为摩尔气体常数 [J/（mol·K）]；T 为热力学温度（K）；F 是法拉第常数（9.648 5 × 10^4 C），$P_{O_{2c}}$ 是阴极侧 O_2 分压；$P_{H_{2a}}$ 是阳极侧 H_2 分压；E 为标准状态下的电池电动势，可用下式计算得到：

$$E^0 = -\frac{\Delta G^0}{zF} = -\frac{\Delta H^0 - T\Delta S^0}{zF} \qquad (2\text{-}8)$$

式中，ΔG^0 为电池反应的标准 Gibbs 自由能变化值；ΔH^0 为电池反应的标准焓变；ΔS^0 为电池反应的标准熵变；z 为 1 mol 燃料在电池中发生反应转移电子的量（mol）。在开路状态下，外电路的负载无穷大时，SOFC 的输出电压值被称为开路电压（Open Circuit Voltage，OCV）。理想条件下，OCV 等于理论电动势。但是实际过程中，由于极化损失，电池体系处于非可逆状态，OCV 低于理论电动势。极化损失包括欧姆极化、活化极化和浓差极化，如图 2-7 所示。

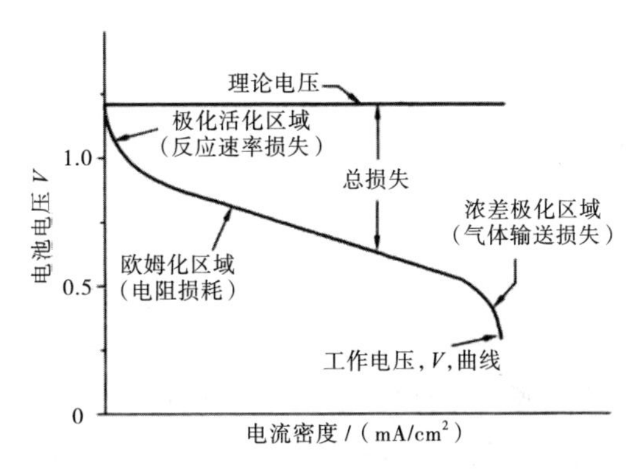

图 2-7　SOFC 典型极化曲线

2.4.2 发展简史

1930 年，瑞士科学家埃米尔·鲍尔和他的同事 H. Preis 首先研究了各种固体氧化物电解质。1937 年，他们首次将 ZrO_2 陶瓷应用于燃料电池，研制出世界上第一台 SOFC。早期，由于材料加工技术受限，且成本较高，SOFC的研究较为缓慢。20世纪70年代，由于石油资源开始紧张，人们对能源问题开始重视，逐渐加大了对清洁可替代性能源的能源转换装置的研究力度。从20世纪70年代到20世纪80年代这段时间的专利数据库检索结果看，SOFC处于早期研发试验阶段，专利申请量小，研究没有实质性发展。20世纪80年代末期以后，SOFC的研发开始进入高潮期，研究成果不断增加。经多年研究，SOFC的制造成本逐渐降低，性能也逐步提高，开始服务于人们的生活。以美国西屋电气公司（Westinghouse Electric Company）为代表，研制了管状结构的SOFC。1987年，该公司在日本安装了25 kW的SOFC系统。1995年，德国的Siemens组装了10 kW的电池组。1997年年底，荷兰建立了运行时间超过10 000 h，供电高达108 kW的SOFC电站。21世纪开始，SOFC燃料电池逐渐在家庭和商用领域实现商业化。

我国从1991年开始了SOFC的研究工作。中国科学院上海硅酸盐研究所、中国科学院大连化学物理研究所、中国科技大学、华中科技大学、吉林大学等目前正在进行平板型SOFC的研发。在国家“863计划”支持下，2014年以来，中国科学院上海硅酸盐研究所和华中科技大学分别实现了5 kW级SOFC独立发电系统的集成和调试及其发电和示范运行。

2.4.3 特点与用途

由于SOFC单电池的电压和功率不高，通常被以各种方式（串联、并联、混联）组装成电池组。按组装方式不同，SOFC分为管状、平板型和整体型三种。另外，根据工作温度的不同，又分为高温（800 ~ 1 000 ℃）、中温（600 ~ 800 ℃）和低温（300 ~ 600 ℃）三种SOFC。

相较于其他的能源转换装置，SOFC的优势有：

（1）其阴极和阳极的极化较小，极化损失集中在电解质内部。

（2）由于直接将化学能转换为电能，过程中无其他损耗，SOFC有超过80%的高效率。

（3）燃料主要为氢气、碳氢化合物等，生成产物为水、二氧化碳，无其他污染物，安全、清洁。

（4）不需要贵金属作催化剂。

（5）可进行模块化设计，尺寸易于调节，安装的规模和位置灵活性较高,结构较稳定,且易于携带。

(6)高温使 SOFC 能够直接利用或实现碳氢化合物燃料的内部重整,还可以简化设备。

(7)燃料的灵活性较高,基本上碳基燃料都可以作为其来源。

(8)SOFC 产生的清洁、高质量、高温热气适于热电联产。

(9)SOFC 可以和燃气轮机组成联合循环,非常适用于分布式发电。其缺点是工作温度高,启动时间非常长,对材料的性能要求非常高,也包括一些密封问题、热管理问题。由于 SOFC 工作温度较高,导致其元件成本高、制备工艺复杂、电池稳定性差,限制了其商业化发展。为使 SOFC 更好的商业化,降低其生产成本,必须要降低 SOFC 的操作温度。将 SOFC 的操作温度降低到 800 ℃以下,可以有效降低电池的成本,增加电池的稳定性。

SOFC 具有工作温度高、发电效率高、全固态、易于模块化组装等特点,非常适用于分布式发电 / 热电联供系统和作为汽车、轮船等交通工具的动力电源。SOFC 电池组适用于多种应用场合(如汽车、军事、发电系统等)的电压和输出功率。固体氧化物燃料电池目前最广泛的应用领域是发电站(SOFC 分布式发电系统)。2000 年,西门子西屋电力公司设计制造了世界上第一台 220 kW 的 SOFC/GT 联合循环电站。日本新能源产业技术综合开发机构(NEDO)于 2011 年开发出全球首个商业化的 SOFC 热电联供系统。该系统由发电单元和利用废热的热水供暖单元组成,输出功率为 700 W,发电效率为 46.5%,综合能源利用效率高达 90.0%,工作时的温度为 700 ~ 750 ℃,在用作家庭基础电源的同时,还可以利用废热用作热水器或供暖器①。此外,SOFC 在汽车领域也有所应用。2016 年,日产汽车发布世界首款 SOFC 汽车。该车基于日产 eNV200 研发打造,采用了酶生物燃料电池(e-Bio Fuel Cell)技术,利用 SOFC 动力系统将贮存的生物乙醇转化为电能给汽车提供动力,输出功率 5 kW,续航里程超过 600 km。

2.4.4 固体氧化物燃料电池的电解质材料

SOFC 的电解质是由致密的纯离子导体的固体氧化物材料组成的,

① 姚利森.SOFC在天然气分布式应用中的经济性分析[J].上海节能,2019(11):947-952.

避免燃料与氧气直接混合产生危险。一般来说，根据欧姆定律，欧姆电阻会导致电压的损失，对于较厚电解质的 SOFC 来说，欧姆电阻是降低其性能输出的关键因素。Steele 等人设定了 SOFCS 常用材料电阻指标，面积比电阻（Area Specific Resistance，ASR）为 0.15 $\Omega \cdot cm^2$。

SOFC 由多孔的阴、阳极和夹在中间的致密电解质组成。在一个电极处产生的离子通过电解质传输到另一个电极处，电子通过外部电路传输，这意味着电解质两侧有不同的气氛。电解质必须满足稳定性、导电性和兼容性、热膨胀系数相匹配及致密性的要求。

（1）稳定性方面：由于电解质暴露于两种气氛中，电解质应具有足够的稳定性，在还原气氛和氧化气氛下没有化学反应，没有相变的发生，还需要具有足够的形态和尺寸稳定性，以防高温长期运行时的机械损坏。

（2）电导率方面：电解质应该具有可忽略的电子电导率和较高的离子电导率，尽量减少欧姆损耗，并且电解质的电导率也必须具有足够的长期稳定性。

（3）兼容性方面：电解质的化学性质应与电极的化学性质相匹配，在选择电极材料时应考虑电解质与电极之间的化学相互作用和元素扩散。

（4）热膨胀系数方面：电解质材料必须与其他电池材料在室温至操作温度区域内相匹配。

（5）致密性方面：电解质必须有效地隔离燃料与氧化剂。

固体电解质从不同的角度进行划分可分为不同的类型。根据传导离子的差异可分为阴离子固体电解质、阳离子固体电解质和混合型固体电解质；从晶体中传导离子通道的类型和材料的结构划分来看，可分为一维传导离子通道的固体电解质、二维传导离子通道的固体电解质和三维传导离子通道的固体电解质；依照材料的应用领域可分为传感器类和储能类；按照温度来划分可分为低温固体电解质和高温固体电解质。

2.4.4.1 氧离子导体

大多数氧离子导体材料具有萤石的晶体结构，到目前为止，研究最多的是二价和三价阳离子掺杂的 ZrO_2。具有萤石结构的不同掺杂 ZrO_2 氧离子导体，这种掺杂不仅稳定了立方萤石结构，而且产生了大量通过电荷补偿来调节的氧空位。当氧空位浓度增加时会提高离子迁移率，从而具有良好的氧离子传导特性。如果掺杂含量不足以完全稳定立方结构,则材料可能会含有混合相。完全稳定的立方结构所需的最小掺杂量:CaO 为 12 ~ 13 mol%, Y_2O_3 和 Sc_2O 为 8 ~ 9 mol%,其他稀土氧化物为 8 ~ 12 mol%。钇稳定的氧化锆(8 mol%Y_2O_3,缩写为 YSZ)是用于高温 SOFC 的最经典的电解质材料。YSZ 材料在约 1 000 ℃下显示出很高离子电导率。然而,如此高的工作温度可能导致电极材料的烧结,电解质与电极之间的界面质量扩散和不同热膨胀系数引起的机械应力等系列问题。现在已经开发了几种方法来减小 YSZ 电解质层的厚度,从而降低 SOFC 的工作温度,如电化学气相沉积、化学气相沉积、溶胶-凝胶等。

掺杂的二氧化铈(CeO_2)基萤石型氧离子导体是更有前途的中温 SOFC 电解质材料 CeO_2 具有与 YSZ 相同的萤石结构。当掺杂阳离子与主体阳离子半径匹配时,获得最高的氧离子传导率。常见的掺杂离子为 Gd^3+ 或 Sm^3+,从而引入氧空位。在 750 ℃时,钆掺杂氧化铈(GDC)和钐掺杂氧化铈(SDC)电导率可以达到(6 ~ 7)$\times 10^{-2}$ S/cm^2。在温度 600 ℃时, GDC 的电导率始终高于 YSZ。CeO_2 也可以掺杂其他元素,如镧、钇、镱和钕也表现出与 SDC 类似的电导率。

但是,对于通过常规固态反应技术制备的粉末来说, CeO_2 基陶瓷材料低于 1 650 ℃难以烧结致密。目前的技术手段是添加少量过渡金属氧化物作为助烧结剂以降低烧结温度,如 MnO_2、Bi_2O_3、CuO、MoO_3、Fe_2O_3、Li_2O 和 CoO 是相当有效的助烧结剂,用于降低 CeO_2 基陶瓷材料的烧结温度。这些助烧结剂不仅提高了材料的相对密度,而且对最终陶瓷材料的电导率产生了积极影响

另一种中温下具有高离子电导率的萤石型氧化物是 δ-Bi_2O_3。特别是在 800 ℃时, δ-Bi_2O_3 的离子电导率高达 23 S/cm。但是,它只能在 730 ℃到 804 ℃狭窄的范围内保持稳定,低于 730 ℃,材料变为 α-BiO_3,其具有有序氧空位。通过再次升温至 730 ℃以上,氧空位从有序变为无序,导致电导率几乎增加三个数量级。Takahashi 等证明了 δ-Bi_2O_3 通过部分取代 Bi 离子,使其在较低温度依然有较好的离子电导率,如 δ-Bi_2O_3 相在组成范围内是稳定的。另外,发现将具有相对较大离子半径如 La、Nd、Sm 和 Gd 引入 Bi_2O_3 晶格中会在 Bi_2O_3 中诱导形成菱形结构。与单掺杂体系相比,共掺杂的四元体系中的熵会增加,使用两种不同的金属氧化物有助于将 δ-Bi_2O_3 稳定温度降到室温。

除了萤石结构电解质外，还有许多其他结构氧化物，它们也很有潜力用于 SOFC 领域。特别是以 ABO_3 钙钛矿为主的体系被认为是非常有前途的。钙钛矿氧化物可以具有许多不同的对称性，并且它们可以在 A 和 B 位上掺杂离子，它们也可以容纳阴离子进入空位结构。作为 SOFC 的优良电解质，它不仅应具有优异的离子电导率，还应保持与阳极、阴极的化学相容性。

2.4.4.2 质子导体

多年来，对电解质材料的研究主要集中在氧离子传导的氧化物。作为电解质材料的另大类代表，质子传导的陶瓷材料也引起了物理学、化学和材料科学家的极大关注。质子传导氧化物电解质，命名为高温质子导体。1981 年，Iwahara 等人首先观察到一些钙钛矿氧化物，如 $SrCeO_3$ 和 $BaCeO_3$，在高温水蒸气存在的情况下，具有一定的质子传导特性。此后，高温质子传导材料已经引起了注意，它们在氢传感器、氢泵、膜反应器、固体氧化物电解槽和 SOFC 中开始发挥重要的作用。最初研究的大多数钙钛矿型材料在水合后也是潜在的质子导体。钙钛矿结构的通式为 ABO_3，其中 A 是与 O^{2-} 配位的大的阳离子，而 B 是占据由 6 个 O^{2-} 包围的八面体单元中心的较小阳离子。图 2-8 显示了典型的 ABO_3 钙钛矿的晶格结构。为了改善质子传导性，用合适的三价元素如 Ce、Zr、Y、In、Nd、Pr、Sm、Yb、Eu、Gd 等掺杂 B 位是至关重要的。掺杂三价元素的目的是形成氧空位，其对移动质子的形成产生积极影响。在含水蒸气或氢气的气氛下，移动质子作为氢缺陷掺入钙钛矿结构中。

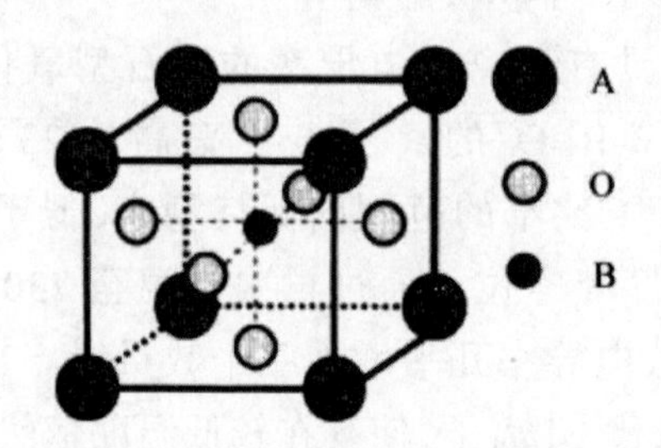

图 2-8 ABO_3 钙钛矿的晶格结构

一方面是改变主要成分的比例，本质上导致氧空位的形成，而受体掺杂的补偿也可能产生相同的效果。为了形成质子缺陷，水蒸气首先离解成氢氧根离子和质子，然后氢氧根离子结合到氧空位中，而质子与晶格氧形成共价键。水的吸附是放热反应，因此质子在低温下控制传导机制，在高温下控制氧空位。质子缺陷的浓度不仅可以认为是温度的函数，还可以认为是水分压的函数。随着水分压的增加，质子浓度增加到一定程度对应着饱和度蒸汽压限晶格结构。

掺杂有低价态阳离子的钙钛矿型氧化物（如 $SrCeO_3$、$BaCeO_3$、$KTaO_3$）在高温氢气或水蒸气的气氛中表现出质子传导。通常质子电导率按 $BaCeO_3>SrCeO_3>SrZrO_3>CaZrO_3$ 的顺序增加。掺杂元素的晶格畸变也会影响质子导体的电导率。通常，掺杂的阳离子选择离子半径远大于 B 位阳离子，或高掺杂剂浓度，可以强烈地影响电性能。

尽管掺杂的 $BaCeO_3$ 电解质材料中有稳定质子缺陷，但在 CO_2、H_2O 和其他痕量物质（SO_2、SO_3 和 H_2S）中显示出差的稳定性。铈碳酸盐容易与酸性气体如 CO_2 和水蒸气反应，分别形成碳酸盐和氢氧化物。为了提高材料对二氧化碳或水的化学稳定性，尝试了各种方法。通过适当的掺杂，这些材料不仅可以在 SOFC 操作条件下获得高电导率，而且还具有足够的化学稳定性。总的来说，通过用较高电负性的元素部分取代 Ce 可以增强化学稳定性。以 $BaCe_{0.8}Gd_{0.2}O_3$ 为电解质，以 80%H_2 和 20%CO_2 为燃料，单电池的电池电压降低率为 24%/1 000 h，但在 800 ℃下，氢气作为燃料，放电电流密度为 100 mA/cm^2 时，电压降低率仅为 7%/1 000 h。

近年来，钇掺杂的锆酸钡（BZY）因其良好的化学稳定性和高质子传导性而受到越来越多的关注。

2.4.5 连接材料

SOFC 的连接材料主要起到将电池单元之间连接起来，以及将阴极氧化气和阳极燃料气隔开的作用。因此应具备：

（1）较高的电子导电性和较低的离子导电性。

（2）在氧化与还原气氛中性能稳定。

（3）与电池各结构材料不发生反应又有良好的热匹配性。

（4）较高的机械强度和热导率以及密封性强。

连接体材料是 SOFC 的重要组成部分，传统的 SOFC 在大约 1 000 ℃下工作，所以连接体材料通常用的是氧化物陶瓷，例如铬酸镧、掺杂铬酸镧的材料。虽然此种材料在氧化气氛和还原气氛中有比较高的稳定性和电导率，但是它还是有一些缺陷的，比如耐热冲击性能低、硬度和脆性高、很难将其烧结致密化、价格昂贵等。因此，近年来随着技术的改进，燃料电池的工作温度可以保持在 600 ~ 800 ℃，衍生出了金属连接体材料取代陶瓷材料，具有代表性的有 Ni 合金材料、Cr 合金材料和不锈钢材料。

2.4.6 SOFC 的电催化剂与电极

2.4.6.1 SOFC 的阳极

SOFC 阳极作为燃料气的电化学氧化反应的场所，将产生的电子导入外电路，有如下的基本要求：

（1）在还原气氛中稳定，并且有足够高的电导和对燃料氧化反应的高催化活性。

（2）对于直接甲烷或碳基燃料 SOFC，要具备一定的抗积碳能力。

（3）与其他电池材料在室温至操作温度范围内化学上相容及相匹配的热膨胀系数。

（4）具有足够高的孔隙率以确保燃料的供应及反应产物的排出。

（5）具有机械强度高、韧性好、易加工、成本低的特点。

目前，作为 SOFC 阳极的材料主要有金属、电子导电陶瓷和电子离子混合导体氧化物等。早期使用的 SOFC 阳极材料是电子电导率较高的石墨、贵金属（Pt、Au）以及过渡金属（Fe、Co、Ni）或合金。其中金属 Ni 由于价格低廉、活性高的特点，应用最为普遍。在 SOFC 中，通常将 Ni 分散在电解质材料中，制成复合金属陶瓷阳极。

（1）Ni-YSZ 基阳极材料。

金属 Ni 和电解质 YSZ 混合组成金属陶瓷阳极 Ni-YSZ，解决了金属 Ni 的团聚问题，改善了 Ni 的热膨胀系数与电解质不匹配性。在还原过程中产生的孔隙率取决于金属陶瓷的成分，它随着 NiO 量的增加而增加。此外，YSZ 作为氧离子导体增强了阳极的离子电导性，提高了阳极的催化性能。从此 Ni 基金属陶瓷阳极被广泛深入的研究，成为应用最多的 SOFC 阳极材料。

通常的合成 Ni-YSZ 金属陶瓷的方法是混合烧结 NiO 和 YSZ 的粉末来创造离子的通道。然后，NiO 被还原成金属 Ni 以实现材料的多孔性。YSZ 在温度高于 1 300 ℃的时候才能保持材料的致密性，因此 Ni-YSZ 材料被广泛应用于高温 SOFC 中。这种材料具有对氢气的高催化能力，但是其性能与颗粒的大小、孔隙度、微观结构密切相关。

（2）Ni-SDC 基阳极材料。

20 世纪 60 年代，将氧化铈用于 SOFC 阳极，引入二氧化铈基添加材料层被首次尝试，这是阳极发展中最有前途的方向之一。该方向的优点是：首先与氧化铈对涉及氧的燃烧反应，特别是对碳氧化的非常高的催化活性有关，碳氧化对在碳氢化合物和沼气上运行的燃料电池是有益的。此外，还原的氧化铈及衍生物具有可观的氧离子和 n 型混合电子电导率；通过受主型掺杂可以提高输运性质和还原性，这显然对电极性能有积极的影响。另一方面，虽然在 1 273 K 下测试 1 000 h 后，在 CGO 电极上没有检测到碳沉积，但是发现没有额外添加剂的 CGO 的电催化活性不足以提供直接的 CH_4 氧化合物。低温化 SOFC 是其发展的主要趋势，掺杂二氧化铈基阳极材料表现出了良好作用。

2.4.6.2 SOFC 的阴极

在阴极端，主要的反应是 O_2 的还原，可用下列方程式表示：

$$\frac{1}{2}O_2(g)+2e^-(\text{阴极})\longrightarrow O^{2-}(\text{电解质})$$

阴极的电化学反应普遍认为发生在离子导电相（电解质）、电子导电相（电极）及气相接触的三相界面处。三相接触处的接触好坏直接影响反应的进行，从而影响电池的性能。因此，阴极的组成及结构的优化是当前固体氧化物燃料电池性能提升的一个重要方式。为了增加三相界面，通常需要在阴极材料中加入一定含量的电解质材料，一方面为了阴极能够与电解质形成良好的欧姆接触，另一方面也能匹配阴极与电解质的热匹配。

阴极端发生的是氧分子的还原过程，这种过程可通过一步或者多步过程实现，通常整个电极反应的基元反应包括：①氧分子的还原包括吸附、解离、形成氧离子过程；②多孔阴极中氧离子向电解质的传输过程；③氧离子在电解质晶格中的迁移过程。这几种都有可能成为氧还原过程的速控步骤，氧还原步骤就是电池总阻抗的决定因素，因此开发具有优良催化性能的阴极材料成为 SOFC 领域的热点之一。

阴极作为氧化剂的电化学还原反应场所如图 2-9 所示，虽然氧化物电解质中的欧姆损耗在当今被广泛理解，但是控制电极过电位损耗的物理仍然是一个巨大的研究焦点，仅在过去 15 ~ 20 年中才取得了实质性的进展。这种从电解质到电极的重点转移部分是由制造越来越薄、电阻越来越小的电解质膜的能力以及朝向更低操作温度的驱动所驱动的，其中电极占电压损失的更高百分比(由于过高的激活能)。大部分工作集中在阴极上，主要是因为通常认为氧气还原是在商业上相关的温度下操作的 SOFC 上更难活化的反应。

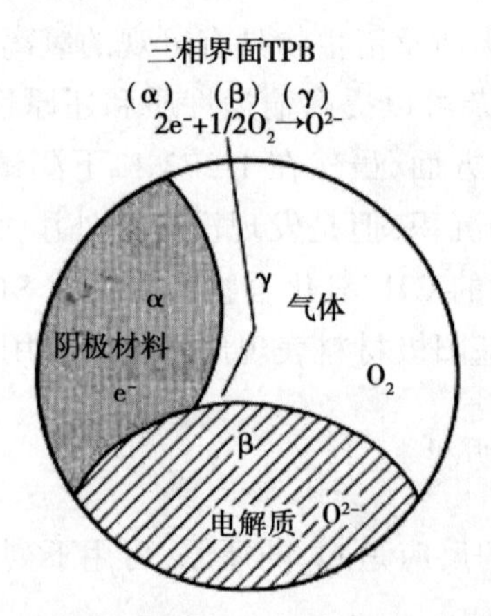

图 2-9 电子传导(电子)相(α)、气相(β)和离子传导相(γ)

人们不仅试图了解电极机理，而且试图探索新的电极材料和微观结构，阐明结构—性能关系，以及了解电极性能如何以及为什么随时间、温度、热循环、工作条件而变化。对阴极材料有如下的基本要求：

(1)其在氧化气氛中具有足够的化学稳定性。

(2)具有足够高的电子电导率和一定的离子导电能力，既降低欧姆极化，又有利于的扩散和传递。

(3)具有良好的催化性能，降低阴极过电位，提高电池的输出性能。

(4)具有足够高的孔隙率，有利于氧气的扩散。

(5)在操作温度下与电解质材料、连接材料、密封材料具有良好的化学相容性。

(6)与电解质材料的热膨胀系数相匹配，避免在电池操作及热循环过程中发生碎裂以及剥离现象。

满足上述基本条件的阴极材料主要有钙钛矿型复合氧化物、双钙钛矿复合氧化物、类钙钛矿结构 A_2BO_4 型复合氧化物。采用以稀土元素为主要成分的钙钛矿型复合氧化物因具有独特的结构特征，有利于对阴极材料的设计及优化，如被视为最有应用前景的 SOFC 阴极材料。钙钛矿材料已广泛应用于 SOFC 的阴极材料。为了更好地设计和优化阴极材料，首先必须了解钙钛矿结构的基本原理。钙钛矿型氧化物具有 ABO_3 的通式，其中 A 和 B 为总电荷为 6 的阳离子。低价 A 阳离子（如 La、Sr、Ca、Pb 等）较大，与 12 个氧阴离子配位，而 B 阳离子（如 Ti、Cr、Ni、Fe、Co、Zr 等）占据的空间较小，与 6 个氧阴离子配位。A 或 B 阳离子与不同价阳离子的全部或部分替代是可能的。当 A 位和 B 位阳离子（$n+m$）的总价加起来小于 6 时，缺失电荷通过在氧晶格位点引入空位来弥补。

许多钙钛矿结构是扭曲的，不具有立方对称性。常见的畸变如八面体内的阳离子位移和八面体的倾斜。与 A 和 B 取代原子的性质有关。ABO_3 钙钛矿的畸变程度可以根据 Gol-schmidt 容差因子（t）来确定。

$$t=\frac{r_A+r_B}{\sqrt{2}\left(r_B+r_O\right)} \tag{2-9}$$

式中，r_A、r_B 和 r_O 分别代表 A 位、B 位阳离子和氧离子的有效半径。理想钙钛矿结构，t=1。当 $0.75 < t \leqslant 1$ 时，钙钛矿结构体系相对稳定。要保持稳定的晶格，A 和 B 位阳离子必须保持各自的配位数。当在 A 位掺杂低价金属离子会产生氧空位，提高氧离子活性增加离子导电率。另一方面，为维持电荷平衡，B 位离子价态发生改变，从而具有电子电导的特性，成为离子 - 电子混合导体（MIFC），电导率也随之提高。

目前，最常用的 SOFC 阴极材料是掺杂的 ABO 型钙钛矿氧化物，A 为 LaNd，B 为 Mn、Fe、Co、Cr。材料的电导率与 A 位元素密切相关，大小顺序为 Pr>La>Nd>Sm，在 A 位掺杂碱土金属，会明显提高电导率，其中 Sr 掺杂的电导率最高。阴极活性取决于 B 位元素的性质，阴极的反应速率随 B 位过渡元素变化顺序为 Co>Mn>Fe>Cr。

（1）$La_{1-x}Sr_xMnO_{3\pm\delta}$（LSM）阴极材料。

氧非化学计量和氧缺乏对阴极材料的离子和电子输运性质有很大的影响。$LaMnO_3$ 基氧化物既有氧过量，也有氧不足的非化学计量。通常用 $La_{1-x}A_xMnO_{3\pm\delta}$（A 是二价阳离子，如 Sr^{2+} 或 Ca^{2+}；“+”表示氧过剩，而“–”表示氧缺乏）表示。Mizumaki 等人研究了 $La_{1-x}Sr_xMnO_{3\pm\delta}$ 中氧的非化学计量比 δ 与氧分压、温度和组成的关系，并提出了各种缺陷模

型来解释掺杂的 $LaMnO_3$ 氧化物的缺陷结构。

对于锰酸镧，最常用的掺杂剂是锶，因为它的尺寸与镧匹配。$La_{1-x}Sr_xMnO_{3\pm\delta}$（$x \leqslant 0.5$）中的锶掺杂不增加氧空位浓度，这在所研究的大多数其他钙钛矿阴极材料中是常见的现象。

$$Mn_{Mn}^{x}+SrO\xrightarrow{LaMnO_3}Sr_{La}+Mn_{Mn}^{\bullet}+O_{O}^{x}$$

该反应有效地提高了电子空穴浓度和电导率。随着锶浓度的增加，LSM 的电子电导率近似线性增加，最高可达 50 mol%。在高温下，$LaMnO_3$ 与 YSZ 发生固相反应，在电极电解质界面处形成 $La_2Zr_2O_7$（LZ）。少量的 Sr 取代降低了 LSM 化合物与 YSZ 的反应性。然而，当 Sr 浓度高于约 30 mol% 时，$SrZrO_3$（SZ）形成。因此，30 mol% 的锶含量被认为是对不需要的电子绝缘相形成的最佳含量。在材料中加入轻微的 A 位点缺陷可以进一步降低不希望的反应发生。

大量研究结果表明，LSM 电极性能不仅受电极化学组成的影响，而且与电极的微观结构如孔隙率、厚度、粒径分布有关，微观结构决定了电极的三相界面（TPB）、电导率以及气体传输通道。

然而，单相 LSM 不适宜作为中温固体氧化物燃料电池的阴极材料，因为在 600 ~ 800 ℃其氧离子电导率明显降低。有两种方法可以提高中低温下 LSM 基阴极的电化学性能：一种是将氧离子导体电解质与 LSM 混合形成离子电子混合导体复合阴极，另一种是引入纳米尺寸的 LSM 到多孔 YSZ 结构来提高 LSM 基复合阴极的性能。Pd 以纳米粒子的形式引入阴极材料，通过促进氧气的解离吸附过程提高电极性。

（2）$LaCoO_3$（LCO）基阴极材料。

$LaCoO_3$ 在费米能级（E_f）附近具有相当高的电子态密度。$LaCoO_3$ 的显著催化性能与电子占据 E_f 附近的晶场 d 态以及表面电荷的积累有关，从而增强表面阳离子与潜在催化物种之间的电子转移。$La_{1-x}Sr_xCoO_{3-\delta}$ 在非化学计量比、电学性质和磁学性质与锶含量、温度和氧分压的关系方面表现出复杂的行为。考虑这些氧化物的缺陷结构是有意义的。Petro 等人提出了一个与 $La_{1-x}Sr_xCoO_{3-\delta}$ 的缺陷结构相关的缺陷模型，其中锶离子占据了规则的 La 晶格点 SrLa，主要导致电子空穴。为了保持电中性，锶离子的取代必须通过形成等效正电荷来补偿，等效正电荷包括 $Co_{Co}^{\bullet}$ 和氧空位 $\left[V_{\ddot{O}}\right]$。整个电中性条件如下：

$$Sr_{Sr}^{x}+Co_{Co}^{\cdot}+2V_{\ddot{O}} \longrightarrow Sr_{La}+Co_{Co}^{x}$$

$$2Co_{Co}^{\cdot}+O_{X_O} \longrightarrow 2Co_{Co}^{x}+V_{\ddot{O}}+\frac{1}{2}O_2(g)$$

$$\left[V_{\ddot{O}}\right]\left[Co_{Co}^{x}\right]^2 \longrightarrow K_{V_{\ddot{O}}}\left[Co_{Co}^{\cdot}\right]^2\left[O_O^{x}\right]P_{O_2}^{-1/2}$$

这里，$K_{V_{\ddot{O}}}$ 是平衡常数。

人们对含 Co 的钙钛矿氧化物的关注由来已久，这主要因为它们具有电子和离子混合导电的特性。与 $LaMnO_3$ 相比，$LaMnO_3$ 具有更高的离子电导率和电子电导率。但是在阴极氧化环境中稳定性不如 $LaMnO_3$，同时，$LaCoO_3$ 的热膨胀系数也比 $LaMnO_3$ 大。但 $LaCoO_3$ 与 SDC、CGO 和 YDC 等常用电解质有较好的化学相容性。

2.4.7 固体燃料电池阳极 C– 催化剂的制备和表征[①]

能源是人类赖以生存发展的重要物质基础，也是国民经济发展的重要命脉，因而对人类及人类社会发展具有十分重要的意义。化石能源是能源使用的主要部分，但是化石能源的短缺及化石能源的使用引起严重的环境污染和空气异常，可再生能源的开发使用倍受世人瞩目，以氢能为代表的高效清洁能源越来越成为社会生存与发展的必然选择，其中，固体燃料电池以其自身丰富的优越性而雄踞 21 世纪高技术之首。固体燃料电池（SOFC）是一种将储存在燃料和氧化剂中的化学能通过电极反应直接转换成电能的装置从使用寿命上讲，普通锌锰干电池是将化学反应物储存在电池内部，当电池在向外供电的期间，同时反应物就会不间断的减少，而在反应物一旦消耗完的时候，电池将不能继续工作，也就不能再继续供电。

SOFC 的突出优点是不需要使用任何贵金属材料，而是采用廉价的 Ce、La 轻稀土陶瓷材料。以 Ce、La 轻稀土为基础，构成了 SOFC 高性能电解质材料和电极催化剂材料。具有萤石结构的掺杂氧化铈，如氧化钆掺杂氧化铈（GDC）和氧化钐掺杂氧化铈（SDC），600 ℃时的电导率达 0.02 S/cm，是理想的中低温电解质材料间：钙钛矿结构的 Sr、Mg 掺杂的 $LaGaO_3$- δ （LSGM）电解质，在很宽的氧分压范围内，表现出高的

① 张曼，龙梅，王凯，等．固体燃料电池阳极 C– 催化剂的制备和表征 [J]. 赤峰学院学报（自然科学版），2018，34（2）：8-11.

氧离子电导率和稳定性。Cu-SDC，CuN-SDC 等金属陶瓷阳极对碳基燃料表现出良好的催化化学和抗积碳性能；钙钛矿结构的 $(La_{0.75}Sr_{0.25})_{0.9}Cr_{0.5}Mn_{0.5}O_3$（LSCM）和 $BaZr_{0.1}Ce_{0.7}Y_{0.2-x}Yb_xO_{3-d}$（BZCYY）则是新型有前途的阳极材料。锰酸锶镧（LSM）是 SOFC 中最常用的阴极，LSMSDC 则是更实用的混合导电型复合阴极，$La_{1-x}Sr_xCo_{1-y}Fe_yO_3$（LSCF）阴极表现出更好的催化活性与 PEMFC 必须采用昂贵的质子交换膜和贵金属 Pt 作电极催化剂相比，SOFC 在关键材料上极具成本优势。在我国，Ce、La 等轻稀土属于高丰度稀土资源，每千克价格仅约 20 元，这为构建低成本 SOFC 系统奠定了基础，同时也有利于提高我国高丰度稀土资源的平衡利用，因此，发展固体燃料 SOFC 在我国拥有独特的资源优势。

本书采用了 SiO_2 在酸性介质中良好的稳定性，SiO_2 经过腐蚀后，采用了化学还原法，制备了分散性好，并且颗粒粒径小且均匀的 CNTS/SiO_2 纳米催化剂，通过循环伏安法进行表征，实验中分别加入了 CNTS/SiO_2 纳米催化剂、碳纳米管和 SiO_2 纳米颗粒后对无水乙醇的催化氧化的电性能，实验通过比较表明无水乙醇在 CNTS/SiO_2 石墨电极上的氧化峰电流远远大于在 CNTS/ 石墨电极和 SiO_2/ 石墨电极上的对应的氧化峰电流，因此，CNIS/SiO_2/ 石墨电极对无水乙醇的电催化活性较好。

2.4.7.1 实验药品及仪器

（1）药品。

高锰酸钾（$KMnO_4$，分析纯，天津市北方天医化学试剂厂），浓硝酸（HNO_3，优级纯，葫芦岛市渤海化学试剂厂），氢氧化钾（KOH，分析纯，天津市大茂化学试剂厂）。

（2）仪器。

调温电热套（KDM 型，山东鄄城光明仪器有限公司），电子天平（TP–214 型，北京赛多利斯仪器有限公司），循环水式真空泵（SHD–(Ⅲ)型，河南省予华仪器有限公司），超声波清洗机（SB25–12DT 型，宁波新芝生物科技股份有限公司），磁力加热搅拌器（79–1 型，菏泽市石油化化工学校仪器设备厂），示波极谱仪（JP4000 型，山东电讯七厂有限公司），粉末压片机（FW-4A 型，天津市拓谱仪器有限公司），傅里叶红外分光光度计（Nicolot Is5 型，日本岛津），电热真空干燥箱（ZKXF 型，上海树立仪器仪表有限公司）。

（3）所需溶液。

0.05% wt 氟化钠（NaF）溶液。

2.4.7.2 催化剂及电极的制备

实验首先制备 SiO_2 纳米颗粒，再制备碳纳米管，最后利用 SiO_2 纳米颗粒与碳纳米管负载来制得 CNTS/SiO_2 纳米催化剂。

（1）催化剂的制备。

① SiO_2 纳米颗粒的制备。

首先将 3.007 1 g $Na_2SiO_3 \cdot 9H_2O$ 充分的分散溶解到水中至 25 mL，缓慢的滴加过量的乙酸乙酯约至 50 mL，然后在磁力搅拌器上持续搅拌 1 h，使反应完全将此溶液放置于空气中陈化 1 d 后，过滤，再用二次水洗涤陈化后的溶液数次，置于干燥器中干燥 8 h，即得到 SiO_2 纳米颗粒。

②碳纳米管的制备。

称取 5.000 2 g 活性炭加入 100 mL 的浓硝酸溶液中，利用回流装置，温度控制在 42 ~ 45 ℃，持续回流 12 h，将得到羧基化的 CNTS（CNTS-COOH），然后加水稀释，回流后的溶液用抽滤装置抽滤，抽滤时用微孔滤膜过滤，使得产品更细，用二次水洗涤多次洗涤至滤液呈无色且为中性为止，再将所得产品放置于烘干器中烘干 24 h，温度控制在 60 ℃以下，即得酸化后的碳纳米管。

③催化剂的制备。

称取 SiO_2 0.002 1 g 溶解于 5 mL 水中，在磁力搅拌器上搅拌 5 min，加入 1 mL 的氢氟酸刻蚀 2 min，再加入以上制备的酸化后的活性炭 0.001 6 g，利用超声波清洗仪超声震荡 30 min，在上述混合液中加入过量的 $NaBH_4$ 约 0.080 1 g，超声振动持缕 2.5 h，所有的 $NaBH_4$ 充分分解，然后洗三次，离心，放入烘干器中干燥 8 h，得到 CNTS/SiO_2 纳米颗粒。

（2）工作电极的制备。

选取石墨板作阳极，将厚度为 1.05 mm，面积为 1.1 × 1.1 的石墨板用二次蒸馏水清洗干净，再将其置于 2.5 mol 电极在 1.5 mol/LHNO_3 溶液中浸泡 10 min，用蒸馏水清洗干净，用来除去石墨电极表面的 HN1/L 的 NaOH 溶液中，以除去表面的油（阳极电流 250 mA/cm^2，时间为 30 min），为了提高石墨电极表面活性，再将石墨溶液，烘干。

将以上制备的石墨电极置于盛有 $CuSO_4$ 电解池中，采用循环伏安法扫描循环伏安曲线在 0 ~ 1.5 V 电位范围内的曲线，直到稳定，所以，此时石墨电极表面被充分激活。然后用蒸馏水冲洗电极，备用。

将上述制备好的催化剂称取 0.006 1 g 加入 5 mL 无水乙醇中，然后超声振荡 30 min，为了保证催化剂能够分散均匀，吸取一定量的上述溶液均匀地滴到活化后的石墨电极上，直到带有催化剂的石墨电极干了之后，接着再用 0.05% 的无水乙醇溶液覆盖在石墨电极的表面，在空气中晾干，以备用。以上所有电极上催化剂的载量均为 30 μg。

（3）催化剂及对乙醇电催化氧化性能研究。

论文采用三电极体系，以石墨电极选择作为研究电极，Hg/HgO 选择作为参比电极，铂电极作为辅助电极。在一定浓度的硫酸钢电解液中，采用了循环伏安法电化学技术来评估及比较各种催化剂对无水乙醇的电催化氧化性能，通过用 CNTS/SiO_2/ 石墨电极、CNTS/ 石墨电极和 SiO_2/ 石墨电极对乙醇的电催化氧化性能用循环伏安曲线来加以比较。

2.4.7.3 实验结果与讨论

（1）碳纳米管的红外光谱图。

从图 2-10 中可以看出，在 3 482.34 cm^{-1} 处的吸收峰为碳纳米管酸化后的羧基上所带的—OH 的吸收峰，在 1 640.31 cm^{-1} 处的吸收峰为碳纳米管酸化后所带的羧基上的 C=O 的特征吸收峰，其他的吸收峰为杂质其他的吸收峰，从而可知该物质主要含有酸化后的活性炭（CNTS-COOH）。

（2）CNTS/SiO_2 纳米催化剂的红外光谱图。

从图 2-11 中可看出，在 3 482 cm^{-1} 处的吸收峰为酸化后的碳纳米管上羧基上的—OH 的特征吸收峰，在 1 628.47、1 723.22 cm^{-1} 处为 SiO_2 纳米催化剂中 Si=O 的吸收峰，其他吸收峰为杂质的吸收峰，从而可知该催化剂主要为 CNTS/SiO_2 纳米催化剂。

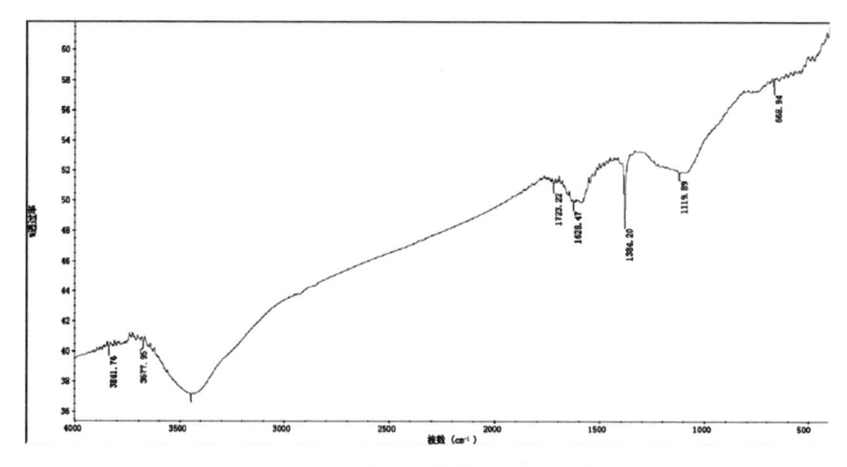

图 2-10　碳纳米管的红外光谱图

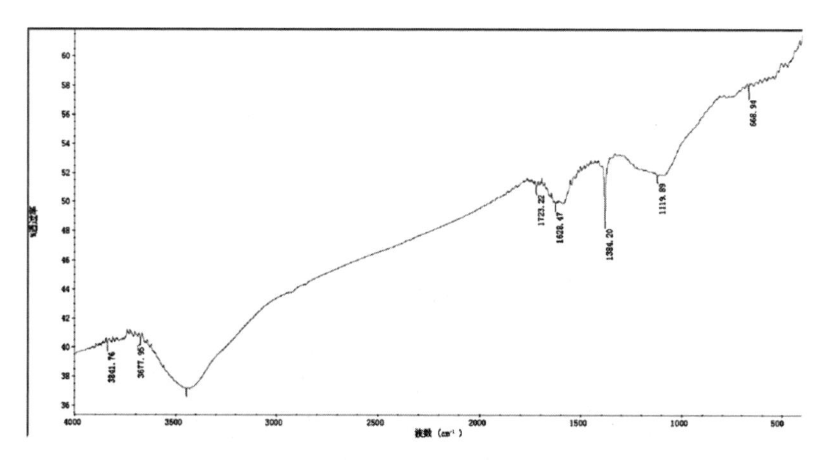

图 2-11　C/SiO_2 纳米催化剂的红外光谱图

（3）催化剂的荧光图。

从图 2-12 可以看出，在 365 nm 处有尖锐的吸收峰，该物质能够吸收紫外 - 可见光，由于含有共轭双键这样的强吸收基团是发荧光的物质中必须的条件，所以从图 2-12 可知该物质是催化剂中的 SiO_2。

以下的图 2-13、图 2-14、图 2-15 均是以石墨电极为研究电极，Hg/HgO 选择作为参比电极，铂片为辅助电极的三电极体系在 $CuSO_4$ 电解液中的循环伏安曲线。

（4）碳纳米管的循环伏安曲线。

从图 2-13 的循环伏安曲线得知，在石墨电极上涂上碳纳米管的溶液后所得的循环伏安曲线中，在 0 ~ 1.5 V 电位范围内整个循环伏安曲线几乎没有出现大的起伏，没有出现一个氧化还原峰，无水乙醇在CNTS/ 石墨电极上的氧化峰电流与在石墨电极上的对应的氧化峰电流相差不大，表明 CNTS/ 石墨电极对氧化还原反应具有的催化活性比石墨电极对氧化还原反应具有的催化活性稍高。

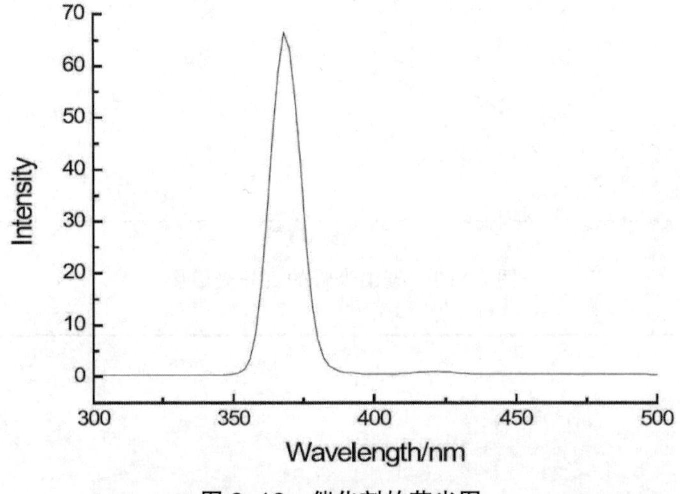

图 2-12　催化剂的荧光图

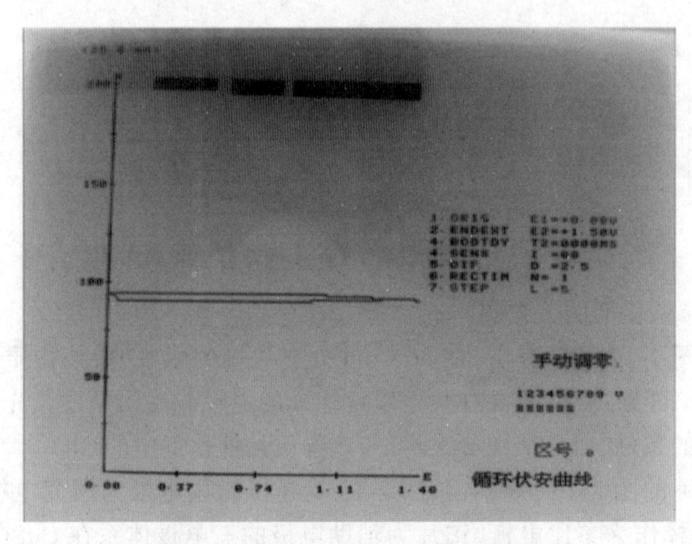

图 2-13　碳纳米管的循环伏安曲线

（5）SiO_2 的循环伏安曲线。

从图 2-14 的循环伏安曲线得知，在石墨电极上涂上碳纳米管的溶液后所得的循环伏安曲线中，在整个扫描电位范围之内，循环伏安曲线呈现出较大的起伏，并且出现了一个氧化还原峰，无水乙醇在 SiO_2/石墨电极上的氧化峰电流与在石墨电极上的对应的氧化峰电流有较大的差别，也就是无水乙醇在 SiO_2/石墨电极上所显示的氧化峰电流无水高于乙醇在石墨电极上所显示的氧化峰电流，这就表明 SiO_2/石墨电极对无水乙醇的电催化活性远大于石墨电极对无水乙醇的电催化活性。

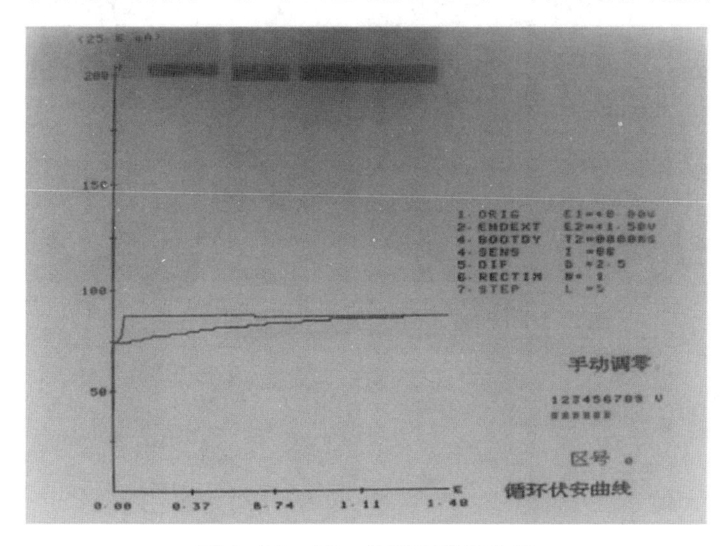

图 2-14　SiO_2 的循环伏安曲线

（6）CNTS/SiO_2 催化剂的循环伏安曲线。

从图 2-15 的循环伏安曲线可以看出，在一定量的 CNTS/SiO_2 催化剂的沉积量下，在整个循环伏安扫描电位范围内出现了一个氧化还原峰，从上图可知，无水乙醇在 CNTS/SiO_2/石墨电极上的氧化峰电流远大于在石墨电极上的对应的氧化峰电流，表明 CNTS/SiO_2 纳米催化剂涂在石墨电极上后对无水乙醇的电催化活性远大于石墨电极。

2.4.7.4 实验结论

通过对以上的图 2-12、图 2-13、图 2-14 的比较，可以看出，加入不同的催化剂后所得的循环伏安曲线形状不同，比较之下可得，在石墨电极上涂上 CNTS/SiO_2 纳米催化剂之后，无水乙醇在 CNTS/SiO_2/石墨电极上的氧化峰电流最高，也就是，相比之下，CNTS/SiO_2 纳米催化剂涂在石墨电极上后对无水乙醇的电催化活性最高。

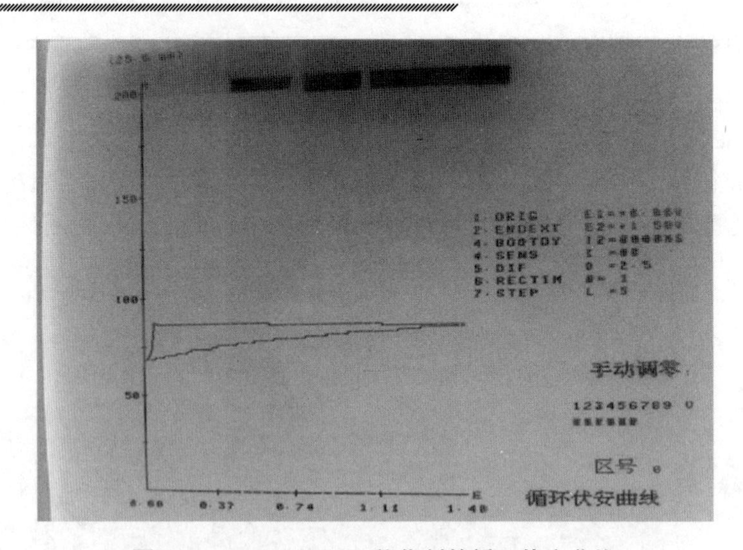

图 2–15　CNTS/SiO_2 催化剂的循环伏安曲线

第3章　质子交换膜燃料电池的基本原理

各种类型的燃料电池中，质子交换膜燃料电池（Proton Exchange Membrane Fuel Cell，PEMFC）因其操作温度（约 80 ℃）低、功率密度高、启动快、对负载变化响应快，在最近几年备受关注。同传统内燃机汽车相比，质子交换膜燃料电池汽车产业化的瓶颈在于其所使用的催化剂的铂含量高，耐久性差。20 世纪 80 年代和 90 年代初，Los Alamos 国家实验室（LANL）燃料电池组成功地制备出高性能的用于氢 / 空气燃料电池的低铂电极。电极铂当量小于 0.5 mg Pt/cm^2，比以前的铂当量水平降低了一个数量级。在这方面较为突出的成就有：有研究人员使用浸渍法在 Pt/C 电极中引入离子交联聚合物，并热压到质子交换膜上，从而大大提高了电极 / 电解质界面接触面积；有研究人员将 Pt/C 粉末催化剂与离聚体溶液混合，再制备涂层电极，发展了制备工艺。以上 LANL 的研究成果使质子交换膜燃料电池在过去的二十年里实现了跨越式的进步。

3.1　质子交换膜燃料电池发展简史

质子交换膜燃料电池，也有人称之为聚合物电解质膜燃料电池（Polymer Electrolyte Membrane Fuel Cell），还有一些其他的叫法。历史上最早称为离子交换膜燃料电池（Ion Exchange Membrane，IEMFC），现在基本没人使用这一名称。常见的叫法还有，聚合物电解质燃料电池（Polymer Electrolyte Fuel Cell，PEFC）、固体聚合物电解质燃料电池（Solid Polymer Eletrolyte Fuel Cell，SPEFC）、固体聚合物燃料电池（Solid Polymer Fuel Cell，SPFC）。本书采用最为常用的名称，质子交换膜燃料电池，即 PEMFC[①]。

不管用什么名称，这种燃料电池都是以固体电解质膜做电解质。聚合物膜中酸的量用当量（EW）表示，即含有 1 mol 磺酸的聚合物干重。膜的 EW 是固定的，在燃料电池运行中不变。通常低 EW 的膜性能较好。

PEMFC 最早是在 20 世纪 60 年代由通用电气（GE）公司为美国宇航局开发的，与其他燃料电池相比，其优点是能量密度高，不使用流动的、腐蚀性的电解质，结构简单。最初，由于电解质膜稳定性差，电池堆寿命很短。

1964 年，通用电气公司开发了新型膜，用聚乙烯双乙烯基苯与氟碳基底交联，使膜的寿命达到 500 h。通用电气公司研制的 1 kW PEMFC 作为辅助电源，先后 7 次用于美国基米尼（Gemini）太空发射试验。

20 世纪 60 年代中期，通用电气公司试验杜邦（Du Pont）的 Nafion 膜，PEMFC 的优点又增加了长寿命和低维护。

1968 年，通用电气公司将 Nafion 膜用于卫星发射试验。当时，美国宇航局已选择 AFC 用于阿波罗计划，这一选择使 PEMFC 在太空中的应用搁置了 20 年。

到 1984 年以前，除了美国洛斯阿莫斯（Los Alamos）国家实验室（LANL）的少量工作，PEMFC 的研究基本处于停滞状态。

1983 年，加拿大国防部（DND）认识到 PEMFC 可能满足军队对能源的需求及商用前途。1984 年，保拉德公司（Ballard）在加拿大国防部的资助下，开始研究开发 PEMFC。

其后，特别是进入 20 世纪 90 年代以后，PEMFC 快速发展。戴姆勒-奔驰汽车公司（Daimler-Benz）到 1998 年已研制了四代 PEMFC 动力汽车。丰田于 1997 年推出了全燃料电池动力（FCEV）汽车。PEMFC 电站功率已达到 250 kW。

进入 21 世纪，PEMFC 在便携式电源、微型电器电源、潜艇电源等方面的应用，正在发展[②]。

---

① 张志远．质子交换膜燃料电池膜电极制备和性能的研究[D]．天津：天津大学，2009.

② 潘朝光．PEM 燃料电池蠕虫石墨 / 树脂复合双极板的研究[D]．天津：天津大学，2003.

3.2　质子交换膜燃料电池及其结构

3.2.1 质子交换膜燃料电池概述

图 3-1 是 PEMFC 剖 面 示 意 图。膜 电 极(Membrane Electrode Assembly, MEA)是 PEMFC 的心脏部位。H_2 在阳极氧化成 H^+ 并放出电子:

$$H_2 \longrightarrow H^+ + 2e$$

H^+ 离子通过膜转移到阴极,与 O_2 和相邻电池的电子反应生成水:

$$\frac{1}{2}O_2 + 2H^+ + 2e \longrightarrow H_2O$$

电池反应为

$$H_2 + \frac{1}{2}O_2 \longrightarrow H_2O$$

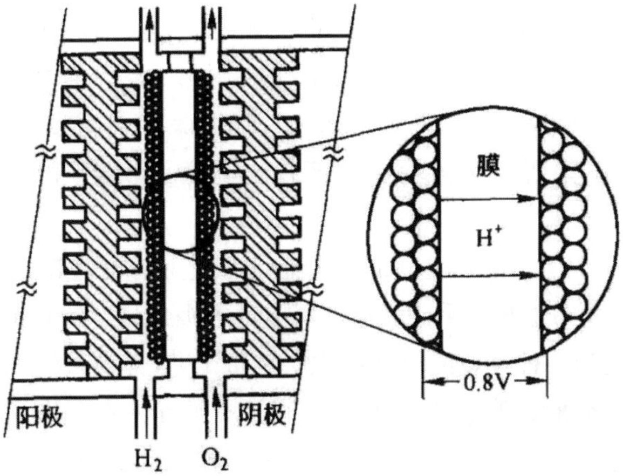

图 3-1　PEMFC 剖面图

膜的作用是双重的,作为电解质提供氢离子通道,作为隔膜隔离两极反应气体。优化膜的离子和水传输性能及适当的水管理,是保证电池性能的关键。膜脱水降低质子电导率;水分过多淹没电极,这两种情况都将导致电池性能下降。

PEMFC 一般都有石墨双极板,与膜电极紧密接触。双极板上刻有许多纹路,向电极传送反应气体。其导电性能好,并可向相邻电池传送电流①。美国洛斯拉莫斯国家实验室试验用导电塑料和金属作双极板。

3.2.2 质子交换膜燃料电池的结构

3.2.2.1 电极

PEMFC 电极是典型的气体扩散电极。衬底是涂有憎水层的多孔性碳布。到目前为止,铂是 H_2 氧化和 O_2 还原的最好催化剂。

最早的膜电极是直接将铂黑与起疏水作用和黏结作用的聚四氟乙烯微粒混合后,热压到质子交换膜上, Pt 当量高达 10 mg/cm^2。使用碳黑作载体,催化剂表面积提高了,当量降低。

20 世纪 80 年代中期, Pt 当量降为 4 mg/cm^2。由于电极反应仅在催化剂 - 反应气体 - 质子交换膜三相界面上进行,只有位于质子交换膜界面上的铂微粒才有可能成为催化电极反应的活性中心, Pt 的有效利用率只有 10% ~ 20%。

到 20 世纪 80 年代中后期,洛斯拉莫斯国家实验室采用 Nafion 质子交换聚合物溶液浸渍 Pt-C 多孔气体扩散电极,再热压到质子交换膜上形成膜电极。该方法扩展了三相反应区域,大大提高了 Pt 利用率, Pt 当量降低了 10 倍,仅为 0.4 mg/cm^2,但仍保持了高当量电极的性能。1992 年洛斯拉莫斯国家实验室对该方法进行了改进, Pt 当量进一步降低到 0.13 $mg/cm^2$②。

20 世纪 90 年代所发展起来的电极制备工艺是建立在铂 / 碳催化剂基础之上的。其制备方法早期采用磷酸燃料电池电极催化层的制备工艺,以后逐步加以改进成为一种经典的电极催化层制备工艺,并被人们一直沿用至今。催化层由铂 / 碳催化剂、聚四氟乙烯乳液及质子导体聚合物如 Nafion 组成。经典的疏水电极催化层制备工艺是将上述三种混合物按一定比例分散在含水 50% 的乙醇中,搅拌、超声波混合均匀后,涂布到扩散层或质子交换膜上,烘干并经热压处理,得到膜电极三合一组件。 催化层厚度一般在数十微米左右。催化层中聚四氟乙烯的含量一般在 10% ~ 50%。研究结果认为:

---

① 李帆,尹潇,管延文,等.家用天然气燃料电池在暖通空调中的应用[J].暖通空调,2007(4):60-63.

② 王金龙.车用质子交换膜燃料电池及其混合动力系统性能研究[D].长春:吉林大学博士论文,2007.

（1）将 Nafion 与聚四氟乙烯乳液、电催化剂共混所制备的电极，其性能不如先制备催化层、再喷涂 Nafion 好；喷涂 Nafion 的量应控制在 0.5 ~ 1.0 mg/cm^2；

（2）催化层需经热处理，否则性能不稳定；

（3）氧电极催化层的最佳组成为 54% 的铂 / 碳，23% 的聚四氟乙烯，23% 的 Nafion；电极中铂的当量为 0.1 mg/cm^2；

（4）催化层孔半径应控制在 10 ~ 35 nm，平均孔半径为 15 nm，不出现小于 2.5 nm 的孔。

这里再介绍一种薄层亲水电极催化层的制备工艺。在经典的疏水电极催化层中，气体是在聚四氟乙烯的憎水网络所形成的气体通道中传递的。而在薄层亲水电极催化层中，气体是通过在水或 Nafion 类树脂中的溶解扩散进行传递的。因此，这类电极的催化层厚度通常控制在 5 μm 左右。对这样薄的催化层，氧气无明显的传质限制。这种亲水电极催化层的优点是：

（1）有利于电极催化层与膜的紧密结合，避免了由于电极催化层与膜的溶胀性不同所造成的电极与膜的分层；

（2）使铂 / 碳催化剂与 Nafion 型质子导体保持良好的接触；

（3）有利于进一步降低电极的铂当量。

为改进电极 - 膜 - 电极三合一组件的整体性，可采用下述两种方法：

（1）在制备电极时，加入少量 10% 的聚乙烯醇或二甲基亚砜；

（2）提高热压温度，为此，需将 Nafion 树脂和 Nafion 膜用氯化钠溶液煮沸，使其转化为 Na+ 型，此时热压温度可提高到 150 ~ 160 ℃。还可将 Nafion 溶液中的树脂转化为季铵盐型（如用四丁基氢氧化铵处理），再与经过钠型化的 Nafion 膜压合，这样热压温度可提高到 195 ℃。

目前，实验室研究 Pt 当量已降到 0.1 mg/cm^2。加拿大保拉德电力网公司的第五代电池堆，阴极当量 Pt 为 0.6 mg/cm^2，阳极当量 Pt 0.25 mg/cm^2-Ru 0.12 mg/cm^2，在电流密度 600 mA/cm^2 时，单电池电压为 0.7 V，相当于 Pt 1.5 g/kW。

3.2.2.2 电解质膜

有机阳离子交换膜是一种有机高聚物膜，最初被 William T.Grubb 于 1957 年应用于燃料电池。这些尝试最终实现了现代质子交换膜燃料电池系统的发展。

质子交换膜的研究重点在于成本和性能方面的改进。根据目前移动电源和电站发展状况，质子交换膜已基本接近商业化的成本要求。标准的膜材料属于完全氟化的聚四氟乙烯类材料，由 E.I.Dupont de Nemours 在 20 世纪 60 年代生产，主要应用于航天领域。最常使用的质子交换膜是由杜邦公司制造和销售的 Nafion® 系列膜。电池测试证实，全氟磺酸膜电池的寿命能超过 50 000 h。图 3-2 给出了两种类型膜的化学结构，包括聚四氟乙烯聚合物链的骨架、全氟乙烯基醚支链和实现阳离子交换的末端酸性基团。陶氏化学公司生产的电解质膜 XUS，侧链长度较短，当量较低，因此该材料的导电性比较强，但膜的导电性和稳定性经常是互为矛盾的两方面。

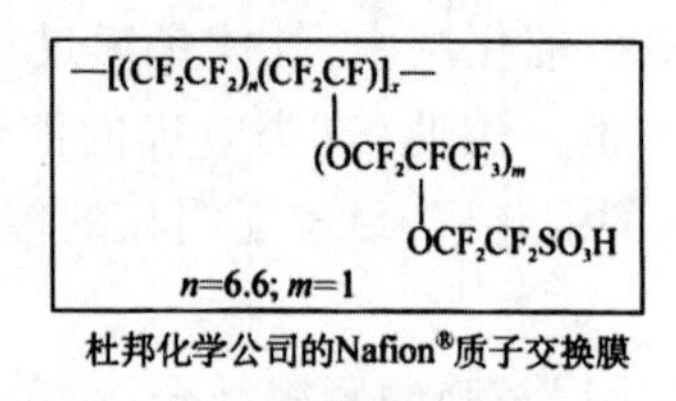

杜邦化学公司的Nafion®质子交换膜

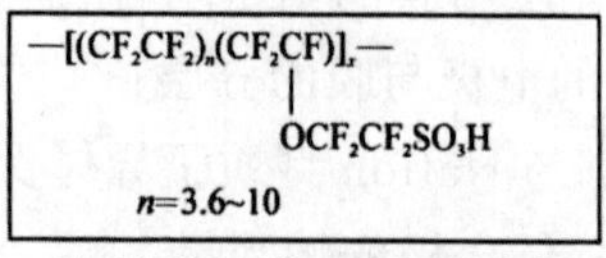

陶氏化学公司的XUS质子交换膜

图 3-2　两种商业质子交换膜 Nafion® 和 Dow® 的化学结构

最早用于 PEMFC 的聚合物电解质是碳氢化合物型，如交联的聚乙烯 - 双乙烯基苯磺酸和磺化酚醛。由于 C—H 键断裂，特别是在官能团的 α—H 位置，碳氢型聚合物不稳定。使用氟代聚苯乙烯，如全氟聚苯乙烯磺酸后，PEMFC 的寿命提高了 4 ~ 5 倍。现在一般使用杜邦公司生产的 Nafion 质子交换膜[①]。杜邦公司 20 世纪 60 年代初开始开发 Nafion，目前最常用的是 Nafion 117。

Nafion 是全氟型聚合物，其结构式为

$$
\begin{array}{l}
(CF_2CF_2)_x—(CFCF_2)— \\
\qquad\qquad\quad | \\
\qquad\qquad\quad O \\
\qquad\qquad\quad | \\
\qquad\qquad (CF_2CF)_n—(CF_2)_m—SO_3^- H^+ \\
\qquad\qquad\qquad\quad | \\
\qquad\qquad\qquad\quad CF_3
\end{array}
$$

① 杨晓青．新型质子交换膜的合成及电子束辐照对其性能影响的研究[D]．长春：吉林大学，2006.

Nafion 有异常优越的化学和热学稳定性，在 125 ℃以下，在强碱、强酸及强氧化还原环境中性能稳定。膜的厚度一般为 50 ~ 175 μm，使用方便安全。其导电行为类似于酸溶液，所以使用温度应低于水的沸点。膜的导电性能相当于 1 mol/L 硫酸①。道尔（DOW）公司生产的质子交换膜（n=2、m=3）和日本东海（Asahi）化学工业株式会社生产的 Aciplex-S 质子交换膜（n=0 ~ 2、m=2 ~ 5）与 Nafion 的比较见表 3-1，如图 3-3 所示。

表 3-1　质子交换膜性能

制造商	产品	当量 / [g/mol（SO_3^-）]	干态厚度 /μm	水的体积分数 /%	电导率 /（S/cm）
道尔	Dow	800	125	54	0.114
东海	Aciplex-S	1 000	120	43	0.108
杜邦	Nafion 115	1 100	100	34	0.059
杜邦	Nafion 117	1 100	205	37	0.107

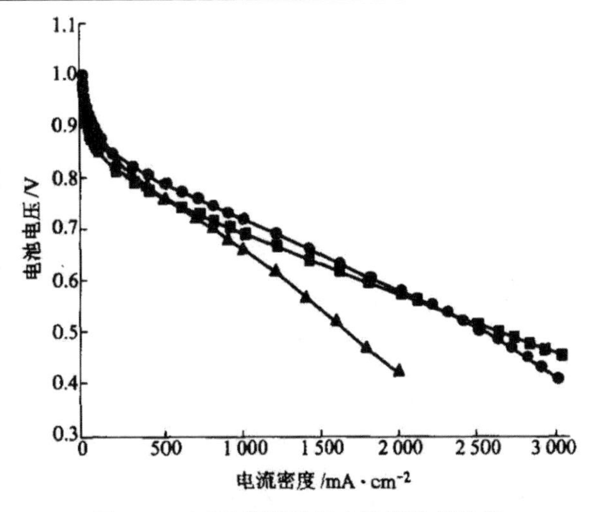

图 3-3　不同类型质子交换膜性能比较

条件：E-TEC 电极，20% Pt、C 催化剂；Pt 当量 0.4 mg/cm²

●—Aciplex-S 1004；■—Dow；▲—Nafion 115

图 3-3 显示 Dow 膜和 Aciplex-S 膜的性能优于 Nafion 膜，主要原

① 赵吉诗 .PEM 燃料电池膜电极性能的研 [D]. 天津：天津大学，2003.

因是其电池的电阻低。该图还显示，Dow 膜燃料电池的电压 - 电流密度曲线几乎成一直线。Aciplex-S 膜燃料电池在电流密度高于 2A/cm^2 时，受传质速率限制。图 3-4 是 H_2 和 O_2 在 Nafion 膜和 Aciplex-S 膜中扩散系数的阿仑尼乌斯（Arrhenius）曲线。杜邦的产品是 Nafion 105，比 Nafion 117 薄，其质子电导率优于 Nafion 117，但其开路电压低于 Nafion 117，原因是因为薄，有 H_2 穿过。

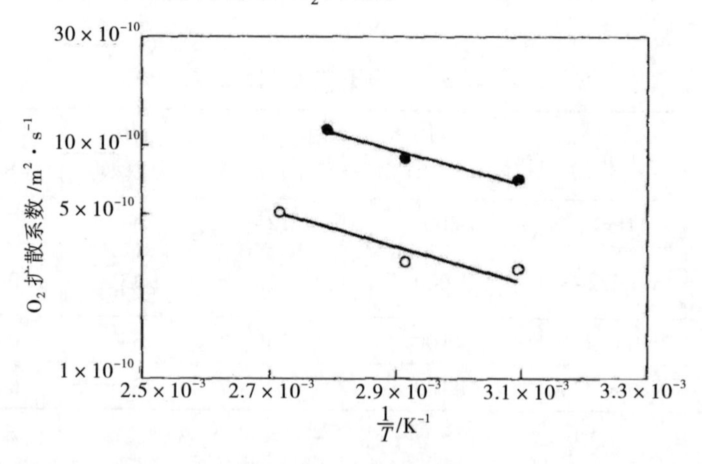

（a）H_2 的阿仑尼乌斯曲线

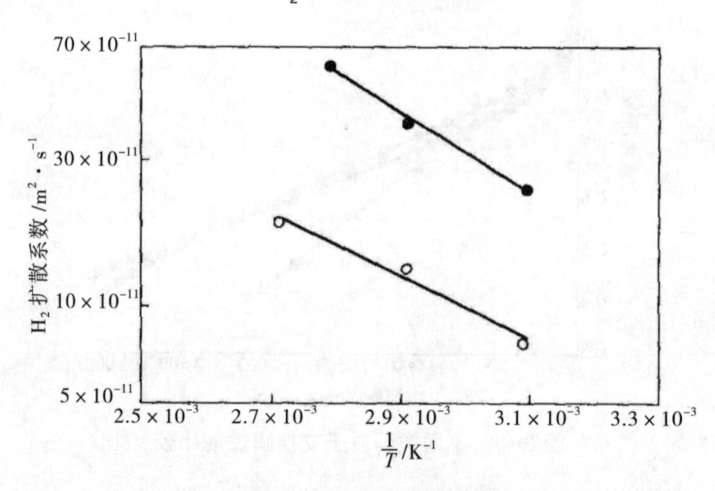

（b）O_2 的阿仑尼乌斯曲线

图 3-4 H_2 和 O_2 在 PEM 膜中扩散系数的阿仑尼乌斯曲线

●—Aciplex-S；○—Nafion 117

道尔化学公司的最新开发的 Xus 13204.10 膜，与 Nafion 膜相比，电阻低，允许高电流密度，特别是在使用较薄膜时，如图 3-5 所示。

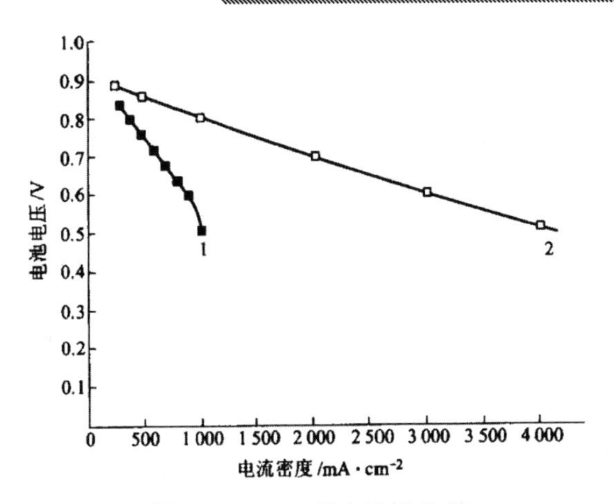

图 3-5　Dow 膜电池堆性能

条件：电极面积 50 cm^2；工作温度 85 ℃；氢气压力 0.34 MPa；氧气压力 0.34 MPa

1—Nafion 117；2—Dow

目前杜邦和道尔生产的质子交换膜价格昂贵。高性能、低价格的代用膜正在研究开发中。

加拿大保拉德先进材料公司（BAM）在开发价格较低的替用膜，目标成本是 110 ~ 150 加元/m^2。BAM 膜与 Nafion 117 膜和 Dow 膜的性能比较如图 3-6 所示。

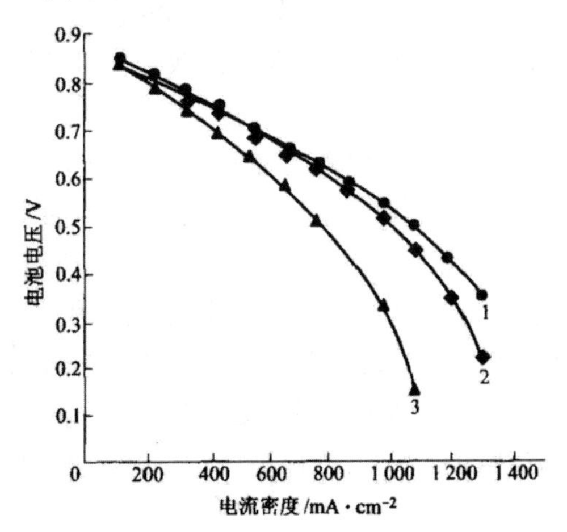

图 3-6　BAM 膜与 Nafion 117 膜和 Dow 膜的性能比较

条件：电极面积 50 cm^2；Pt 当量 4 mg/cm^2；工作温度 70 ℃；

氢气压力 0.16 MPa；空气压力 0.16 MPa

1—BAM，0.15 mm；2—DOW，0.11 mm；3—Nafion 117，0.18 mm

瑞士保罗雪伦(Paul Scherren)研究所采用放射嫁接方法制造离子交换膜,用全氟乙烯丙烯共聚物-苯乙烯双乙烯系统制造了高交联度膜(TAC-DVB),EW 为 800 ~ 1 000,与 Nafion 117 性能的比较如图 3-7 所示。

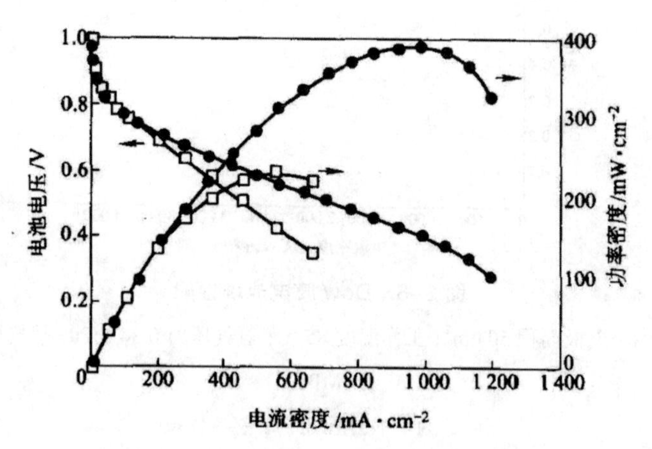

图 3-7 TAC-DVB 与 Nafion 117 性能比较

●—DVB—TAC;□—Nafion 117

3.2.2.3 双极板

在燃料电池组内,双极板具有以下功能和特点。

(1)分隔氧化剂与还原剂。要求双极板必须具有阻气功能,不能采用多孔透气材料。

(2)有收集电流作用,必须采用电的良导体。

(3)已开发成功的几种燃料电池,其电解质均为酸或碱,双极板所处的环境同时存在氧化介质(如氧气)和还原介质(如氢气),所以双极板材料必须能在这种条件下和其工作的电位范围内具有抗腐蚀能力。

(4)双极板两侧应加工或置有使反应气体均匀分布的通道(即所谓的流场),以确保反应气在整个电极各处均匀分布。

(5)极板应是热的良导体,以保证电池组的温度均匀分布和排热方案的实施①。

PEMFC 通常用机制石墨板作双极板,其作用是电流收集和传送、

① 王金龙.车用质子交换膜燃料电池及其混合动力系统性能研究[D].长春:吉林大学,2007.

气体分布和热管理。石墨双极板使用高纯度石墨，其缺点是价格高、密度大。另外，由于石墨的脆性，使它不能做得很薄，对于减少电池堆的重量和体积是个限制因素。寻找高纯石墨代用品的研究也在进行，导电塑料、不锈钢、铅都在考虑之中。但这些材料在接触电阻、耐久性方面不如石墨。不锈钢的机械性能高，但密度大，加工成本高，而且易腐蚀。

如今质子交换膜燃料电池广泛采用的双极板材料是无孔石墨板，正在开发表面改性的金属板和复合型双极板。

石墨-聚合物复合材料显示了较好的应用前景。洛斯拉莫斯国家实验室使用乙烯基酯树脂和石墨粉合成材料制造双极板，能满足PEMFC的要求，电导率60 ~ 120 S/cm，抗弯强度36.5 MPa，密度1.8 g/cm^3。

3.3　质子交换膜燃料电池的工作原理

质子交换膜型燃料电池以全氟磺酸型固体聚合物为电解质，铂/碳或铂-钌/碳为电催化剂，氢或净化重整气为燃料，空气或纯氧为氧化剂，带有气体流动通道的石墨或表面改性的金属板为双极板。[①]

质子交换膜型燃料电池中的电极反应类同于其他酸性电解质燃料电池。阳极催化层中的氢气在催化剂作用下发生电极反应，该电极反应产生的电子经外电路到达阴极，氢离子则经电解质膜到达阴极。氧气与氢离子及电子在阴极发生反应生成水，生成的水不稀释电解质，而是通过电极随反应尾气排出。

构成质子交换膜燃料电池的关键材料与部件为：电催化剂；电极（阴极与阳极）；质子交换膜；双极板。

燃料电池在100 ℃以下运行，水以液体形态存在。一个关键的技术要求就是保持电解质膜具有较高的湿度以确保膜的高导电性。特别在高电流密度时（约1 A/cm^2），保持高湿度尤为重要。同时水的形成和分布关系到电池内部反应气体的传质问题，进而影响电池的功率输出。当含水量达到饱和，电解质膜的离子导电性较高，能提升燃料电池的整体效率。但是水含量过高会导致催化剂层被水淹，不利于反应物向反应位

① 衣宝廉，俞红梅．质子交换膜燃料电池关键材料的现状与展望[J]. 电源技术，2003（S1）：175-178+182.

点的运输。没有合理的水管理,电池中水的生产和排出将失去平衡。因此,电堆工程师的一个重要目标是确保电堆内部的所有部位充分润湿,同时不会出现水淹。电堆冷却可以通过冷却剂(如乙二醇)流体循环来实现,即将水或其他冷却剂泵入电堆内部的集成冷却器内,使电堆内部的温度升高不超过 10 ℃。

3.4 质子交换膜燃料电池的性能特点

3.4.1 质子交换膜燃料电池的特点与用途

质子交换膜燃料电池除具有燃料电池的一般特点,如不受卡诺循环的限制、能量转化效率高等,同时还具有可室温快速启动、无电解液流失、水易排出、寿命长、比功率与比能量高等突出特点。因此,它不仅可用于建设分散电站,也特别适宜于用作可移动动力源,是电动车和不依靠空气推进潜艇的理想候选电源之一,是军民通用的一种新型可移动动力源,也是利用氯碱厂副产物氢气发电的最佳候选电源。在未来的以氢作为主要能量载体的氢能时代,它是最佳的家庭动力源①。

3.4.2 单电池结构及性能的影响因素

3.4.2.1 单电池结构

对电催化剂、电极、质子交换膜、双极板等均有许多成功的性能评价与表征方法。如用 X 光、电镜等方法表征电催化剂、电极与双极板结构和表面组成;用循环伏安法、旋转圆盘电极等测定电催化剂、电极活性;用阻力法测定双极板流场阻力等。但电极、质子交换膜、双极板性能的最终评定必须在固定其他因素的条件下,测定单电池性能,以确定被考察部件如电极、质子交换膜、双极板的性能。测定电极、质子交换膜的性能可采用电极面积为 0.5 ~ 5 cm^2 带参考电极的小电池。而考察双极板的流场性能,则必须采用电极工作面积为几百平方厘米的大电池。

① 韩亚坤.超级电容器材料促进质子交换膜燃料电池动态响应研究[D].大连:大连交通大学,2009.

3.4.2.2 单电池性能

图3-8是20世纪70年代中期以后，PEMFC性能的进展情况。由于运行条件（温度、压力、反应气体组成等）的差异，性能差别、变化很大。用于美国基米尼太空计划的PEMFC，工作温度为50 ℃，压力0.2 MPa，电流密度37 mA/cm^2，单电池电压0.78 V。现在，PEMFC的性能已经发生了巨大变化。根据LANL的研究结果，Pt当量0.13 mg/cm^2，工作温度80 ℃，阳/阴极压力0.3/0.5 MPa，电压0.5 V时，电流密度高达3 000 mA/cm^2。

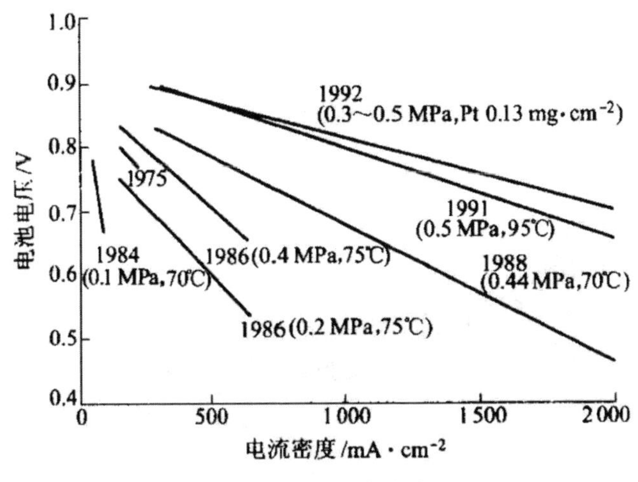

图3-8　PEMFC性能的进展

（1）质子交换膜的厚度对电池性能的影响。中国科学院大连化学物理研究所对美国杜邦公司的Nafion 117、115、112、1135及NE 1015膜进行了系统评价。在23 ℃和相对湿度为50%的情况下，杜邦公司的几种Nafion膜的厚度（d）如下：

Nafion 117　d=0.183 mm

Nafion 115　d=0.127 mm

Nafion 1135　d =0.089 mm

Nafion 112　d=0.051 mm

NE 1015　d=0.025 mm

由于几种膜的厚度不同，造成电池内阻较大的差异，使电池性能出现很大的变化。减薄质子交换膜的厚度对电池性能的改善远远大于提高电极的催化活性对电池性能的影响。因此应下大气力改善电池的组装工艺，尽量采用超薄膜。

（2）温度对电池性能的影响。电池性能随温度变化。电池操作温度升高，电池性能变好。这是因为升高温度有利于提高电化学反应速度和质子在电解质膜内的传递速度。虽然提高操作温度有利于提高电池性能，但由于采用的电解质膜是一种有机膜，其耐温程度有限，所以电池的操作温度不应高于 100 ℃，通常约为室温 90 ℃。

温度对 PEMFC 的性能有显著影响，如图 3-9 所示。随温度升高，斜率降低，电池性能提高。温度升高，电解质的欧姆电阻降低，使电池内部电阻降低，传质速度也增大。实验数据统计结果显示，温度每升高 1 ℃，电压增加 1.1 ~ 2.5 mV。另外，工作温度升高，降低了 CO 的化学吸附，因为吸附反应是放热的。但 PEMFC 的工作温度受到质子交换膜中水的蒸汽压限制，温度过高，膜脱水将导致离子电导率降低。

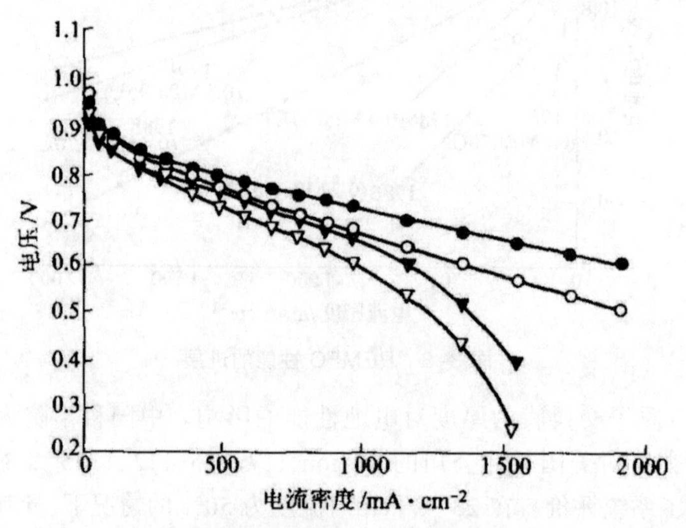

图 3-9 温度对 PEMFC 性能的影响

条件：电极 Pt 当量 0.45 mg/cm^2；Dow 膜；工作压力 0.5 MPa

●—95 ℃，氧气；○—50 ℃，氧气；▼—95 ℃，空气；▽—50 ℃，空气

（3）操作压力对电池性能的影响。电池性能随压力变化。氢氧压力由 0.1 MPa 增加到 0.3 MPa，电池性能增加较大。而氢氧压力由 0.3 MPa 增加到 0.31 MPa、0.45 MPa，电池性能增加颇小。这是因为根据能斯特方程，ΔE 与压力成对数的关系所致。由于增加气体压力，可以改变氢氧气体的传质，所以在大电流密度运行时，提高气体压力对电池性能的影响大。但增加气体压力，会增加整个系统的能耗。所以，从能量效率

考虑，通常质子交换膜燃料电池用于电动车时，气体压力不会太高，特别是空气压力，不会超过 0.3 MPa。

PEMFC 在陆地应用时，一般使用空气，在太空或水下应用时，则使用纯氧气。图 3-10 显示两种气体不同压力时对电池性能的影响。图中显示，压力对 PEMFC 的电池性能有较大影响。该图还显示，空气电池与纯氧电池相比较，电压 - 电流密度曲线有两个显著差别：一是电压 - 电流密度曲线直线部分斜率高出 50%；二是在较低电流密度时，偏离直线。

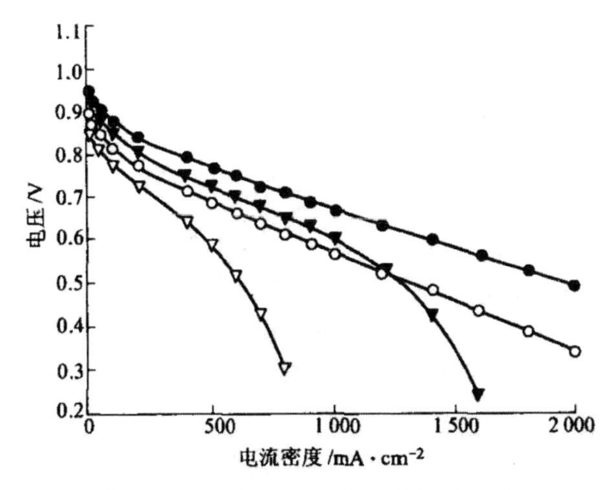

图 3–10　压力对 PEMFC 性能的影响

条件：电极 Pt 当量 0.45 mg/cm^2；Dow 膜；50 ℃

●—0.5 MPa，氧气；○—0.1 MPa，氧气；

▼—0.5 MPa，空气；▽—0.1 MPa，空气

这说明氧气分压对传质速率有很大影响。一般认为，空气中的 N_2 阻碍 O_2 的传质。增加压力提高电池性能，还应考虑压缩系统的成本和能耗，综合性能、成本和体积等各种因素。

（4）电池反应气增湿对电池性能的影响。电解质膜的电导强烈地依赖于质子交换膜中的水含量。水含量越高，膜的电导就越大。膜部分失水时，膜的电导将会急剧下降。因此，为了防止电解质膜失水，尤其是处于反应气进口附近的电解质膜的部分失水，必须对反应气进行增湿处理。对 Nafion 115 膜，如果反应气不增湿，电池性能随即下降，尤其是高电流密度运行时下降值更大。当电池工作温度高于 70 ℃时（如 80 ℃），电池已不能稳定运行。

（5）燃料中一氧化碳的影响。PEMFC 的一个主要应用方向是机动车，预期主要燃料是甲醇。甲醇重整氢气中含少量 CO（1%）。CO 是 PEMFC 催化剂的严重毒化剂，即使只有几个 mg/m^3 的含量，也对电池性能有很大影响，特别是在高电流密度时，如图 3-11 所示。解决 CO 中毒的根本办法是降低燃料中 CO 的浓度。增加反应温度和压力可减轻 CO 的影响。

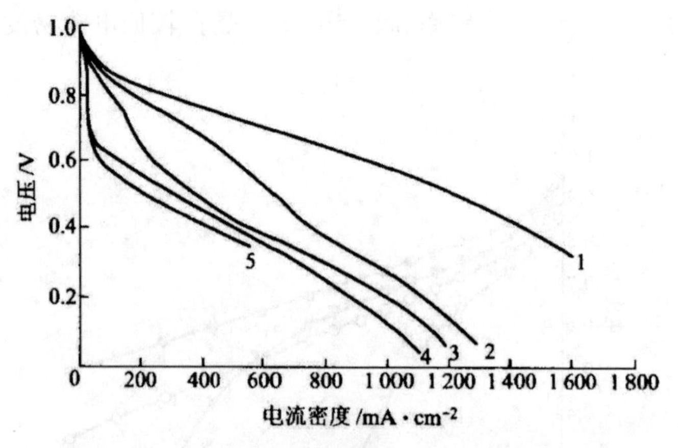

图 3-11　CO 对 PEMFC 性能的影响

条件：电极 Pt 当量 4 mg/cm^2，Nafion 117 膜；89 ℃，氢气压力 0.2 MPa；氧气压力 0.2 MPa

氢气中 CO 质量浓度（mg/cm^3）：1—1；2—10；3—100；4—1 000；5—10 000

3.4.3 电池组与性能

下面简介中国科学院大连化学物理研究所研制的质子交换膜燃料电池组。该电池组中氢电极氧电极的铂当量为 0.35 ~ 0.4 mg/cm^2，采用 Nafion 117 或 Nafion 115 膜。

（1）200 W 电池组。图 3-12 和图 3- 13 分别为电池性能曲线和电池组各节单电池性能的均匀性曲线。

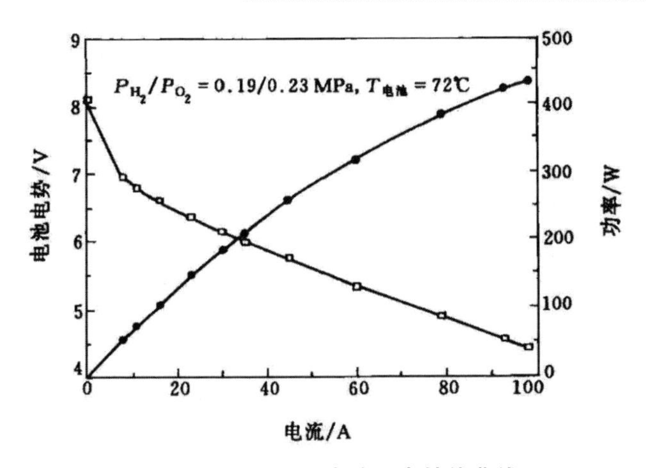

图 3-12　200 W 电池组电性能曲线

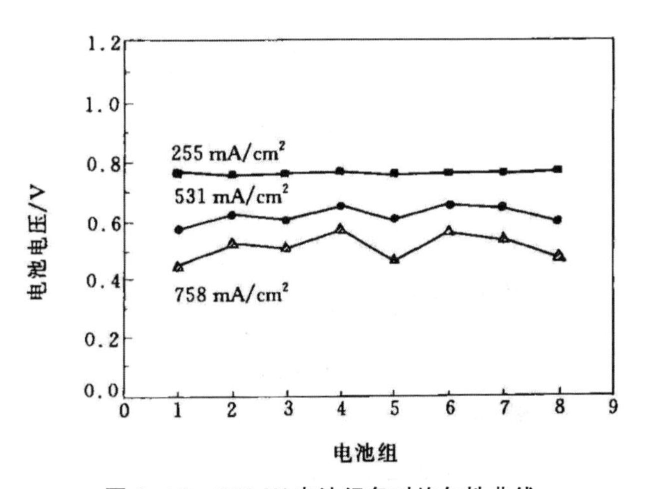

图 3-13　200 W 电池组各对均匀性曲线

（氢气、氧气操作压力分别为 0. 19 MPa、0.23 MPa，电池温度 72 ℃）

（2）1 kW 电池组。图 3-14 和图 3-15 分别是千瓦电池组的电性能和各对均匀性曲线。

（3）5 kW 电池组。图 3-16 是该电池组电性能曲线。

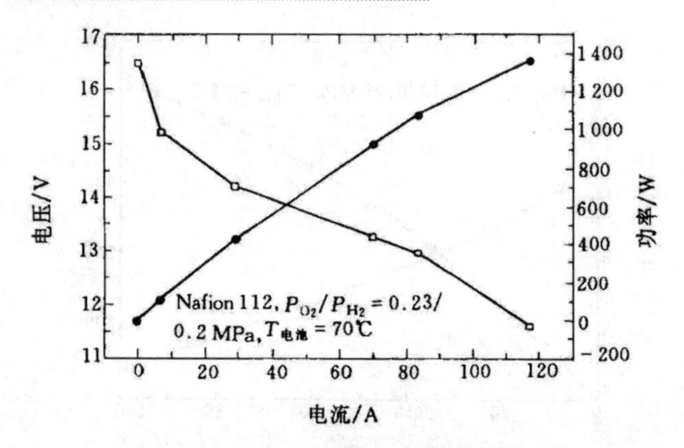

图 3-14　1 kW 电池组电性能曲线

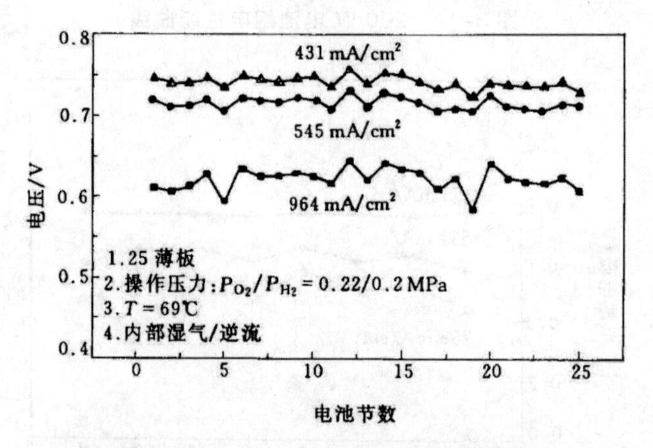

图 3-15　1 kW 电池组各对均匀性曲线

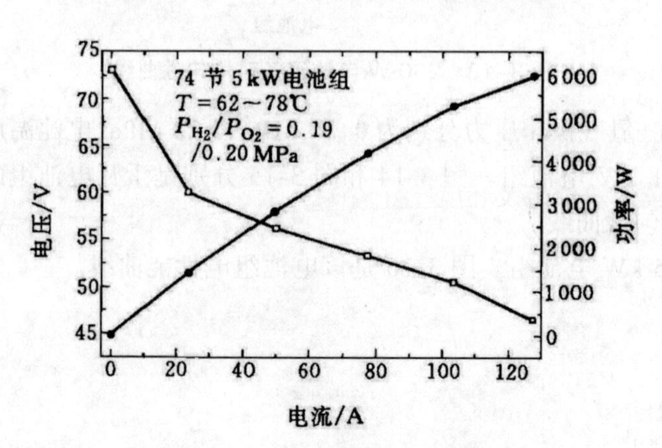

图 3-16　5 kW 电池组电性能曲线

3.5　质子交换膜

质子交换膜(proton exchange membrane，PEM)是离子交换膜的一种。由于它在燃料电池中的主要功能是实现质子快速传导，故又叫质子导电膜。PEMFC 工作时，H 在阳极催化剂作用下解离为质子(H^+)和电子(e^-)，电子从外电路由阳极向阴极转移，而 H^+ 则通过质子导电膜由阳极转移到阴极。通常，低温质子导电膜中的质子以水合氢离子 H_3O^+ (H_2O)，的形式在质子交换膜中定向传输。实现质子导电。

质子交换膜作为 PEMFCs 的核心组件，不仅充当着质子通道，而且还起阻隔阳极燃料和阴极氧化物的作用，防止燃料(氢气、甲醇等)和氧化物(氧气)在两个电极间发生互串。质子交换膜性能好坏直接决定着 PEMFCs 的性能和使用寿命①。根据 PEMFCs 的发展和需要，作为 PEM 的材料，应具有以下性质：

(1)高的质子传导率，保证在高电流密度下，膜的欧姆电阻小，以提高输出功率密度和电池效率。

(2)低电子导电率，使得电子都从外电路通过，提高电池效率。

(3)气体渗透性低，能够有效阻隔燃料和氧化剂的互串。

(4)化学和电化学稳定性好，在燃料电池工作环境下不发生化学降解，以提高电池的工作寿命。

(5)热稳定性好，在燃料电池工作环境中，能够具有较好的机械性能，不发生热降解。

(6)较好的机械性能和尺寸稳定性，在高湿环境下溶胀率低。

(7)较低的价格及环境友好。

3.5.1 全氟磺酸(PFSA)质子交换膜

目前，最先进的质子交换膜是基于全氟磺酸离子交换聚合物(perfluorinated sulfonie acid ionomers)的质子交换膜，也是目前在

---

① 刘凤祥．聚苯并咪唑功能化离子液体高温质子交换膜的制备与性能研究[D]. 长春：长春工业大学，2018.

PEMFC 中唯一得到广泛应用的一类质子交换膜,如 Nafion® 和 Dow® 质子交换膜。

全氟磺酸聚合物的结构分为两部分:一部分是疏水的聚四氟乙烯骨架,另一部分是末端带有亲水性离子交换基团(磺酸基团)的支链。全氟磺酸结构中,磺酸根($—SO_3^-$)通过共价键固定在聚合物分子链上,它与 H^+ 结合形成的磺酸基团在质子溶剂(H_2O)中可离解出可自由移动的质子(H^+)。每个$—SO_3^-$ 侧链周围大概可聚集 20 个水分子,形成含水区城。当这些含水区域相互连通时可形成贯穿质子交换膜的质子传输通道,从而实现质子的快速传导。通常这类质子交换膜在高湿条件下的质子导电率可达到 0.1 S/cm 以上。全氟磺酸树脂中的磺酸基与全氟烷基相连接,氟原子具有强吸引电子性,使磺酸基的酸性显著提高。

三氟甲基磺酸(rifluoromethanesulonie acid,$CF3SO_3H$)强度相当于硫酸的 1000 倍,故被称为超酸(super acid)。这一特性使得全氟磺酸树脂具有较好的质子导电性。另一方面,全氟磺酸树脂分子链骨架采用的是碳氟链,C—F 键的键能较高(4.85×10^5 J/mol),氟原子半径较大(0.64×10^{-10} m),能够在 C—C 键附近形成一道保护屏障,因此使得全氟磺酸树脂的四氟乙烯链段部分具有很好的疏水性,也使聚合物膜具有较高的化学稳定性和较强的机械强度。

上述化学结构特点使得全氟磺酸树脂具有机械强度高、化学稳定性好和导电率高的优点。全氟磺酸质子交换膜最具代表性的是由美国杜邦公司 Walther Grot 于 20 世纪 60 年代末开发的 Nafion® 膜;此后,又相继出现了其他几种类似的质子交换膜。如美国 Dow 公司的 Dow® 系列质子交换膜、日本 Asahi Chenical 公司的 Aciplex 膜和 Asahi Glass 公司的 Flemion 膜等[①]。在这些主要类型中,目前应用最广泛的是杜邦的 Nafion® 系列全氟磺酸质子交换膜。Nafion® 膜的微观结构模型如图 3-17 所示。早期数据显示使用 Nafion® 120(厚度 250 μm,EW=1 200)的 PEMFC 电堆在 43 ~ 82 ℃可下持续运行 60 000 h。目前 PFSA 膜的寿命从数千到数万小时不等。这取决于树脂的端基种类、膜的特性以及燃料电池测试的运行条件等因素。

① 赵文颖.磺化侧苯基杂萘联苯聚芳醚质子交换膜的研究[D].大连:大连理工大学,2010.

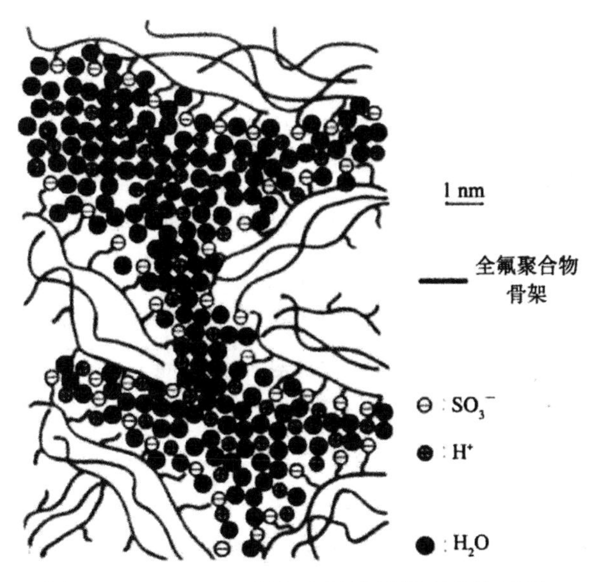

图 3–17　Nafion® 质子交换膜的微观结构模型

3.5.2 质子交换膜性能指标要求及测试方法

全氟磺酸质子交换膜由于需要依靠水作为质子溶剂和质子载体，工作温度需要低于水的沸点，而通常低温 PEMFC 工作温度为 80 ~ 90 ℃。美国国家能源部（DOE）对于质子交换膜的技术指标以及在线测试评价方法如表 3-2 和表 3-3 所示。

表 3–2　质子交换膜的 DOE 技术指标（部分）

指标	单位	现状	目标
最大运行温度	℃	120	120
最大运行温度下水分压从 40 ~ 80 kPa	Ω•cm²	0.023（40 kPa） 0.012（80 kPa）	0.02
80 ℃下水分压从 25 ~ 45 kPa	Ω•cm²	0.017（25 kPa） 0.006（45 kPa）	0.02
30 ℃下水分压到 4 kPa	Ω•cm²	0.02（3.8 kPa）	0.03
−20 ℃	Ω•cm²	0.1	0.2
最大氧气渗透	mA/cm²	<1	2
最大氢气渗透	mA/cm²	<1.8	2

续表

指标	单位	现状	目标
热力学循环	圈	>20 000	20 000
化学稳定	h	>2 300	500

备注：MEA 测试条件为正常工作状态的电堆，一个大气压的 O_2 或 H_2，气体加湿，0.5 V 电压。

表 3-3　DOE 关于质子交换膜在线测试条件（部分）

循环	0% 湿度（2 min）循环至 100% 湿度 90 ℃（2 min），25 ~ 50 cm^2 电池	
总时间	直到渗透 >2 mA/cm^2 或 20 000 次循环	
温度	80 ℃	
燃料 / 氧化物	空气 / 空气，流速 2 L/min	
压力	环境压力或没有背压	
测量	测试频率	目标
渗透	每 24 h	小于等于 2 mA/cm^2
短路电阻	每 24 h	>1 000 $\Omega \cdot cm^2$

备注：性能测试条件：0.5 V 电压，80 ℃，100% 相对湿度，N_2/N_2，GDL 压缩 20%。

3.5.3 质子交换膜研究进展

虽然全氟磺酸膜在质子导电率、化学稳定性、机械强度等方面都有着出色的性能表现，但是在实际应用中以 Nafion® 为代表的全氟磺酸膜存在溶胀、价格昂贵、甲醇渗透率高的问题。针对上述问题，科学家们进行了大量的研究，其研究目标是开发性能更加完善、价格更加低廉的质子交换膜。主要研究内容可分为以下几个方面。

3.5.3.1 部分含氟聚合物质子交换膜

部分含氟质子交换膜是指由分子链结构中含有部分 C—F 键和部分 C—H 键的聚合物组成的质子交换膜。较早的关于部分含氟质子交换膜的研究是从磺化聚三氟苯乙烯的研究开始的。Ballard 公司通过对取代三氟苯乙烯与三氟苯乙烯共聚制得共聚物，再磺化制备了 BAM® 膜。这种膜的主要特点是具有较低的磺酸基含量、高的工作效率，并且使单电池的寿命提高到 15 000 h，成本也较 Nafion® 膜和 Dow® 膜低得多，但是其制备工艺复杂。

人们还以全氟或者偏氟材料为聚合物膜的基体，用等离子辐射法使其与磺化单体发生接枝反应，将磺化单体接枝到基体膜材料上；或先用接枝的方法使聚合物带上有功能团的侧链，再通过取代反应引入磺酸基团。其中以聚苯乙烯磺酸钠（PSSA）接枝聚偏氟乙烯（PVDF）主链的聚偏氟乙烯基磺酸膜是最重要的代表，其化学结构如图 3-18 所示。①

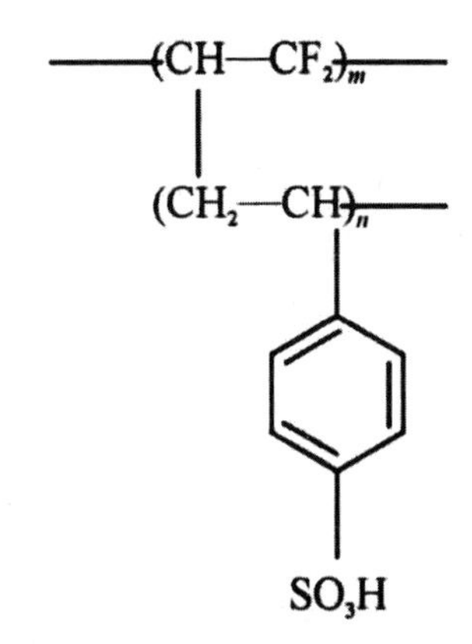

图 3-18 聚偏氟乙烯基磺酸分子结构

3.5.3.2 非氟聚合物质子交换膜

非氟化质子交换膜实质上是碳氢聚合物膜，它不仅成本，低而且材料对环境污染相对较小，是质子交换膜发展的一大趋势。然而由于 C—H 键能较小，碳氢类聚合物膜的化学稳定性远远低于全氟磺酸质子交换膜。因此碳氢聚合物质子交换膜用于燃料电池的主要问题是它的化学稳定性往往达不到要求。

目前研究的非氟质子交换膜主要是磺化芳香族聚合物，通常它们具有耐高温、化学稳定性好、甲醇渗透率低、环境友好和成本低等优点，也是一直以来质子交换膜新材料的重要研究方向。

① 王刚．磺化聚苯并咪（噻）唑的合成及其质子交换膜的性能研究[D]．上海：上海交通大学，2012.

目前具有优良的热稳定性和化学稳定性的聚合物较多，如聚苯并咪唑、聚酰亚胺、聚砜、聚苯醚、聚酮等，通过对这些聚合物的磺酸化，可获得具有质子导电功能的聚合物电解质。然而问题的关键在于如何获得综合性能优良的质子导电膜。大多数的研究主要报道了针对这些材料的质子导电率的研究。而能否将这些质子导电膜用于燃料电池需要由它们的综合性能来决定。

下面将介绍几类主要的芳香族聚合物质子交换膜的研究。

聚苯并咪唑（PBI）中的咪唑环含有两个氮原子，这些N原子可以和氢原子在分子间形成氢键，分子结构式如图3-19所示。通过氢键的“形成—断裂—重新形成”的方式，咪唑环中的两个氮原子分别可以给出质子和接受质子，从而可以参与或实现质子传导。PBI具有较高的热稳定性和机械强度，而且其气体和甲醇的渗透率低。然而，由于PBI中的质子的离解度很低，PBI膜的质子传导率仅为10^{-7} ~ 10^{-6} S/cm，因而不能直接用于燃料电池。研究人员通常通过在聚合物中掺杂无机酸（如磷酸），使得H^+在PBI膜中可以长程传输，从而获得高质子导电率的聚合物电解质①。

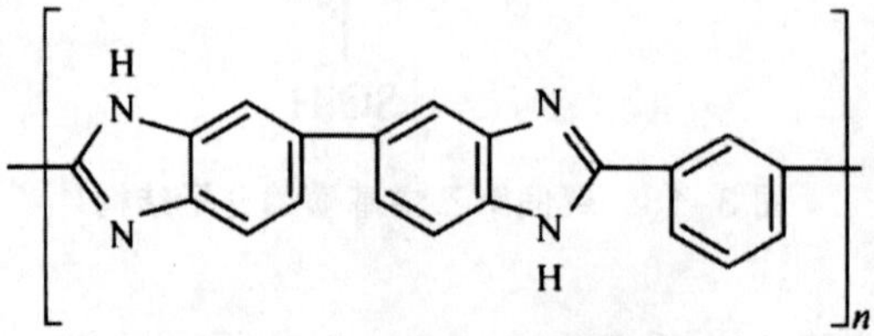

图3-19 聚苯并咪唑的化学结构式

近年来，用于中高温PEMFC的非水质子交换膜体系的代表性技术路线就是磷酸掺杂的聚苯并咪唑膜。由于磷酸本身既是质子给体，又是质子载体，因此磷酸掺杂的PBI膜在高温低湿环境中具有很高的质子导电率（可以达到0.1 S/cm以上）。由于PBI具有出色的热稳定性，其玻璃化温度在210 ℃左右，磷酸掺杂的PBI膜的工作温度可以达到210 ℃。但是，由于磷酸没有通过共价键固定在聚合物链上且磷酸易溶于水，随着燃料电池阴极反应产生大量的水，磷酸容易流失（washingout），从而造成电池性能的显著下降。这是无机酸掺杂聚合物

① 陈浩．基于聚苯并咪唑/功能化离子液体的交联型离子交换膜的制备与性能研究[D]．长春：长春工业大学，2019.

质子导电膜所面临的主要问题。

聚酰亚胺（PI）是一种高性能工程塑料，由于具有高热稳定性和强机械强度，耐酸耐热且无毒，所以经过磺化的聚酰亚胺经常被作为燃料电池用于质子交换膜材料。当磺化聚酰亚胺的磺化度较低的时候，此类膜具有良好的阻醇性能，但是其质子传导率低。当磺化度较高的时候，质子膜的吸水率和质子导电率也会大幅提高。有研究人员对萘酐型磺化聚酰亚胺（S- PI）质子交换膜材料研究了其材料性能与结构的关系。当磺化度超过 33% 时，质子传导率可达到与 Nafion® 膜同一数量级的水平，而甲醇透过率均在 2.85×10^{-7} cm^2/s 以下，比 Nafion® 膜低 1 ~ 2 个数量级。这种膜在直接甲醇燃料电池（DMFC）中应用将有优势。

聚芳醚类聚合物，如聚醚酮（PEK）、聚苯醚（PPO）、聚硫醚（PPS）、聚醚醚酮（PEEK）、聚醚砜（PES）、聚醚醚酮酮（PEEKK）等，具有良好的热稳定性、力学性能以及较好的化学稳定性等优点，被认为是有潜在应用前景的质子交换膜材料，因此有大量的新型质子交换膜的研究是围绕这类聚合物进行。聚芳醚类聚合物是质子交换膜材料领域被研究最早和最广泛的一类聚合物。在质子交换膜的研制中，研究较多的聚芳醚酮是聚醚醚酮（PEEK）。文献报道中一般采用 95% ~ 98% 浓硫酸进行磺化，得到磺化 PEEK（sPEEK）。sPEEK 的磺化度可以通过反应温度和反应时间进行调节。反应体系中少量水的存在可以防止焦硫酸的生成，从而避免采用 100% 硫酸或氯磺酸在磺化时可能产生的聚合物的降解和交联[①]。磺化聚芳醚酮的分子结构如图 3-20 所示，它具有在燃料电池工作环境下较好的稳定性以及良好的加工性能，尤其是聚芳醚醚酮（PEEK）和聚芳醚砜（PESU）类聚合物经磺化后得到的质子交换膜具有较高的质子电导率，因而受到人们的关注。

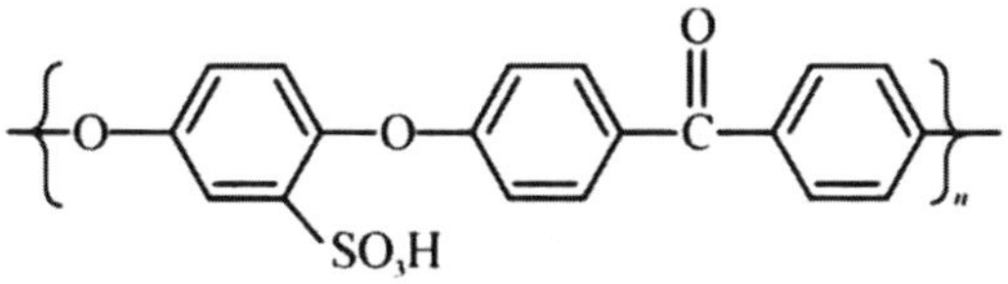

O C O O SO_3H n

图 3-20　聚芳醚酮的分子结构

① 于非，张高文，周震涛．新型非氟芳环聚合物质子交换膜研究进展 [J]. 化工新型材料，2006.

虽然文献报道 sPEEK 膜可以获得较高的热稳定性和较好的阻醇性能,但总的来说,其质子传导性能仍低于以 Nafion® 为代表的全氟磺酸膜。高的质子导电率不仅需要较高的质子浓度,还需要丰富的质子传输通道。质子传输通道的形态及分布取决于分子链结构、成膜工艺等多种因素。sPEEK 中磺酸基团的酸度较全氟磺酸基团弱很多,而且 sPEEK 中的微相分离结构也和 Nafion® 膜有较大的差别。sPEEK 膜的吸水率也随着磺化度的提高而快速增加,质子导电率随着其磺化度的增加而显著提高。这是因为膜中的磺酸根离子可吸收水分子形成亲水区域,当亲水区域增多时可以形成贯通的质子传输通道。研究发现 sPEEK 膜的质子电导率比 Nafion® 膜对水的依赖性更大,并只有在高溶胀时才能与 Nafion® 膜的导电率相当。而较高的溶胀率会严重影响质子交换膜在燃料电池中的使用寿命。

除以上列举的膜材料之外,还有其他磺化、磷酸化的聚合物电解质材料。如聚乙烯基磷酸及其共聚物、磺化或者磷酸化的聚磷腈质子交换膜、磺化、磷酸化聚亚苯基氧类、磺化聚喹喔啉类以及对各种膜材料进行掺杂共混改性的聚合膜。

第 4 章　质子交换膜燃料电池的催化剂研究

催化剂是电极中最主要的部分。电催化剂的功能是加速电极与电解质界面上的电化学反应或降低反应的活化能使反应更容易进行。在质子交换膜燃料电池（PEMFC）中，催化剂的主要功能是促进氢气的氧化和氧气的还原。性能优异的电催化剂对加速电极反应速率、改善电池性能极其重要。尤其对低温使用的 PEMFC，要求电催化剂活性高，选择性好，耐腐蚀，寿命长，电子导电性良好，而且成本低。贵金属铂族元素是 PEMFC 电催化剂中最主要的、也是最重要的活性组分①。

4.1　质子交换膜燃料电池电极催化剂

采用纳米级铂颗粒高度分散在大比表面积的碳载体上，实现电极中铂载量大幅度降低的措施，是 PEMFC 实用化进程中的突破性进展之一。

（1）铂与铂合金。铂与铂合金是目前性能最佳、应用最普遍的电催化剂。在 PEMFC 运行时，阳极的极化损失仅为几十毫伏；但阴极的极化损失，即使在低电流密度时也超过 300 mV。因为常温下氧化还原反应在铂上的交换电流密度非常低，约为 10^{-10} ~ 10^{-12} A/cm^2，而氢氧化反应的交换电流密度约为 10^{-2} A/cm^2，两者相差悬殊。因此，阴极催化剂的电催化活性亟待提高。

（2）催化活性。迄今为止，能有效保持氧电极稳定催化活性的仍然是铂或铂合金为主要成分的催化剂，尤以铂与过渡族金属形成的二元、三元及四元合金的电催化活性最佳，也比较稳定。铂合金的催化性能优于纯铂，究其原因，说法尚不完全一致，但大致可归纳为如下几点：

① 吕逍．电化学沉积 Pt 和 PtRu 颗粒及其电化学性能研究［D］．沈阳：东北大学，2011．

①合金的抗烧结稳定性高；②铂中溶解部分过渡族金属，使合金催化剂的表面粗糙，增加铂的表面积；③合金化获得有利的晶体取向；④合金中 Pt-Pt 原子间距更合适；⑤电子效应；⑥合金化改善氧的吸附性能。

（3）催化助剂。在主催化剂中添加适量助剂可以改善催化活性和催化选择性。例如，添加 V、Ce、Zr 的氧化物做助剂，有利于在铂周围保持一定的氧浓度，从而降低氧电极的过电位，提高氧气利用率。实验表明，在 80 ℃，常压及电流密度 0.5 A/cm^2 的条件下，向铂中添加氧化物助剂，在电池输出电压相同时的空气利用率明显优于纯铂催化剂时的利用率。

（4）CO 中毒。在阳极，铂基催化剂的催化活性已足够高，亟待解决的是重整气中 CO 的中毒问题。用纯氢做燃料气体时，阳极电催化剂的铂含量可以降至很低，甚至低于 0.025 mg/cm^2 时仍能满足电池大电流密度运行的要求。但实际应用中，使用的燃料气体是矿物燃料经重整制备的富氢气体，其中含有 CO 和 CO_2 等杂质。尤其是 CO，它强烈吸附在铂催化活性中心，即使含几个 10^{-6} 级的 CO 也可以占据 98% 以上的催化活性中心，从而显著地阻碍氢的解离 - 吸附反应进行。为了维持氢的氧化速率，就要求较高的阳极电位，而高的阳极电位则表示电池电压降低，输出性能下降。Pt-Ru（Pt：Ru=1：1，摩尔比）合金电催化剂可以降低铂的电子密度，弱化 Pt—CO 键强度，降低 CO 在催化剂表面的覆盖率，从而提高阳极催化剂耐 CO 和 CO_2 中毒的性能。

（5）载体。早期采用纯铂黑做催化剂时，电极铂载量在 4 mg/cm^2 以上，后来改用炭黑做铂催化剂载体，铂载量降到 0.5 mg/cm^2 以下。催化剂载体应满足电导率高、微孔尺寸适当、有利于反应气体接近电催化剂、耐水性能好、抗腐蚀性强等要求。采用比表面积大的材料做载体或特殊的催化剂沉积技术可以实现铂微晶在载体上的高度分散，达到既保持催化剂活性又减少用量的效果[①]。孔道丰富的碳化聚丙烯腈（PAN）泡沫比一般炭黑的比表面积大，用它做载体时可形成高度分散的铂微晶。通常采用中孔、石墨化、高比表面积（大于 75 m^2/g）的炭黑做载体，如卡博特（Cobot）公司的 Vulcan XC72R 和 Black Pearls BP2000。

表 4-1 给出庄臣 - 万丰（Johnson Matthey）公司以 Ketjen 炭黑做载

---

① 陈芳．应用于直接乙醇燃料电池阳极的非铂纳米催化材料研究 [D]. 长沙：中南大学，2011.

体时铂载量与微晶尺寸与金属比表面积的关系。

表 4-1　铂载量与金属比表面积关系

炭黑上铂的质量分数 /%	XRD 得到的铂微晶尺寸 /nm	CO 化学吸附方法得到的金属比表面积 /（m^2/g）
40	2.2	120
50	2.5	105
60	3.2	88
70	4.5	62

4.2　质子交换膜燃料电池电催化剂的制备方法

4.2.1 浸渍液相还原法

浸渍还原法是比较传统的制备方法，其具体过程是将载体在一定的溶剂（如水、异丙醇、乙醇等）中超声分散均匀，选择加入一定的贵金属前驱体，如氯铂酸（$H_2PtCl_6 \cdot 6H_2O$），调节 pH 至碱性，在一定温度下滴加还原剂（$NaBH_4$、HCHO、Na_2SO_3、NH_2NH_2、HCOONa、CH_3OH、EtOH 等），使贵金属还原，沉积到碳载体上，或者干燥后得到所需要的碳载型金属催化剂。该方法的主要优点是单步完成，过程简单；可用于从一元到多元催化剂的制备。但是，所合成催化剂中金属粒子的平均粒径范围较宽；金属前驱体在酸碱性环境中均可以发生还原反应且还原速度较快，金属粒径不易控制；另外，该方法所采用的还原剂有较大毒性。

Kyoung 等用浸渍液相还原法制备含有 Pt、Ru 四元无载体催化剂。将各种金属前驱体混合搅拌均匀后，将 pH 调到 7 ~ 8，加入还原剂 HCOONa 将前驱体还原，反应完全后洗涤干燥得到催化剂。将其用在直接甲醇燃料电池中，单电池极化曲线测试显示，在 0.3 V 的电压下，其电流密度达到 209 mA/cm^2，比 Pt-Ru 的 144 mA/cm^2 提高了 45%。

Kawaguchi 等采用浸渍液相还原法制备了 Pt/C 和 Pt-Ru/C 催化剂。考察了不同合成温度对 Pt/C 和 Pt-Ru/C 催化剂活性的影响，得出了催化剂颗粒增长与合成温度的关系。当合成的催化剂作直接醇燃料电池阳极催化剂时，200 ℃制备的电催化剂对甲醇氧化具有最大质量比电流密度。

4.2.2 乙二醇还原法

近年来,乙二醇还原法广泛用于制备高负载量金属催化剂。具体制备过程是将金属前驱体如氯化铱($IrCl_3 \cdot 3H_2O$)、氯铂酸($H_2PtCl_6 \cdot 6H_2O$)溶解于乙二醇溶液中,加入一定量的碳载体,超声磁力搅拌均匀后,调节溶液的 pH 为碱性,在油浴中加热至 120 ℃或者更高,回流几个小时后金属离子被还原为纳米粒子,回流结束后加入盐酸,把溶液的 pH 调到酸性,使金属催化剂沉降到碳载体。这种方法的特点是制备过程中采用乙二醇为溶剂,兼作还原剂和保护剂。另外,此方法制备的催化剂金属粒子平均粒径在 2 ~ 3 nm,操作简单,环境良好,适合批量生产。

Li 等采用乙二醇法制备,高温(900 ℃)还原并优化 Pt-Fe 比例,得到平均粒径小、合金化程度高的 Pt-Fe/C 双组元合金催化剂。RDE 和 DMFC 单池测试结果显示,该 Pt-Fe/C 合金催化剂的 ORR 活性高于 Pt/C,这与其较大的电化学比表面积、高合金化程度有关。乙二醇法共还原并在温和条件(300 ℃)下氢气处理的 Pt-Fe/C 催化剂具有更高的电化学比表面积。RDE、PEMFC 和 DMFC 单池测试结果显示,其 ORR 活性高于 Pt/C 催化剂。

有学者研究了使用乙二醇、HCHO、$NaBH_4$ 作为还原剂合成催化剂。RDE 测试显示,该使用乙二醇作还原剂合成 Pd-Co/C 合金催化剂的 ORR 活性高于使用 HCHO、$NaBH_4$ 作还原剂合成 Pd-Co/C 合金催化剂。

4.2.3 模板法

模板法是通过选择具有不同孔径材料,如一些介孔材料或聚合物材料,作为合成纳米催化剂中金属生成模板,从而限制了生成的金属颗粒继续长大以及金属的形状,从而得到不同尺寸及不同机构的纳米催化剂。根据模板的不同性质,模板法又可分为硬模板(MCM-41、SAB-15 等)法和软模板(CTAB 等)法。硬模板法和软模板相比具有以下缺点:第一,由于硬模板连续性差,所以该方法制备的催化剂金属相互联结性低；第二，硬模板的去除通常使用氢氟酸，氢氟酸的使用会对环境以及使用安全等问题造成严重的威胁；第三，硬模板孔结构通常会制约纳米催化剂结构和尺寸；第四，硬模板通常价格昂贵，不易批量生产。软模板法更容易和灵活控制燃料电池所用催化剂的结构和尺寸；并且软模板法环境良好，价格便宜，更容易大规模生产。

Park 等通过 MCM-41 作为模板合成截面粒径 3 nm 左右的 Pt 纳米线结构催化剂。测试结果表明，该结构催化剂可以提高比表面活性和比质量活性；Chien 等通过聚苯乙烯纳米球作为模板合成 Pt、Pt-Ru 纳米立体空间结构催化剂作为燃料电池催化剂，测试结果表明电池性能是传统纳米颗粒结构 Pt，PtRu 催化剂的 3 ~ 4 倍；Choi 等通过聚合物模板合成 Pt 纳米线结构催化剂，测试结果表明该结构催化剂可以提高甲醇氧化比质量活性。

Wang 等用软模板法 CTAB 合成纳米线立体结构 PtNWN/C 催化剂，测试结果表明该结构 Pt/C 催化剂对甲醇的氧化能力以及抗 CO 的性能明显优于商业的 Pt/C 催化剂。

4.2.4 微乳法

微乳法是一种比较传统的制备方法，由两种互不相溶液体在表面活性剂作用下形成的热力学稳定和各向同性的透明分散体系。其粒径大小为 1 ~ 10 nm，可分为“水包油相”“油包水相”及油水连续的“双连续相”。用于纳米粉末制备时通常指的是“油包水相”做乳液。该方法适用范围很广，几乎所有的无机和有机物纳米结构都可以在微乳体系中制备。实验装置简单，操作容易，并且可以控制合成颗粒的大小，制备出的颗粒粒径小、分布窄，还可以选择不同的表面活性剂对粒子表面进行改性，使其具有更优异的性能[①]。

Okaya 等用纳米微囊剂法，以微乳法为基础，通过简单地改变 Pt 前躯体和表面活性剂（油酸油胺）的摩尔比例，来控制合金粒径的大小和合金元素的组成，最后经过 400 ℃还原热处理，制备了 2 ~ 4.5 nm 的 Pt/CB、Pt_2Ru_2/CB、Pt_3Co/CB 三种合金催化剂，比较得出粒径随着 M/S 比增大而增大。

① 谌敏，廖世军．低温燃料电池催化剂的研究进展[J]．工业催化，2008(03)：1-6.

Santos 等采用非离子表面活性剂 Brij 30、庚烷分别与 H_2PtCl_6、$NiCl_2 \cdot 6H_2O$ 和还原剂形成两个微乳液体系，混合后反应生成不同 Pt 与 Ni 原子比的 Pt-Ni/C 催化剂，这种催化剂表现出纳米面心立方结构，通过 4e- 机理进行氧还原反应，并从 Tafel 图估算 ORR 动力学参数。结果发现，随着 Pt 合金中 Ni 原子的增加，Pt 的氧还原反应活性增强。

4.2.5 微波法

微波法是将配合好的催化剂前驱体溶液在一定的反应条件下进行微波加热处理，再经洗涤、干燥等处理，得到最终催化剂的制备方法。微波法与其他制备方法相比，具有快速性、方便性、经济性、设备简易性等突出的优势，是一种快速高效制备高性能催化剂的方法①。

杨书廷等以乙二醇为反应介质，聚乙烯吡咯烷酮（PVP）为保护剂，水合肼为还原剂，制备出了 ABS 型 La-Ni-Pt 纳米合金催化剂②。同时采用了液相微波高温高压热处理对样品进行合金化处理，并采用 XRD、TEM、SEM 对样品的晶相结构和微观形貌进行测量。测量结果表明，与传统的高温固相热处理相比，液相微波热处理能在较低的温度（400 ~ 600 ℃）和较短的时间（120 s）使样品合金化同时并没有引起样品的晶粒和颗粒的明显长大。将微波热处理过的样品和未经微波热处理过的样品作为 PEMFC 阳极催化材料，进行电池性能比较，测试结果表明了经过微波热处理的样品其电催化性能得到较大的提高。

田植群等利用交替微波加热法（间歇式程序控制），制备了不同负载量的 Pt/C 催化剂。当制备高负载量贵金属催化剂时，能简单、有效地控制颗粒度。Zhu 等利用微波法制备了乙醇氧化 Pt-Au-Sn/C 催化剂。将 H_2PtCl_6，H_2AuCl_6 和 $SnCl_3$ 溶液按一定的比例加入 25 mL 乙二醇中，超声 30 min，再逐滴加入 KOH，继续超声的同时均匀加入碳粉，将混合均匀的浆液放入 2 450 MHz，800 W 的微波炉中心位置，按照开 10 s 关 20 s 的程序循环 6 次。将制备好的催化剂进行 TEM、XRD 和 CV 测试。测试结果表明，和商业 Pt/C 相比，该法制备的催化剂有较大的电化学表

① 符蓉，郑俊生，张元鲲，等．低温燃料电池合金催化剂研究进展[J]. 电源技术，2012，36（03）：416-420.

② 杨书廷，杨伟光，尹艳红，等．微波热处理对 La-Ni-Pt 纳米合金催化剂性质的影响[J]. 材料热处理学报，2006（05）：22-25+131.

面积和较好的乙醇氧化催化活性。

上述催化剂的制备方法各有优缺点,最终选择何种方法制备电催化剂往往基于制备催化剂的体系来考虑。但是,无论选择哪种催化剂的制备方法,应尽量满足催化剂组成、结构、金属粒径大小,孔隙率等可以优化以及电化学活性和稳定性得到提高;制备过程环境良好,生成成本低,易于放大制备。

4.3　质子交换膜燃料电池催化剂的其他相关研究

燃料电池是一种在等温条件下,不经过燃烧直接以电化学反应方式将燃料和氧气中的化学能转化为电能的发电装置,具有高效、无污染、无噪声、可靠性高、模块化、对负载变化快速响应等显著优点,被誉为 21 世纪的主要能源之一,是继火电、水电、核电之后的第四代发电方式。只要能保证燃料和氧化剂的供给,燃料电池就可以连续不断地发电。氢是燃料电池的最佳燃料,而燃料电池也正是氢能转换为电能的最佳转换装置,其理论转化效率为 83%(25 ℃),目前实际工作转换效率在 45% ~ 60%,比内燃机效率(20% ~ 40%)高。

质子交换膜燃料电池(PEMFC)就是以氢气为燃料,以质子交换膜作为电解质,阳极和阴极分别进行氢气氧化反应(HOR)和氧气还原反应(ORR)的燃料电池,[①] 其具有运行温度低(80 ℃左右)、功率密度高、启动快、对功率需求变化匹配快等显著优点,是轻型汽车与建筑物供能的首选。然而由于该电池操作温度低,并且 pH 也低,所以需要催化剂来催化其阳、阴极反应,且目前最好的催化剂仍是 Pt 或者 Pt 基催化剂。阳极氢氧化反应 HOR 在铂表面具有极快的反应动力学,当 Pt 载量降至 0.05 mg/cm^2 时电池性能并不会明显下降。与阳极 HOR 相比,阴极的 ORR 即使发生在最佳催化剂 Pt 上且工作温度保持在 100 ℃以上也是高度不可逆反应。Gasteiger 等通过研究发现,采用现有最高水准的铂碳 Pt/C 作为催化剂置于结构优化后的电极,空气极 Pt 需求载量接近 0.4 mg/cm^2。如果进一步降低阴极 Pt 载量也即 Pt/C 用量,这会在低电

① 李廷,周乐.质子交换膜燃料电池在植保无人机应用研究[J].科技视界,2019(28):37-39.

流密度区出现因 ORR 动力学损失而导致电池电压下降的现象,因此阴极需要较高的 Pt 载量以维持电池的性能。① 然而,如果要推动燃料电池汽车的产业化,阴极的 Pt 载量必须大幅降低。

对于质子交换膜燃料电池 Pt 用量降低的研究,一方面人们期望通过进一步提高阴极催化剂的催化活性来实现 Pt 用量的降低;另外一方面是通过改进膜电极结构使膜电极气 / 固 / 液三相界面最大化,有效改善 Pt 利用率并降低传质损失,实现燃料电池 Pt 用量的降低。图 4-1 给出了 Pt 载量与单电池电压的关系, Ptcath 为阴极 Pt 载量; η_{tx} 为传质电压损失。测试电池: 50 cm^2 的 H_2/ 空气单电池,其中膜电极(CCM)由 Pt 质量分数约为 50% 的 Pt/C 催化剂(0.4/0.4 mgPt/cm^2 (阳极 / 阴极))以及厚度约为 25 μm、EW 值为 900 的膜构成。测试条件: 电池温度为 80 ℃,相对湿度为 100%,背压为 150 kPa 以及化学计量流量为 2.0/2.0。由图 4-1 可知,当传质电压损失(mass transfer voltage loss)降至目前的 50% 时, Pt 质量比活性需提高至 4 倍以上才能满足产业化对铂用量的要求。结合近期 Pt 价格的不断上涨因素, Pt 质量比活性必须提高 8 倍才能使燃料电池汽车在价格上具有竞争力。因此,降低阴极 Pt 载量成了 PEMFC 开发过程中一项至关重要的任务。下面主要介绍近年来工作者们在高活性低 Pt 或超低 Pt 阴极催化剂方面取得的研究进展,涵盖对铂基催化剂表面的 ORR 电催化机理的理解以及具有更高 ORR 电催化活性的新型催化剂开发两个方面。

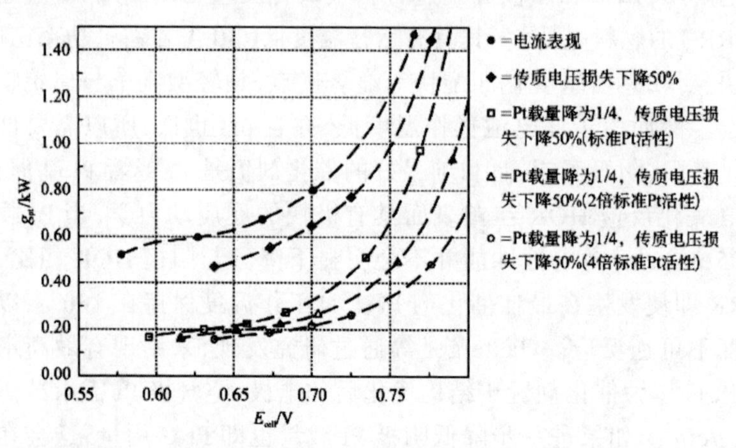

图 4-1 Pt 载量 [gPt/kW] 与单电池电压 [Ecell/V] 的关系

① 苗佩宇 . 聚苯胺衍生的氧还原非贵金属催化剂研究 [D]. 重庆: 重庆大学, 2017.

4.3.1 ORR 电催化机理

4.3.1.1 Pt 表面的 ORR 反应机理

目前阳极 Pt 颗粒表面上的 HOR 机理已被详尽研究，然而阴极 Pt 颗粒表面上的 ORR 具体机理却还不是很清楚，普遍认为 Pt 表面的 ORR 过程主要是一个包含多步骤的四电子还原反应过程，终产物为水。在酸性水溶液中，其四电子总反应式如下：$O_2+4H++4e^- \rightarrow H_2O$；$E_0$=1.229 V（vs.NHE，298 K）。因为四电子 ORR 过程是一个高度不可逆过程，其高度不可逆性造成燃料电池电压损失严重，致使热力学可逆电势很难由实验得到验证。另外，在 ORR 的反应电势区间内，电极电势值以及在该电势下维持的时间对电极表层结构与特性起着决定性作用，再加上实际电流密度往往比 ORR 的交换电流密度（i^0）大得多，只能体现出速率控制步骤的特征，这些重要因素致使电极 ORR 反应动力学研究变得复杂。目前人们对总体 ORR 反应动力学与金属表面电子特性间的关系认识还不全面，尽管存在着一个被广为接受的理论（第一个电子转移步骤是多步反应中的速控步骤，伴随或者说紧跟其后的是一个快速的质子转移步骤），但随着新研究方法的出现，有关 ORR 机理的新理论也不断涌现。有关 ORR 反应机理的研究总结如下：

Norskov 等基于简单解离机理（即认为只有吸附氧 O* 以及羟基 HO* 这两种中间态），并结合密度泛函理论（DFT）计算，得到随电势变化的氧化还原反应中间态吉布斯自由能，发现在热力学平衡电势下，O* 或 HO* 会被牢牢束缚在铂表面，致使电子传递以及质子传递变得很困难，通过降低电极电势可以减弱氧的吸附强度，从而使 ORR 得以顺利进行，这也是铂表面 ORR 过电势产生的原因。Norskov 等使用同样的方法还计算得到了其他金属与 O* 以及 HO* 间的键能，并将键能值与金属催化 ORR 活性的能力进行了关联，发现两者呈火山型关系，催化 ORR 活性最好的 Pt 以及 Pd 处于火山的顶点（图 4-2），且 O*—金属键能与 HO*—金属键能在决定 ORR 活性上是等价的[①]。

① 李健．纳米多孔核—壳结构氧还原电催化剂的制备、表征与性能研究[D].天津：天津理工大学，2017.

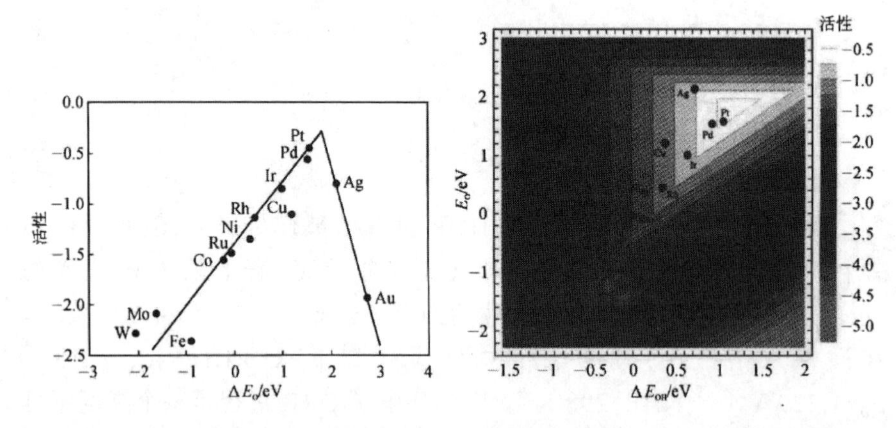

（a）氧还原活性随 O*—金属键能值变化的趋势图

（b）氧还原活性随 O*—金属键能值以及 HO*—金属键能值变化的趋势组合

图 4-2　氧还原活性随其他金属的键能变化图

另外，Norskov 等还发现在高氯酸溶液体系中，铂旋转圆盘上的 ORR 在整个电流密度区有两个塔菲尔斜率值，低电流密度区斜率值为 -60 mV/decade，高电流密度区斜率值变为 -120 mV/decade，并认为低电流密度区 ORR 塔菲尔斜率值较小与铂氧化物或过氧化物覆盖度具有电势依存性有关。

Wang 等认为，反应路径会随电极电势的变化而改变或存在近似的两个活化能垒，所以特定的速控假设步骤在很宽的电势范围内可能会不成立，从而建立了没有特定速控假设步骤的动力学模型，包含以下 4 个基本步骤：①解离吸附（DA）；②还原吸附（RA），分别产生中间态 Oad 以及 OHad；③由 Oad 还原转变为 OHad；④ OHad 的还原脱附（RD），如图 4-3 所示。并通过拟合 Pt（111）旋转圆盘电极上的氧还原数据得到活化自由能与吸附自由能这 2 个动力学参数，由此得到酸性介质中的四电子 ORR 本征动力学方程。在平衡电势附近，由于 DA 解离吸附步骤（$\Delta G_{\mathrm{DA}}^{*0}$ =0.26 eV，$\Delta G_{\mathrm{i}}^{*0}$ 是反应 i 在平衡电势处的活化能）为整个反应提供了一个更活跃的吸附路径，从而第一个电子转移步骤 RA 不能成为 Pt 上 ORR 反应的速率控制步骤（$\Delta G_{\mathrm{RA}}^{*0}$ =0.46 eV）。然而，由于反应中间态 O 和 OH 被牢牢束缚在 Pt 表面，需要施加相当大的过电势来克服 O 转变为 OH 的能垒（$\Delta G_{\mathrm{RT}}^{*0}$ =0.50 eV）以及 OH 还原为水并脱附的能垒（$\Delta G_{\mathrm{RD}}^{*0}$ =0.45 eV）。由此可知 Pt 表面上发生的 ORR 在高电势下是脱附受阻，该电势范围内表观塔菲尔曲线斜率较小；当电势下降到足够低时，OH 覆盖度就会保持恒定，这时塔菲尔斜率由电子传递系数来决定。

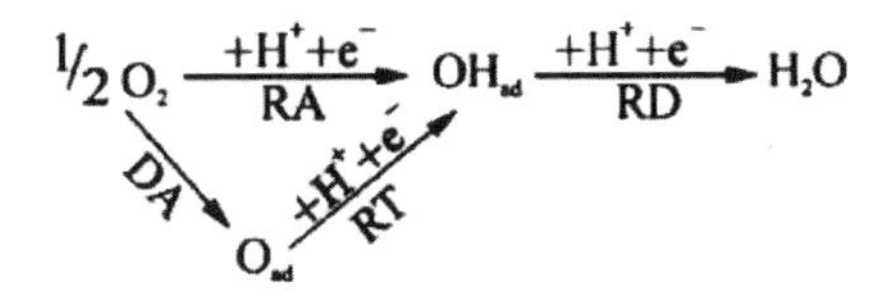

图 4-3　ORR 的可能路径

Wang 等通过调节反应 80 ℃下燃料电池操作条件的参数来使该动力学模型与典型 PEMFC 极化曲线（已对该曲线进行欧姆电压损失的补偿）匹配。结果显示，塔菲尔斜率在 0.77 V 发生转变，而该转变电势基本等于于 Pt 表面上低覆盖率吸附 O 与吸附 OH 间发生转变的平衡电势。

Neyerlin 等研究了 PEMFC 中高表面碳载 Pt 表面上的 ORR 动力学。在他们的动力学模型中，假设传递系数 α =1 以及 80 ℃下塔菲尔斜率值为 70 mV/decade，通过实验数据拟合最后得到 3 个动力学参数：交换电流密度或在恒定电池电压（欧姆电压损失已补偿）下的电流密度，与氧分压对应的反应级数以及活化能。需要注意的是经过欧姆电压损失补偿以及传质修正后的电极电势下限变为 0.77 V，该塔菲尔斜率结果正好能与 Wang 等的研究结果保持一致。然而 Neyerlin 等考虑到低电势下旋转圆盘电极（RDE）实测电流比反应动力学电流小 10 倍以上，且 ORR 反应并非严格意义上的一级动力学反应，从而不免会担心由 RDE 传质校正得到的反应动力学电流的准确性。

Zhang 等使用计时电流法研究了高阴极电势区，RDE 以及 MEA 中 Pt 氧化物与 ORR 活性的暂态变化，发现 ORR 活性随时间的衰减与表面上氧化物的增长有关，并认为无氧化物吸附的洁净 Pt 表面是 ORR 的主要活性位点。

Subramanian 等利用低 Pt 载量阴极以及超低氧分压技术实现了阴极 0.72 ~ 0.90 V（vs.RHE）宽电势范围内，无传质损失影响的 ORR 反应电流测定，得到了不同阴极电势范围内的表观塔菲尔斜率（当电势高于 0.8 V（vs.RHE）时，80 ℃下表观塔菲尔斜率约为 70 mV/decade；低于 0.8 V（vs.RHE）时，表观塔菲尔斜率随电势下降而增大；0.75 V（vs.RHE）时约为 104 mV/decade，发现 ORR 动力学与氧化物的覆盖度有关，并建立了氧化物覆盖度相关的动力学模型（coveragedependent model），该模型能够解释阴极低 Pt 载量下的部分额外损失。

4.3.1.2 ORR催化活性与表面Pt结构的关系

大量研究发现Pt催化ORR的面积比活性与它的结构有关,并且电解质不同,表现出的结构敏感性也不同。在H_2SO_4溶液中,Pt(hkl)的ORR催化活性顺序为(111)<(100)<(110),这是由于硫酸根离子/硫酸氢根离子在不同晶面上的特性吸附程度不同引起的,在Pt(111)晶面上硫酸根离子/硫酸氢根离子具有最强的特性吸附,从而降低了Pt(111)晶面的ORR催化作用。在高氯酸溶液中,Pt的这三个低指数晶面间的催化活性差异相对较小,不同晶面上的催化活性依次为(100)<(111)<(110),这是由于OHads在(100)面上的阻碍效应比(110)和(111)晶面上的强。

Pt颗粒的尺寸变化会使Pt颗粒的电化学比表面积以及面积比活性都发生变化,而表征催化剂催化ORR能力的指标"Pt质量比活性=电化学比表面积 × 面积比活性",由此可知Pt颗粒催化ORR存在一个最佳的颗粒尺寸范围,这很大程度上决定了传统Pt/C的载量底限。Blurton等的早期研究发现在70 ℃,20% H_2SO_4溶液中,Pt颗粒粒径为1.4 nm的Pt/C催化剂的Pt面积比活性还达不到10 nm Pt黑催化剂的二十分之一,并认为小颗粒中Pt面积比活性下降与其表面Pt原子的配位数降低有关,因为配位数越低,Pt越容易被氧化。Peuckert等采用浸渍法制备了表面Pt原子数与颗粒所含Pt原子总数的比值由1(Pt颗粒小于1 nm)到0.09(Pt颗粒约为12 nm)不等的Pt质量分数为5% ~ 30%的Pt/C催化剂。研究发现在25 ℃ 0.5 mol/LH_2SO_4溶液中,当Pt颗粒粒径大于4 nm时,Pt表面ORR的面积比活性趋于恒定值;然而,当Pt的粒径从3 nm减小到1 nm时,Pt的ORR面积比活性下降近20倍。另外在较大的Pt颗粒中很多Pt原子被包埋起来,致使颗粒的电化学比表面积减小,综合以上因素,该研究结果建议最佳的Pt粒径为3 nm。Kinoshita就Pt/C催化剂中Pt颗粒的粒径对ORR反应动力学的影响进行了评估与分析,在H_3PO_4溶液中,当Pt的粒径从2.5 nm增加到12 nm时,其面积比活性增加3倍,他提出Pt面积比活性因粒径减小发生降低是由表面Pt原子在(100)和(111)晶面上的分布变化引起的,并进一步确认Pt颗粒在3 nm时具有最大的质量比活性。Norskov等提出采用平均d能带中心能量(averaged d-band center energy)的概念来解释金属表面原子的反应活性，这一理论得到了大量实验数据的支持。当 Pt 颗粒减小时表面 Pt 原子的平均配位数减少，导致 d 能带中心向费米能级移动，从而使这些原子的反应活性增加，和氧 / 羟基间的结合增强，从而 ORR 减缓，这与 Pt 颗粒减小至 5 nm 以内时 OH 在 Pt 表面上发生强吸附的实验结果很吻合。

另外，值得注意的是，至今为止关于活性的尺寸效应还没有非常一致的结论，Yano 等采用 ^{195}Pt 电化学核磁共振（EC-NMR）研究了催化剂 Pt 颗粒表面的 ORR，其中 ^{195}Pt 颗粒的粒径在 1 ~ 5 nm 范围内，发现使用流体动力学调制伏安测试法获得的 ORR 速率常数以及 H_2O_2 产率与铂颗粒尺寸无关。由 ORR 速率常数获得 ORR 的表观活化能为 37 kJ/mol，与块状 Pt 电极上得到的数据一致，这与颗粒尺寸改变时各 Pt/C 催化剂间的表面电子特性几乎没有差别相符（颗粒尺寸改变时，^{195}Pt NMR 谱中表面峰位置以及表面铂原子晶格弛豫时间几乎没有变化）。

4.3.2 催化剂催化 ORR 活性水平

研究显示，以提高 Pt 质量比活性为目的，进一步降低 Pt 颗粒至 3 nm 以下是没有意义的，只有通过提高表面 Pt 的面积比活性才能进一步改善催化剂 Pt 的质量比活性，以期满足 PEMFC 的应用要求。而改变表面 Pt 面积比活性的一个重要理论指导是 Pt 与其他金属发生相互间作用后，表面 Pt 原子的几何结构以及电子结构发生改变。学者们基于该理论进行了深入的研究，至今取得了丰硕的成果，开发出面积比活性较高的 Pt 合金催化剂、Pt 单层催化剂、铂纳米线、铂纳米管以及形貌与晶面取向可控的纳米 Pt 基合金催化剂，有关活性提高机理以及现有的催化活性水平介绍如下。

4.3.2.1 Pt 合金催化剂

（1）Pt 合金催化活性与结构的关系。

大部分 Pt-M 二元合金存在 Pt 表面偏析现象，如 Pt-Fe，Pt-Ni，Pt-CO，Pt-Ru，这与理论计算结果相符。此外，还有报道 Pt 为富相的 Pt-Fe，Pt-Co 以及 Pt-Ni 合金经退火后最上层变为纯 Pt，第二层富含过渡金属，这是由退火过程中为使整个表面自由能下降，位于最上面两层的

M 与 Pt 发生移位所致。Stamenkovic 等使用 RRDE 于酸性体系中研究了具有不同表层成分的多晶铂合金块（Pt_3Ni 以及 Pt_3Co 多晶铂合金块）的 ORR 催化性能。被研究的多晶铂合金块是在超高真空（UHV）下制备得到，借助不同工艺得到了具有不同成分的表层，分别含有 75%Pt（溅射）和含有 100%Pt（退火）。表层含有 100%Pt 的结构被称作“Pt-skin”结构，是最初两层中 Pt 与 Co 发生替换所致。他们还比较了 0.5 mol/L H_2SO_4 和 0.1 mol/L $HClO_4$ 电解液体系中铂合金的 ORR 活性。研究发现：在硫酸中催化活性的顺序为 $Pt_3Ni>Pt_3Co>Pt$；在 $HClO_4$ 中催化活性的顺序为“Pt-skin/Pt_3Co”$>Pt_3Co>Pt_3Ni>Pt$。0.1 mol/L $HClO_4$ 体系中催化活性的提高效果比 0.5 mol/L H_2SO_4 体系中明显。具有“Pt-skin”结构的 Pt_3Co 在 0.1 mol/L $HClO_4$ 中的催化活性是纯 Pt 的 3 ~ 4 倍。与纯 Pt 电极相比，合金电极的活性提高，尤其是表层被纯 Pt 覆盖的合金的活性提高效果最明显，这与合金上 Pt-OHad 形成受阻有关。由紫外光电子能谱（UPS）信息可知，该活性与其在超真空下的 d 能带中心能量有关。Stamenkovic 等最近研究了 0.1 mol/L $HClO_4$ 电解液体系中两种不同 Pt_3M（M=Ni，Co，Fe，Ti，V）表面上的 ORR，在火山型图中显示具有“Pt-skin”表面和溅射表面的合金 Pt_3Co 具有最高的催化活性。对于所有被研究的 Pt-M 合金而言，“Pt-skin”表面具有比溅射表面更高的催化活性。UHV 表面特性显示 Pt-skin 浸入电解液后仍是稳定的。与此形成对比的是，溅射表层在浸入电解液后形成 Pt 骨架外层，这由表面过渡金属原子的溶解所致。

Xu 等采用 DFT 计算研究了发生在有序 Pt_3Co（111）面，有序 Pt_3Fe（111）面，单层 Pt-skin 覆盖的 Pt_3Co 以及单层 Pt-skin 覆盖的 Pt_3Fe 上的 O 吸附以及 O_2 解离行为。将以上计算结果与由以下两种 Pt（111）表面计算的结果进行比较，一种 Pt（111）表面处于平衡晶格常数（equilibrium lattice constant），另一种是为与 Pt 合金上的应力（strain）匹配，对 Pt（111）表面进行了 2% 的侧压（laterally compressed）。O 以及 O_2 与表层原子的结合能在两种合金体系中的排序是一致的：Pt-skin<compressed Pt（111）<Pt（111）<Pt_3Co（111） 或 Pt_3Fe（111）。O 与压缩 Pt（111）面以及 Pt skin 间结合能的降低与 d 能带中心渐渐偏离费米能级有关。他们提出 O 毒化作用的减弱以及氧参与反应速率的提升是 Pt-skin 上 ORR 比较活泼的部分原因。

Chen 等最近研究了碳载 Pt_3Co 纳米颗粒上的 ORR，结合像差校正

HAADF-STEM 和 HRTEM 技术获取了粒子成分和结构信息，并建立了催化活性和颗粒的化学组成以及结构特征间的联系。在经酸处理的个别 Pt_3Co 纳米颗粒内部发现了 Pt 的富相和贫相区域，其分布类似于溅射表面经酸浸后留下的 Pt 骨架。经过酸处理后的合金纳米颗粒的催化活性是纯 Pt 纳米颗粒的 2 倍。经过退火以后，这些纳米颗粒的最外层为纯 Pt 原子层，其比活性提升为纯 Pt 纳米颗粒的 4 倍，ORR 催化比活性的提升与氧化物结合能下降有关，而结合能的下降归结为 Pt 原子承受的压应力增大以及来自下层 Co 原子的配位这两个因素共同作用的结果。

Watanabe 等对 Pt-Fe、Pt-Ni 和 Pt-Co 合金电催化活性增强的机理进行了一系列的研究。他们采用 EC-XPS 对吸附在纯 Pt 电极、覆盖于 Pt-Fe 表面的 Pt-skin 和覆盖于 Pt-Co 表面的 Pt-skin（此研究中的 Pt-skin 是由合金只进行酸处理得到的表层，酸处理溶液为 N_2 以及 O_2 饱和的 0.1 mol/L HF 溶液，从而该 Pt-skin 与 Stamenkovicl 描述的 Pt 骨架基本一致）上的含氧物种进行了定量分析，实验中检测到 4 种物质，对应的结合能分别为 529.6 eV、530.5 eV、531.1 eV 和 532.6 eV，前两者分别是 Oad 和 OHad，后两者为双层水分子 $H_2Oad,1$ 和 $H_2Oad,2$。XPS 测试结果显示，Pt 合金电极上的 Pt-skin 层对 Oad 的亲和力较纯 Pt 大，但对 H_2O 的亲和力较小，这种现象在 O_2 饱和溶液中尤为明显。Pt-skin/Pt 合金体系具有较高的 ORR 活性可以被认为是 Pt-skin/Pt 合金表面比纯 Pt 具有更高的 Oad 覆盖率。他们同时发现，催化活性的提高并不是因为活化能的变化，而是由于相应的频率因子（也称指前因子）发生变化引起的。在 20 ~ 50 ℃温度范围内，测得那些铂合金催化剂在 0.1 mol/L $HClO_4$ 流动液中的 ORR 比活性比纯 Pt 高 2 ~ 4 倍。

（2）Pt 合金催化活性的现有水平。

近期 GM 等研究了去合金催化剂（D-PtCo，D-$PtCo_3$ 以及 D-$PtNi_3$）微观形貌随合金前驱体尺寸以及去合金条件等的影响（图 4-4），发现空气条件下去合金程度大于氮气条件下去合金程度，颗粒尺寸大于 13 nm 的合金前驱体颗粒在空气下易形成多孔结构。

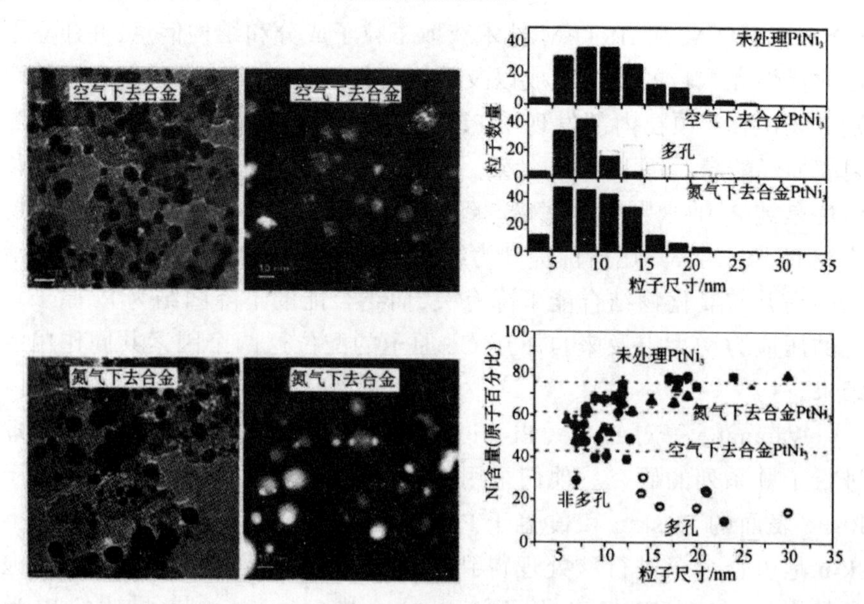

图 4-4　不同去合金条件（N_2 或者空气）下 D-$PtNi_3$/C 的形貌图以及粒子粒径（无孔和多孔）分布情况，其中所用的酸溶液为硫酸溶液，温度为 25 ℃

另外，GM 公司等还研究了 D-$PtNi_3$/C 的 ORR 活性以及稳定性随去合金酸性溶液种类、去合金时间、去合金温度以及后续是否热处理等的变化情况（图 4-5 和图 4-6），用到的前驱体合金催化剂 $PtNi_3$/C（new prep）由 JMFC 提供，其形貌如图 4-7 所示。由图 4-5 以及图 4-6 可知 D-$PtNi_3$/C 的 ORR 活性、H_2/ 空气燃料电池大电流功率输出性能以及耐久性受去合金条件影响很大，目前在 ORR 活性以及其耐久性方面，D-$PtNi_3$/C 能够达到 DOE 的性能要求，但是在大电流功率输出性能方面，其耐久性还欠缺，需要进一步研究其耐久性差的原因并寻找缓解措施，GM 公司等初步认为 Ni^{2+} 进入质子交换膜不是造成 H_2/ 空气大电流区域输出功率严重衰减的原因，反而与铂合金比表面积减小（50 m^2/g）造成局域 O_2 传质阻力增大与严重衰减关系性更大，从而提出提高初始催化剂比表面积或者改善电极结构来缓解衰减[①]。

① 聂瑶．燃料电池氧还原电催化剂研究 [D]．重庆：重庆大学，2017.

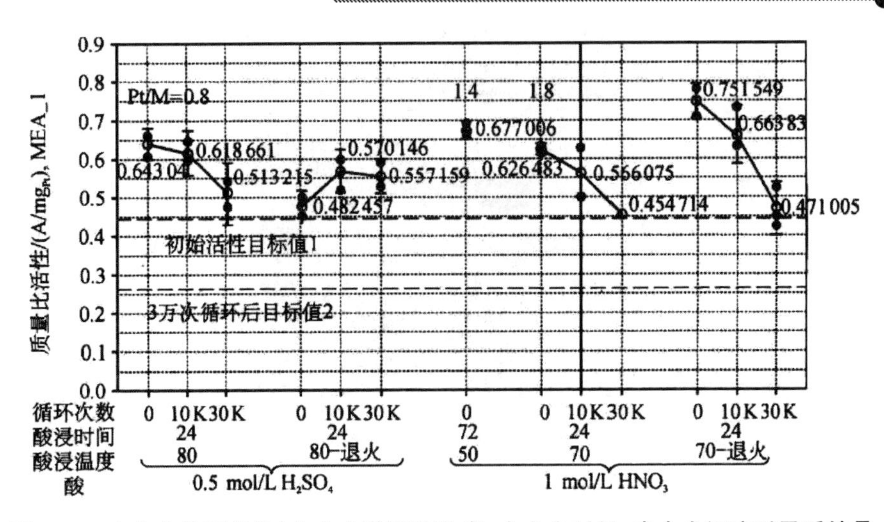

图 4-5　去合金处理条件(去合金酸溶液种类、去合金时间、去合金温度以及后续是否热处理)不同对去合金催化剂 ORR 活性耐久性的影响

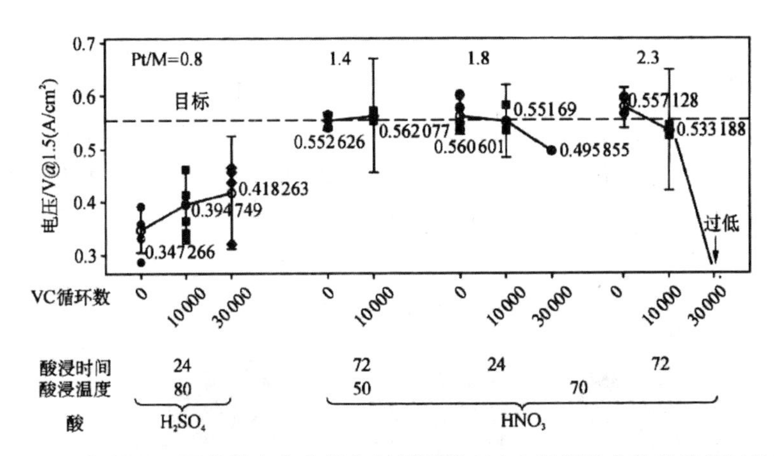

图 4-6　阴极使用不同种类去合金催化剂得到的 H_2/ 空气燃料电池的性能对比结果

(测试条件：H_2/ 空气，80 ℃，100%/100%RHin，H_2/ 空气的流量计量比为 2/2，H_2/ 空气背压为 170/170 kPa abs；循环：0.6 ~ 1.0 V，50 mV/s，H_2/N_2，80 ℃，100%RH；阴极载量：0.082 ~ 0.100 mgPt/cm^2)

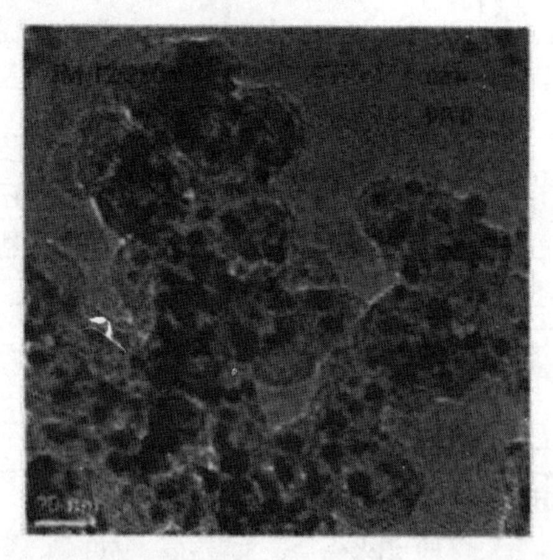

图 4-7 前驱体 $PtNi_3/C$ (new prep, JMFC) 合金形貌

4.3.2.2 Pt 单层催化剂

(1) Pt 单层催化剂。

Adzic 等提出的 Pt 单层催化剂是近些年降低 PEM 燃料电池 Pt 载量的一个主要方向。Pt 单层催化剂具有以下优点：① Pt 原子利用率为 100% (因为这些 Pt 原子都在表面上)；②通过改变基底金属来调整 Pt 的活性与稳定性，举例说明如图 4-8 所示，当 Pt 单层沉积在不同的金属基底上，由于金属间晶格的不匹配促使单层承受拉应力或压应力，导致 d 能带中心能量改变，从而影响 ORR 活性。

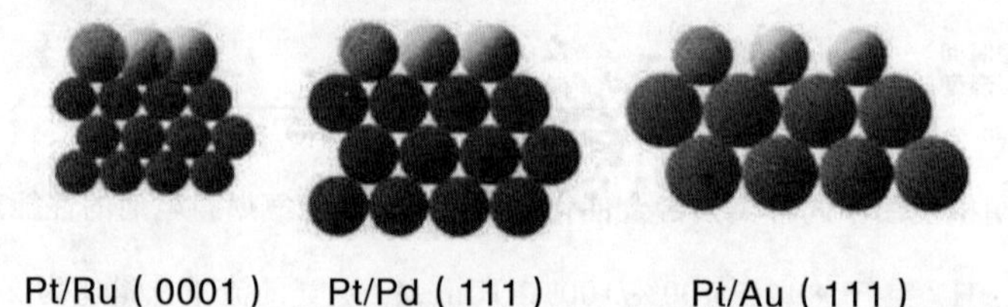

图 4-8 3 种不同基底上的不规则 Pt 单层模型

压应力：Ru (0001) 和 Pd (111)；拉应力：Au (111)

Adzic 等提出的 Pt 单层催化剂合成方法涉及欠电势沉积技术 (UPD)，该技术是我们熟知的在异质金属基体上进行有序原子单层或多层的沉积。这种方法分两步完成：首先，通过采用 UPD 方法将一层牺牲型金属沉积在还原电势较正的金属基底上，如 Cu 欠电势沉积在 Au 或 Pd；然后是贵金属阳离子(如 Pt 阳离子) 氧化溶解牺牲型金属，

与此同时贵金属阳离子被还原并沉积在异质金属基底上。将整个过程重复后可以获得多层 Pt（或别的贵金属）核壳催化剂。

研究发现，沉积在单晶 Pd（111）上的 Pt 单层（Pt/Pd（111））ORR 活性比 Pt（111）高；沉积在 Pd/C 纳米颗粒上的 Pt 单层（Pt/Pd/C）ORR 活性比 Pt/C 商品催化剂高，且单层催化剂上的 ORR 反应机理与在纯 Pt 表面上的机理一致。Pt/Pd（111）的半波电势比 Pt（111）高 20 mV，Pt/Pd/C 的质量比活性比 Pt/C 高 5 ~ 8 倍（基于 Pt 金属的质量）。如果以总贵金属质量计（Pt+Pd），其质量比活性约比 Pt/C 催化剂高 80%，ORR 催化活性的提高源于高电势下 OH 形成受阻，该结论得到了 XAS 测试结果的证实。

为了深入了解沉积在 Pd 上的 Pt 单层的催化活性提高机理，研究人员对发生在不同 Pt 单层上（Pt 单层分别沉积在单晶 Au（111），Ir（111），Pd（111），Rh（111）以及 Ru（0001）DRDE 上）的 ORR 进行了研究，研究的溶液体系为 O_2 饱和的 0.1 mol/L $HClO_4$ 溶液网。图 4-9 给出了转速为 1 600 r/min 下的极化曲线对比图，ORR 活性趋势是 Pt/Ru（0001）<Pt/Ir（111）<Pt/Rh（111）<Pt/Au（111）<Pt（111）<Pt/Pd（111）。

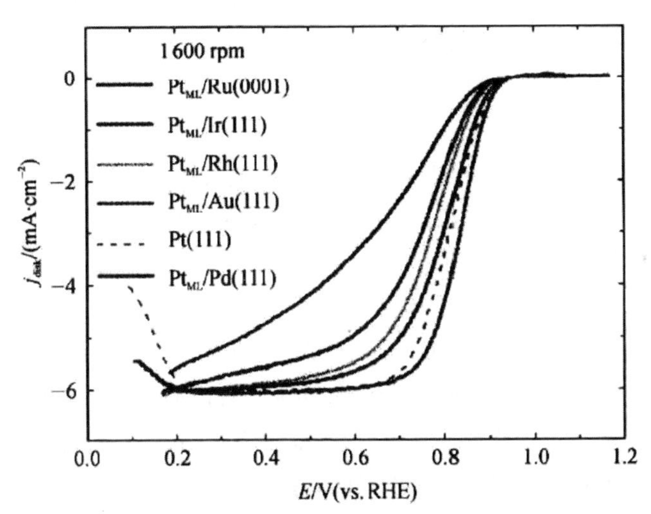

图 4-9　在 0.1 mol/L $HClO_4$ 溶液体系中，铂单层（铂单层沉积在 RDE 上）上 ORR 极化曲线

图 4-10 中，j_K（方形标记）是由图 4-5 计算得到 0.8 V（vs.RHE）下的电流密度、O_2 离解活化能（实心圈）以及 O—H 形成活化能（空心圈）随 PtML—O 键能（BE_o）变化的关系图（被研究的铂基电催化剂分别为

Pt/Ru（0001）①，Pt/Ir（111）②，Pt/Rh（111）③，Pt/Au（111）④，Pt（111）⑤和 Pt/Pd（111））。

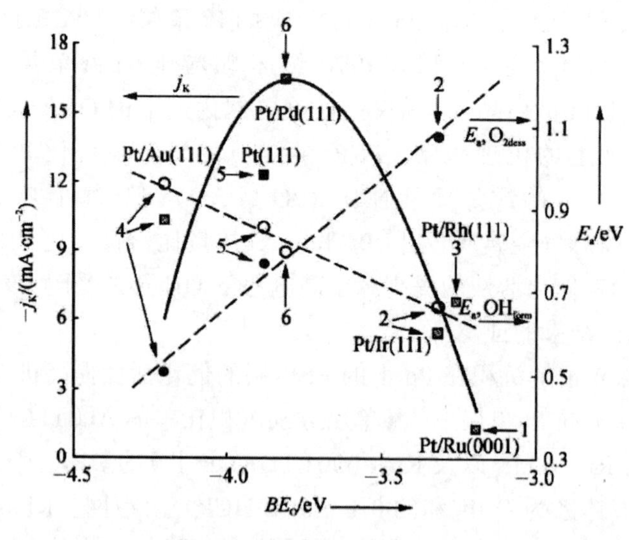

图 4-10　动力学电流密度

将 Pt 单层动力学活性与 Pt d 带中心以及 Pt—O 键能关联起来，发现它们之间存在火山型关系，Pt/Pd（111）正好处在 ORR 活性最高处，拥有最佳的 d 带中心以及 PtML—O 键能。“火山型”行为可由 ORR 受 O—O 键的解离步骤以及紧随其后的 O—H 键形成步骤控制得到解释。如图 4-10 所示，两步骤的活化能与 PtML—O 键能呈线性关系（与 d 带能也呈线性关系），然而最佳 ORR 活性的箱层具有中等强度的 PtML—O 键。为了进一步优化单层 Pt/Pd 上的 ORR 活性，研究人员引进了混合单层（金属 +Pt）催化剂网，异质金属（Au，Pd，Rh，Ir，Ru，Os 以及 Re）占 0.2 单层以及 Pt 占 0.8 单层，并将两者共沉积在 Pd（111）或 Pd/C 纳米颗粒上。有些异质金属上形成的 M—OH 键比 Pt—OH 键弱（如 Au—OH），有些则比 Pt—OH 键强。DFT 计算结果如图 4-11 所示，结果表明在提高 ORR 活性方面，除了 Pt d 带中心能量改变外，OH（-M）—OH（-Pt）（或 O（-M））—OH（-Pt））间的排斥作用也扮演着重要的角色。最近还出现 Pd_3Fe（111）基底替代 Pd（111）基底以获得高 ORR 活性 Pt/Pd_3Fe（111）的研究报道。

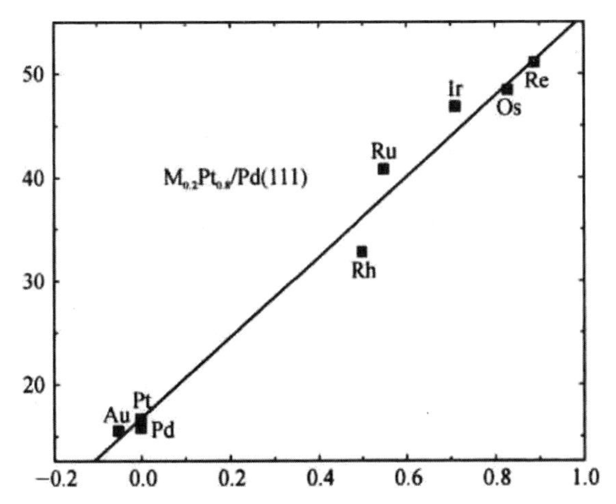

图 4-11　在 0.80 V 下，动力学电流密度随 OH—OH 间或 OH—O 间作用能变化图

能量值前的正号代表排斥力比 Pt/Pd（111）强

另一种 ORR 活性有所提高的 Pt 单层催化剂是沉积在贵金属 / 非贵金属核壳结构纳米颗粒上的 Pt 单层。该合成方法是将高比表面的碳浸入含贵金属与非金属前躯体的混合溶液中，之后在空气中进行搅拌干燥。在高温还原性气氛中，贵金属在表面发生偏析，从而制备得到 core-shell 金属基底。Pt 单层通过置换 Cu 单层（Cu 层欠电势沉积在 core-shell 结构基底颗粒上）沉积在 core-shell 基底上。研究人员分别对 Pt/Au/Ni，Pt/Pd/Co 以及 Pt/Pt/Co 这三种组合进行了研究，其中质量比活性提高程度最大的组合是 Pt/Au/Ni，Pt/Au/Ni 的质量比活性比商品 Pt/C 催化剂约高一个数量级；这三种组合催化剂的总贵金属质量比活性比 Pt/C 催化剂高 2.5 ~ 4.0 倍，其中 Pt/Pt/Co 提高倍数最大。ORR 活性的提升原因归结于 core-shell 基底上 Pt 单层点阵间距微调产生的几何效应以及 d 带中心位置下降（相对费米能级）导致 PtOH 形成受阻效应。

Zhang 等也做了相关工作，他们研究了 Au 亚单层沉积于 Pt（111）或 Pt/C 颗粒上的催化剂 ORR 活性，该催化剂由 Au 置换铜单层（铜单层欠电势沉积在 Pt（111）或者 Pt/C 基底上）得到①。由于 Au^{3+} 与 Cu^{2+} 价态存在差异，所以 Au 单层的覆盖度只有 2/3。Au 原子在 Pt 表面形成了原子簇。研究发现：Au/Pt（111）和 Au/Pt/C 催化剂的 ORR 活性

① 雷丹．三元 Pt 基纳米复合材料的制备及其氧还原催化性能的研究 [D]. 重庆：西南大学，2018.

都略低于纯Pt(111)颗粒以及Pt/C颗粒,而Au/Pt/C的稳定性高于Pt/C。在0.1 mol/L $HClO_4$体系中,用循环伏安法考察了催化剂在RDE上的行为,扫描电势范围是0.6 ~ 1.1 V(vs.RHE),循环次数为30 000次。比较循环伏安测试前后的O_2还原半波电势(作为考察Au/Pt/C催化活性的指标),发现半波电势只有5 mV的降幅,与此形成对比的是Pt/C相应的半波电势降为39 mV。在相应的电势范围内,进行催化剂的原位XANES测试,发现无Au包裹的Pt纳米颗粒的氧化程度高于有Au包裹的Pt纳米颗粒。

Wang等研究颗粒尺寸、晶面取向以及Pt壳层厚度这些因素对发生在Pt/Pd以及Pt/PdCo核壳纳米颗粒上的ORR影响。Pt壳层厚度用最新的Cu欠电势沉积法(Cu-UPD)进行控制,在该沉积法中反复进行Cu-UPD/剥离的电势循环,与此同时Pt在该电解液中发生不可逆沉积,直到Pt层达到一定厚度才结束,此Pt沉积过程受扩散控制。联合使用原子序数衬度STEM与EELS进行催化剂颗粒的原子级分析,发现采用该合成法能够获得较好控制的核壳结构。RDE上的ORR测试结果表明在0.9 V电势下,4 nm Pd核上的铂单层以及4.6 nm Pd_3Co核上的铂单层对应的Pt质量比活性为1.0 A/mgPt以及1.6 A/mgPt,分别比3 nm Pt纳米颗粒高5倍以及9倍;并且两者的Pt面积比活性分别比3 nm Pt纳米颗粒高2倍以及3倍,这与晶格纳米级不匹配致使(111)面收缩有关。此外,核壳结构颗粒的扩大合成法也在不断发展。

Adzic等由PtNi/C在NH_3气氛中处理得到了NiN@Pt核壳结构催化剂PtNiN/C,该催化剂不仅持有核壳结构催化剂的高活性,而且还展现出远高于Pt/C的耐蚀性。RDE测试得到室温下的活性是Pt/C的4.5 ~ 6.5倍;经在空气饱和的高氯酸中循环35 000次后Pt的电化学比表面积(ECSA)没有改变,远远好于Pt/C的耐蚀性(Pt ECSA损失45%)。结合DFT计算发现内层Pt向表面扩散的难易程度与其离N原子的距离有关,毗邻N原子,扩散只需要0.15 eV的能量;远离N原子,则需要0.33 eV,从而可知高含量N的掺入有助于内层Pt扩散填补表面的缺陷,进而有效防止类似PtNi/C核壳催化剂中的金属溶解,从而很好地保持催化剂的活性。

(2)Pt单层催化剂的活性水平。

以下列举Pt单层催化剂在RDE以及电池测试中的活性表现,涉及的催化剂有Pt_{ML}/Pd/C,Pt_{ML}/空心Pd/C,$Pt_{ML}/Pd_{0.9}Ni_{0.1}$NW,Pt_{ML}/纳

米 PdAu，Pt_{ML}/Pd_9Au_1/GDL 以及 Pt_{ML}/Pd/WNi/GDL 催化剂，具体如下所示：

① Pt_{ML}/Pd/C。

在 H_2/O_2 燃料电池条件下（阴极 Pt_{ML}/Pd/C 载量为 150 $\mu g_{PGM}/cm^2$（70 $\mu g_{Pt}/cm^2$），阳极载量为 90 $\mu g_{Pt}/cm^2$ 以及膜为 Nafion® XL100；制备工艺：催化剂喷涂在 5 cm^2 GDL（Sigracet® 25BC）上；测试条件：温度为 80 ℃以及背压为 0.3 MPa，Pt_{ML}/Pd/C（采用较高温度下乙醇还原形成 Pd 核然后经欠电势沉积以及置换工艺得到 Pt_{ML}/Pd/C）表现出高活性，0.9 V 电压下质量比活性为 0.4 A/mg_{PGM} 以及 0.9 A/mg_{Pt}。经 2 000 次循环后 H_2/O_2 电池以及压 / 空气电池性能没有发生衰减。3M 也对 Pt_{ML}/Pd/C 进行了燃料电池测试，他们发现该催化剂经电势循环后质量比活性以及面积比活性分别提高了 2 倍以及 3 ～ 4 倍，该结果很好地支持了自愈机理理论。

② Pt_{ML}/ 空心 Pd/C。

在 H_2/O_2 燃料电池测试条件下，Pt_{ML}/ 空心 Pd/C（采用柠檬酸水溶液体系获得空心 Pd，然后经欠电势沉积以及置换工艺得到 Pt_{ML}/ 空心 Pd/C）表现出高活性，0.9 V 电压下质量比活性为 0.53 A/mg_{PGM}，经 1 000 次循环后电池性能没有发生衰减，如图 4-12 所示。H_2/ 空气条件下，虽然经 1 000 次循环后电池性能没有发生衰减，但是其传质还有待改善。

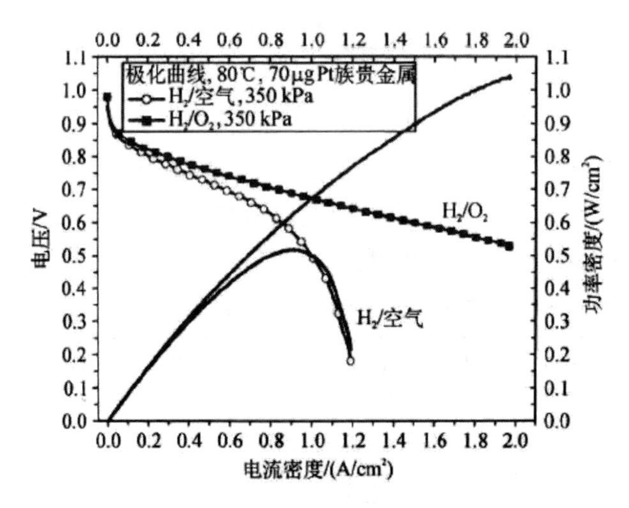

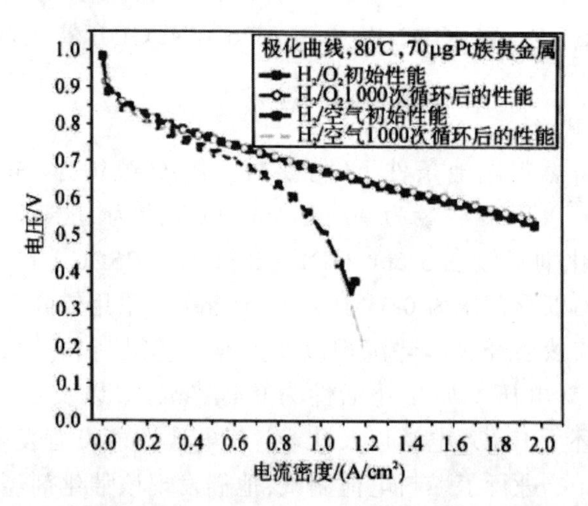

图 4-12 阴极采用 Pt_{ML}/ 空心 Pd/C 催化剂得到的燃料电池测试结果

阴极载量：70 μg/ cm^2_{PGM}；阳极：50 μg/ cm^2_{Pt}；电极面积：5 cm^2

③ $Pt_{ML}/Pd_{0.9}Ni_{0.1}NW$。

经 RDE 测试得到 $Pt_{ML}/Pd_{0.9}Ni_{0.1}NW$ 的面积比活性为 0.62 mA/cm^2 以及质量比活性为 1.44 A/mg_{Pt}@0.9 V（vs.RHE），经 10 000 次循环后面积比活性提高 20%，达到 0.76 mA/cm^2。

④ Pt_{ML}/ 纳米 PdAu。

在 H_2/O_2 燃料电池测试条件下(测试条件：温度为 80 ℃，背压为 0.3 MPa 以及相对湿度为 100%)，Pt_{ML}/ 纳米 PdAu 0.9 V 电压下质量比活性为 0.106 A/mg_{PGM}（1.7 A/mg_{Pt}）以及面积比活性为 0.72 mA/cm^2。

⑤ $Pt_{ML}/Pd_9Au_1/GDL$。

$Pt_{ML}/Pd_9Au_1/GDL$ 通过扩散层（GDL）直接电化学沉积 Pd_9Au_1 合金，然后再进行欠电势沉积与置换工艺得到，将其应用于不同尺寸燃料电池阴极，经测试得到的性能如表 4-2 所示，发现 $PtML/Pd_9Au_1/GDL$ 活性与电极尺寸有关，电极尺寸越小测到的活性越高。

表 4-2 不同尺寸燃料电池性能

催化剂种类	面积比活性 mA/cm^2	Pt 质量比活性 A/mg_{Pt}	总贵金属质量比活性 A/mg_{PGM}
Pt_{ML}/PdAu/GDL 5 cm^2@0.9 V	0.4	1.2	0.5
Pt_{ML}/PdAu/GDL 25 cm^2@0.9 V	0.2	1.1	0.4

续表

催化剂种类	面积比活性 mA/cm^2	Pt 质量比活性 A/mg$_{Pt}$	总贵金属质量比活性 A/mg$_{PGM}$
$Pt_{ML}/Pd_9Au_1/GDL$ 450 cm^2@0.9 V		1	0.4

该改进工艺与普通工艺(将制备得到的 PtML/Pd_9Au_1/ 纳米颗粒载在 GDL 上)相比,明显提高了 Pt 的利用率,如图 4-13 所示。

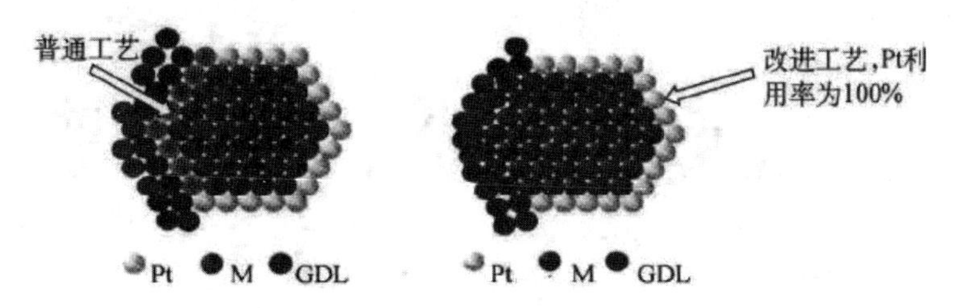

图 4-13　不同工艺下 Pt 利用率对比图

⑥ Pt_{ML}/Pd/WNi/GDL。

Pt_{ML}/Pd/WNi/GDL 通过在 GDL 上共沉积 WNi 纳米颗粒,然后 WNi 纳米颗粒中部分 Ni 被 Pd 置换,最后经欠电势沉积与置换工艺得到。该催化剂在 H_2/O_2 燃料电池测试条件下(测试条件:温度为 80 ℃以及背压为 44 psi),Pt_{ML}/ 纳米 PdAu 在 0.9 V 电压下质量比活性为 0.5 A/mg$_{PGM}$(1.3 A/mg$_{Pt}$)以及比表面活性为 0.3 mA/cm^2。

由上可知,近年来科研工作者们在降低单层铂催化剂总贵金属用量以及催化剂稳定性方面取得了显著进步,为目前 PEM 燃料电池难题的解决带来了新契机,但是 Pt 单层催化剂在成为车用燃料电池催化剂前仍需经受更多的耐用性测试。

4.3.2.3 Pt 及 Pt 合金的纳米线和纳米管电催化剂

Pt 或 Pt 合金的纳米线或纳米管因为具有比较小的局部曲率(至少一个方向上曲率是小的),且其与 OH 或 O 的结合比较弱,表现出高稳定性以及面积比活性,近年来得到了学者们积极的研究,其中 3MNSTF 商品催化剂就是其中的一类,具体研究进展如下所示。

3M 纳米薄膜催化剂(NSTF)是由在具有良好热、化学和电化学稳定性的有序晶须上真空镀沉积一层 Pt 得到,其形貌如图 4-14 所示,该催化剂起支撑作用的有序晶须是由有机颜料 PR（Perylene Red）在真空蒸发后退火形成的，由图可知晶须截面尺度为 50 nm，晶须的长度由 PR 膜的厚度来控制，一般长度在 0.5 ~ 2.0 μm 范围内。代表性的 Pt 微晶尺寸为 10 ~ 11 nm，NSTF-Pt 催化剂的最高比表面积值为 10 m^2/g_{pt}。

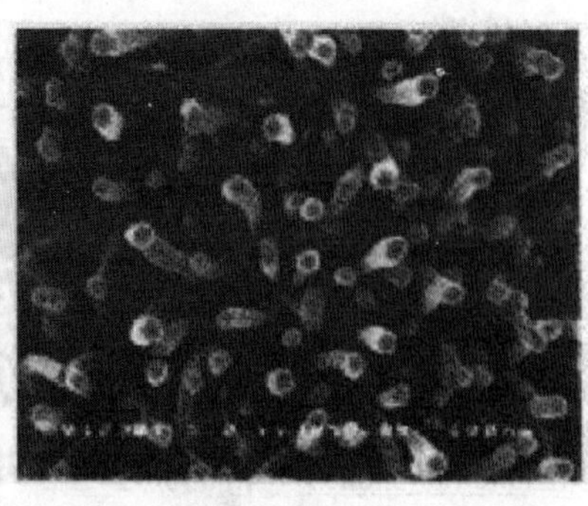

图 4-14　典型 NSTF-Pt 催化剂的 SEM 照片

（该催化剂被制备在一个微结构的催化剂转移衬底上，左图为原始截面放大 10 000 倍后的照片，右图为原始正视图放大 50 000 倍的照片，图中附有点状比例尺）

Bonakdarpour 等应用 RRDE 研究了 Pt/NSTF 与 Pt-Co-Mn/NSTF 催化剂，其中 Pt-Co-Mn 三元合金的常规组成为 $Pt_{0.68}Co_{0.3}Mn_{0.02}$。试验中，将沉积有催化剂的晶须从衬底上小心地刷下，并用于 RRDE 的玻碳盘电极上。测试条件：温度为室温，溶液体系为 O_2 饱和的 0.1 mol/L $HClO_4$ 溶液。研究发现 Pt/NSTF 的 Pt 面积比活性与 Pt 多晶盘接近，Pt-Co-Mn/NSTF 的 Pt 面积比活性是 Pt/NSTF 的两倍。测试用 PEMFC 的 Pt 载量为 0.2 mg_{Pt}/cm^2，在 PEMFC 测试过程中，采用 GM 建议的面积比活性以及质量比活性测试条件（温度为 80 ℃，饱和 H_2 以及饱和 O_2 的压强都为 150 kPa_{abs}，电势为 900 mV）进行 NSTF Pt-Co-Mn 催化剂涂布膜比活性的测试，发现该催化剂涂布膜的 Pt 面积比活性为 2.93 mA/ cm^2_{Pt}，比 TKK 47wt% Pt/C 高 12 倍；其质量比活性为 0.18 A/ mg_{Pt}，比 TKK 47wt% Pt/C 高 2 倍。

为研究高电势下 NSTF 电极的循环稳定性，Debe 等对一系列 NSTF Pt 以及 NSTF Pt 三元合金催化剂进行了测试，并对 Pt/C（Ketjen 炭黑）以及 Pt/ 石墨碳（Pt/graphitic）进行了测试，测试条件：扫描范围为 0.6 ~ 1.2 V，扫速为 20 mV/s，温度为 80 ℃，阳极 / 阴极气体分

别为 H_2/N_2,湿度分别为100%/100%。NSTF 催化剂电极的 Pt 载量为 0.1 mg/cm^2,碳或石墨碳载催化剂电极的 Pt 载量为 0.4 mg/cm^2。图 4-15 给出了不同催化剂在不同 CV 循环次数下的归一化电化学比表面积(Normalized ECSA)。由图可知, Pt/C 以及 Pt/graphitic 在较少的循环次数下就已有很严重的电化学比表面积损失,而 NSTF Pt 以及 NSTF PtAB 三元合金与前者相比损失非常小,在循环次数超过 14 000 次时,约有 30% 的比表面积损失。此外, NSTF 催化剂在扫描电势逾越 Pt 溶解以及 Pt 结块的临界电势时,能够经受 1 000 次的快速循环扫描,该特征明显异于铂碳催化剂。

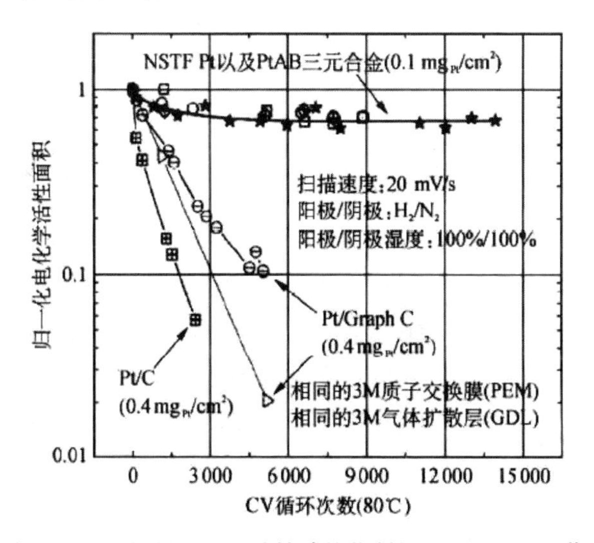

图 4-15 4 种 NSTF 催化剂以及 3 种铂碳催化剂经 0.6 ~ 1.2 V 范围循环伏安测试(CV,80 ℃下)后,其归一化电化学比表面积(Normalized ECSA)随 CV 循环次数的变化情况

美国 NREL 近期使用置换法(SGD)制备了延展型薄膜催化剂(PtNi 纳米线及 PtCo 纳米线),并通过 RDE 测试以及燃料电池测试对 PtNi 纳米线(PtNi NW)以及 PtCo 纳米线(PtCo NW)催化氧还原性能进行了表征。图 4-16 给出了不同铂含量的 PtNi NW 和 PtCo NW 的初始质量比活性值以及循环 30 000 次后的质量比活性值,可知 NREL 制备的低铂含量 PtNi NW (初始质量比活性达到了 900 mA/mg$_{Pt}$, 30 000 次循环后降至 600 mA/mg$_{Pt}$)以及低铂含量 PtCo NW (初始质量比活性达到了 800 mA/mg$_{Pt}$,30 000 次循环后降至 >400 mA/mg$_{Pt}$),

达到了 DOE 2020 年的催化剂目标(初始质量比活性 440 mA/mg_{Pt})。[①]PtNi NW 和 PtCo NW 的燃料电池活性测试结果显示 PtCo NW 的质量比活性与高比表面碳载 Pt 催化剂(Pt/HSC)相当,酸浸 PtNi NW 催化剂在高电流区与 Pt/HSC 相比具有高的面积比活性,但因 PtNi NW 催化剂磁性金属含量高且无碳承载,从而不利于 MEA 制备,并影响其燃料电池性能的考察。

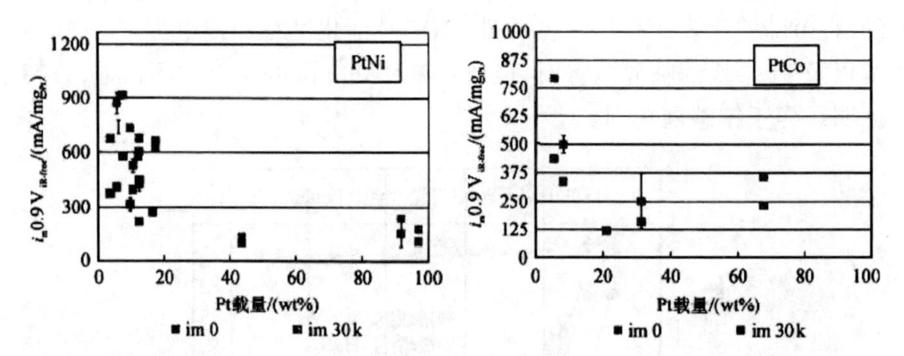

图 4-16　PtNi NW 以及 PtCo NW 的初始质量比活性以及 30 000 次循环[电势范围 0.6 ~ 1.0 V(vs.RHE)]后的质量比活性 RDE 测试结果

在纳米 Pt 以及纳米 Pt 合金催化剂 / 电极的研究上,除本研究进展外还有许多其他重要进展,如生长在有序碳层上(有序碳层沉积在锡纤维三维电极上)的单晶 Pt 纳米线、Pt-Pd 双金属枝晶、规则 Pt 纳米晶、多孔 Pt 合金电极。

4.3.2.4 非 Pt 催化剂

(1)贵金属催化剂。

这里的贵金属催化剂主要是钯基催化剂(钯催化剂以及钯合金催化剂)。Shao 等研究了具有不同晶面的 Pd/C 催化剂(钯纳米颗粒尺寸在 6 nm)的活性,发现 Pd 催化氧化还原反应的活性强烈依赖于它的晶面,被{100}晶面包围的碳载立方体 Pd(Pd/C cubes)活性比被{111}晶面包围的碳载正八面体 Pd(Pd/Co ctahedra)活性高一个数量级,与传统 Pt/C 具有可比性,具体数据如图 4-17 所示。

① 聂瑶. 燃料电池氧还原电催化剂研究[D]. 重庆:重庆大学,2017.

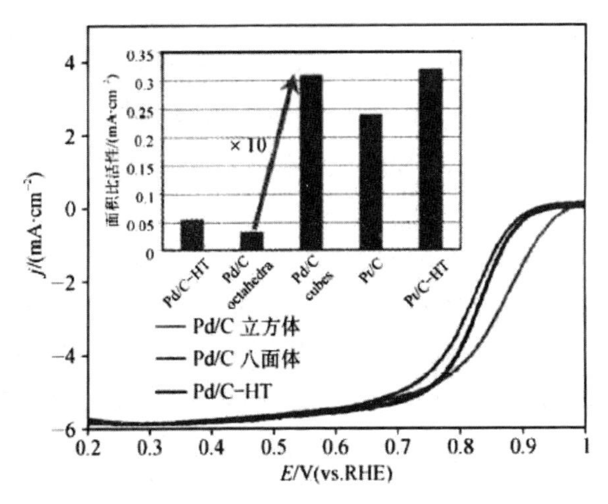

图 4–17　Pd/C cubes 以及 Pd/C octahedra 在 0.1 mol/L $HClO_4$ 溶液中的 ORR 正向极化曲线

JoseÂ L.FernaÂndez 等研究了 Pd-Co-Au/C 以及 Pd-Ti/C 在 PEMFC 中的表现，在相同的阴极金属载量下，Pd-Co-Au/C 以及 Pd-Ti/C 的初始性能表现可与 Pt/C（JM）催化剂相媲美，在 200 mA/cm^2 电流密度下持续 12 h 后，Pd-Co-Au/C 性能发生明显衰减，而 Pd-Ti/C 性能基本没有变化。

（2）非贵金属催化剂。

过渡金属——N_4 大环化合物（如钴卟啉、铁卟啉、铁酞菁等）是当前研究较多的一类非铂基氧还原催化剂，为实现其在 PEMFC 上的应用，大量研究集中在以下 3 个关键问题上：①氧还原催化活性的提高；②氧还原催化机理的探明和合成工艺的简化；③稳定性的提高。

近年来美国 Los Alamos 国家实验室研究发现采用以短链苯胺低聚物、高表面碳以及过渡金属盐作为前驱体可以得到能够稳定运行 700 h（0.4 V）的 PANI-FeCo-C 催化剂，其双氧水产率 $<1.0\%$，催化氧还原电位与 Pt/C 催化剂电位的相差值在 60 mV 以内。

近期密歇根州立大学、美国东北大学以及新墨西哥大学（MSU，NEU 以及 UNM）等借助牺牲载体法（SSM）制备得到了 NEU Fe-PVAG、MSU Fe-Melamine、UNM Fe-CTS 以及 UNM Fe-2CBDZ 新型非铂基催化剂，其性能（RDE 测试）如表 4-3 所示，其中 UNM Fe-CTS 的性能最好，并实现了 30 g 级催化剂的生产规模。通过燃料电池测试发现其体积比活性为 150 ~ 400 A/cm^3（IR 校正，0.8 V），该性能已超过了 DOE 2015 年在规定测试条件（1.5 bar H_2/O_2 压力，100%RH 以及 212 Nafion® 膜）下比活性 300 A/cm³（IR 校正，0.8 V）的目标。几何面积比活性测定值为 100 mA/cm²（IR 校正，0.8 V，NEU 测定）以及 105 mA/cm²（IR 校正，0.8 V，NTCNA 测定），也达到了 DOE 2015 年 100 mA/cm² 的目标。UNM Fe-CTS 在 DOE 循环负载（loading cycling）耐久性评估协议下表现出很好的耐久性，如图 4-18 所示，但在启停循环（start-stop cycling）耐久性评估协议（循环至 1.5 V（vs.RHE））下，会出现与贵金属催化剂类似的严重碳腐蚀现象，如图 4-19 所示。

表 4-3 NEU Fe-PVAG，MSU Fe-Melamine，UNM Fe-CIS 以及 UNM Fe-2CBDZ 的电化学性能

催化剂名称	0.8 V 下的电流密度 i/（mA/cm²）	半波电位 $E_{1/2}$/V	Tafel 斜率 /（mV/decade）
NEU Fe-PVAG	0.43	0.73	60
MSU Fe-Melamine	0.58	0.74	65
UNM Fe-CTS	1.60	0.80	56
UNM Fe-2CBDZ	1.40	0.79	56

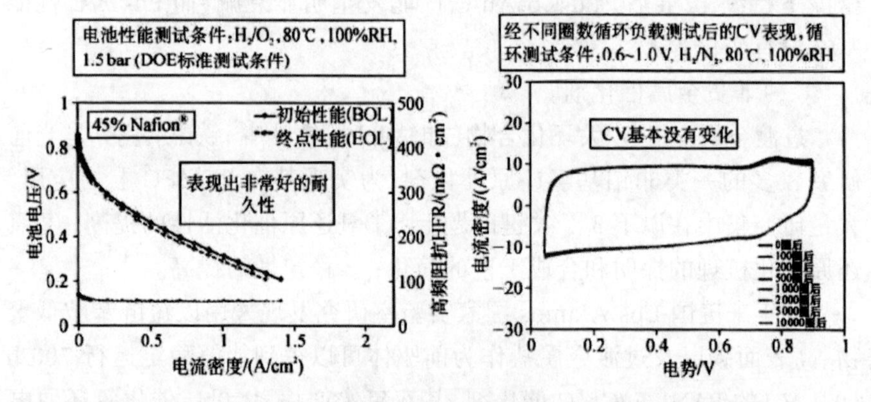

图 4-18 UNM Fe-CTS 在 DOE 循环负载耐久性测试下的表现

NEU 等通过研究发现非铂催化剂催化氧化还原反应过程为双位点机理，$Fe\text{-}N_{2+2}$ 负责氧的初始吸附并还原成过氧化物基团，接着氧化物基团在周围的 $Fe\text{-}N_2$ 上发生还原，该理论得到了 X 射线吸收光谱（XAS）以及电化学探针技术的支持，并将非铂催化剂的活性点本质进行了拓展。

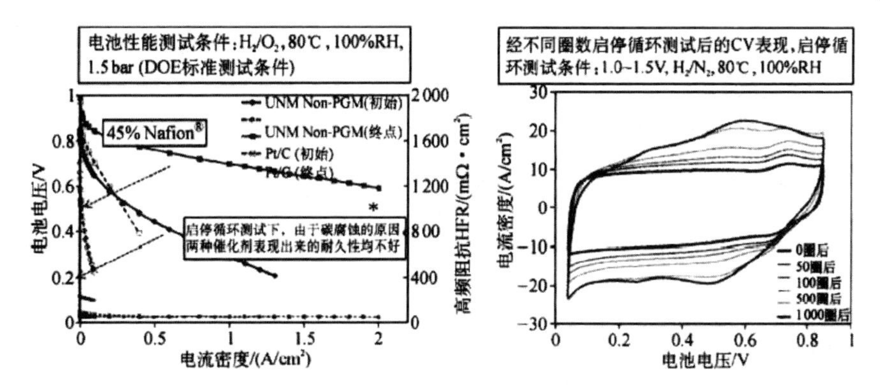

图 4-19 UNM Fe-CTS 在启停循环耐久性测试下的表现

总结非贵金属催化剂的已有研究可知，目前非贵金属催化剂的研究已取得了显著进步，部分被报道的非贵金属催化剂性能已达到了 DOE 的阶段性技术目标，但是其在电池中的总体性能还远不及 Pt/C，离实际应用还有较长的路要走。

第 5 章　直接醇类燃料电池的基本原理

燃料电池是一种将化学能直接转换成电能的发电装置，不受“卡诺循环”的限制，能量效率是普通内燃机的 2 ~ 3 倍。具有燃料多样化、噪音低，环境污染小等优点，作为便携式电源、充电电源和紧急备用电源而广泛应用于航天航空、交通运输、备用电站等。燃料电池技术的研发备受各国政府与大公司的重视，被认为是 21 世纪首选的洁净、高效的发电技术。燃料电池有很多类型，按照电解质类型可以分为：碱性燃料电池（AFC）、磷酸型燃料电池（PAFC）、熔融碳酸盐燃料电池（MCFC）、固体氧化物燃料电池（SOFC）、质子交换膜燃料电池（PEMFC）和直接甲醇燃料电池（DMFC）。其中 PEMFC 和 DMFC 在便携式电源方面显示出极大的优越性，已成为世界各国研究的热点。

直接醇类燃料电池 DAFC（Direct Alcohol Fuel Cell）与 PEMFC 相近，只是不用氢做燃料，而是直接用醇类和其他有机分子做燃料。其中，研究得最多的是用甲醇直接做燃料的直接甲醇燃料电池 DMFC（Direct Methanol Fuel Cell）。因此在本章中，主要以 DMFC 为例，介绍 DAFC 的结构、工作原理、性能特点和商业化前景等方面的情况。

5.1　直接醇类燃料电池及其结构

DMFC 属于低温燃料电池，采用质子交换膜做固体电解质，甲醇作为燃料。由于它的电解质是质子交换膜，一般把 DMFC 归类于质子交换膜燃料电池（PEMFC）。目前相关技术不断进步，工业化和实用化前景日益明朗，显示出较好的发展势头，已逐渐被看成独立的一种燃料电池。

5.1.1 DMFC 的发展

与其他燃料电池相比，DMFC 的显著特点是直接使用液态甲醇作阳极燃料，不用氢气，甲醇贮存安全方便，因而 DMFC 体积小，质量轻。DMFC 是一种极有发展前途的清洁能源，尤其适用于便携式电源和电动汽车。甲醇是最简单的液体有机化合物，可从石油、天然气、煤等制得，有较完整的生产销售网。对于燃料电池动力汽车，可以利用现有遍布各处的加油站。

DMFC 研究始于 20 世纪 60 年代。早期 DMFC 采用酸性或碱性液体电解质，常压，60 ℃运行，电极性能很差。20 世纪 90 年代初，采用全氟磺酸膜（如 Du Pont 公司的 Nafion 膜）作为电解质，工作温度室温至 100 ℃，电池性能显著提高。

我国 DMFC 的研究始于 20 世纪 90 年代末期，起步较晚，目前仍处于基础研究阶段。

由于甲醇是世界各国发展电动汽车用燃料电池的首选燃料，因此，作为长期的发展，直接甲醇燃料电池的研究开发也将是各国的研究开发重点，如美国能源部（DOE）、日本新能源产业技术开发署（NEDO）以及欧盟第五框架项目（European Commission's 5th Framework Programme）。

尽管 DMFC 的优势明显，但其发展却比其他类型燃料电池缓慢，主要原因是目前 DMFC 的效率低。甲醇的电化学活性比氢至少低 3 个数量级。另外，甲醇的催化重整反应温度比其他有机物低，因而，在短期内，从技术和效益方面考虑，使用甲醇重整燃料电池更合适。但从长远看，理想的燃料电池将直接应用甲醇为阳极反应物。

目前 DMFC 研究开发依然面临严重的挑战。常温下燃料甲醇的电催化氧化速率较慢，贵金属电催化剂易被 CO 类中间产物毒化，电流密度较低，电池工作时甲醇从阳极至阴极的渗透率较高等。

DMFC 发展需要克服的难题有：

（1）开发活性高、稳定性好、使用寿命长、成本低、抗 CO 等中间体毒化的阳极电催化剂和耐甲醇阴极电催化剂材料。

（2）开发质子电导率高、甲醇渗透率低、化学稳定性好、机械强度适中、价格易被市场接受的电解质膜材料。

（3）开发高性能、长寿命电极，MEA 和电池堆制备技术，运行千小时电压降幅少于 10 mV。

（4）系统集成与微型化技术的突破。

5.1.2 DMFC 的结构

DMFC 单电池主要由膜电极、双极板、集流板和密封垫片组成。由催化剂层和质子交换膜构成的膜电极（Catalyst Coated Membrane，CCM）是燃料电池的核心部件，燃料电池的所有电化学反应均通过膜电极来完成。质子交换膜的主要功能是传导质子阻隔电子，同时作为隔膜防止两极燃料的互串①。催化剂的主要功能是降低反应的活化过电位，促进电极反应迅速进行。目前使用较多的是 Pt 基负载型催化剂，如 Pt/C 催化剂或 PtM/C 合金催化剂等。质子交换膜及催化剂的性能直接关系到 DMFC 的性能，因此备受关注。

5.1.3 DMFC 的核心元件

5.1.3.1 电解质膜

电解质膜也是 DMFC 的关键材料之一，目前采用的电解质膜主要是美国 Du Pont 公司生产的 Nafion 系列全氟磺酸膜。

（1）膜的传质。

在 DMFC 中，Nafion 膜分隔阳极与阴极，传输离子与分子。当 Nafion 膜被水溶胀之后，在微观上形成一种胶束网络结构。憎水的聚四氟乙烯骨架支撑球状胶束的外围，侧链及侧链上的磺酸根向内外两个方向延伸，向内至胶束内部，向外与相邻胶束形成通道。球状胶束直径约 4 ~ 6 nm，连接胶束之间的通道直径约 1 nm。离子及分子在膜内的传输主要依赖于这些球状胶束和通道，胶束和通道的直径大小决定分子及离子传输速度。膜内部的胶束网络结构分成三个极性不同的区域，即全氟化碳骨架、氟化醚支链和胶束内部。这三个区域对于甲醇分子和水分子的选择透过性不同。胶束的内部具有较高的极性，是溶液分子和离子传输的主要区域，大部分甲醇分子的传输依赖于这一区域。氟化醚支链部分极化性较弱，甲醇分子比水分子更容易穿过这一部分。全氟化碳

① 李丹林．钙钛矿型氧化物催化剂的制备与表征[D]．武汉：武汉理工大学，2010.

骨架部分没有极性，水分子不能透过，但允许少量甲醇分子透过[①]。

（2）甲醇渗透。

DMFC 中甲醇的渗透受甲醇浓度、温度、膜厚度和电流密度等因素的影响。

电池的开路电压随着甲醇的浓度增大而降低。这主要是由于浓度越高，甲醇透过膜的渗透会加剧，从而导致了较低的电池性能。在高浓度的甲醇情况下，通过直接穿透 Nafion 膜的甲醇量占燃料总量的比例可高达 40%。同时，甲醇对阴极产生的毒化作用增强，阴极的性能会明显降低[②]。

甲醇的渗透率随温度的上升而增加。Nafion 115 膜在 1 mol/L 甲醇中的渗透和膜面积电阻率随温度的变化为：在 80 ℃以下，甲醇溶液以液体进料。甲醇的渗透随温度的升高而增加，在 20 ℃时为 56 mA/cm^2，在 80 ℃时提高到 211 mA/cm^2，同时 Nafion 115 的面积电阻率由 0.40 $\Omega \cdot cm^2$ 降低到 0.14 $\Omega \cdot cm^2$ 在 105 ℃，甲醇和水均以气体进料，此时甲醇的渗透减少而电阻增加。这是由于膜中没有足量的水，膜的表面特性发生变化，疏水性增强，质子导电性降低。

膜的厚度对甲醇的渗透有重要的影响，甲醇的渗透速率与膜的厚度成反比，随着膜厚度的增加，甲醇渗透量减少。有研究发现，当膜的厚度从 127 nm 增加到 356 nm 时，甲醇的渗透可减少约 40% ~ 50%。这是因为当膜的厚度增加时，甲醇在膜中的传质阻力会不断增大。膜的当量对甲醇渗透也有影响，当量大的 Nafion 膜具有较低的甲醇渗透率，因为当量大的膜其膜内传质阻力较大[③]。

电流密度对甲醇渗透率的影响来自两个方面。一方面，随着电流密度的增加，阴极生成的水量会增加，这样可以减少甲醇渗透。另一方面，随着电流密度的增加，甲醇的利用率也会提高，从而降低了甲醇渗透量。

（3）Nafion 膜的改进和新型膜开发。

Nafion 膜具有良好的质子电导率、耐酸碱性、化学稳定性、机械强

① 赵红 .Nafion- 无机氧化物复合膜的制备与电化学性能研究 [D]. 哈尔滨：黑龙江大学，2006.

② 彭程，程璇，张颖，等 . 直接甲醇燃料电池中的甲醇渗透研究进展 [J]. 稀有金属材料与工程，2004（6）：571-575.

③ 彭程，程璇，张颖，等 . 直接甲醇燃料电池中的甲醇渗透研究进展 [J]. 稀有金属材料与工程，2004（6）：571-575.

度和使用寿命。然而，由于甲醇从阳极至阴极的渗透率较大，降低电池性能和燃料利用率。为了解决 DMFC 甲醇渗透的问题，从电解质的角度考虑，有两种解决方案，一是对 Nafion 膜进行改性，二是开发具有低甲醇渗透率的新型膜。

甲醇在 Nafion 膜中主要通过亲水区进行扩散，改变 Nafion 膜中亲水区内微孔的形态可有效地抑制甲醇渗透。在 Nafion 膜中掺杂适量 Cs^+ 离子会明显降低 Nafion 膜中甲醇的渗透率。Cs^+ 相对质子来说，水合能较低、亲水性较弱。因此，在 Nafion 膜中用 Cs^+ 部分替代 H^+ 可降低膜中含水量，从而减少膜中亲水区的大小，达到控制甲醇渗透的目的。在 Nafion 膜中掺杂无机酸性材料，如 SiO_2、Al_2O_3、$Zr(HPO_4)_2$ 等，可降低甲醇的渗透率，并提高膜在高温下离子导电性和稳定性。

新型电解质膜材料的开发一直是电解质膜研究的一个热点。Du Pont 公司研制了至少由两层不同当量值的树脂制备的复合膜，高当量值的一层甲醇渗透率低、质子导电率低，在 DMFC 阳极一侧。低当量值的一层甲醇渗透率高、质子导电率高在阴极一侧。使用该复合膜的 DMFC 电流效率得到显著提高。聚苯并咪唑（PBI）磺化后附加在 Nafion 膜上制成的复合膜，既保持较高的电导率，又降低甲醇渗透率。聚醚醚酮（PEEK）、聚醚砜（PES）、聚砜（PS）、聚酰亚胺（PI）和聚磷腈（POP）等具有良好的热稳定性和机械强度的聚合物，通过磺化引入磺酸根基团，也可用做 DMFC 的电解质膜。

5.1.3.2 膜电极

膜电极（MEA）为多孔扩散电极，是 DMFC 的核心部件。膜电极通常由炭纸或炭布组成的扩散层和电催化剂、质子导体、黏结剂等组成的催化层构成。膜电极的制备过程对其性能有很大影响。膜电极的制备方法主要有薄层印刷法、电化学沉积法、化学沉积法、溅射法等。聚四氟乙烯（PTFE）通常被用做黏结剂，同时增加电极的疏水性和气体通道。

目前 DMFC 膜电极还存在电极催化剂担载量较高和催化剂利用率较低等问题。阳极贵金属担载量一般 2 ~ 6 $mgPt\text{-}Ru/cm^2$ 阴极担载量 4 $mgPt/cm^2$。将 Nafion 聚合物均匀分散在炭载催化剂中，可形成较多的三相反应区，提高电极贵金属利用率，降低担载量。

5.2　直接醇类燃料电池的工作原理

DMFC 的基本原理：从阳极通入的甲醇在催化剂的作用下解离为质子，并释放出电子，质子通过质子交换膜传输至阴极，与阴极的氧气结合生成水。在此过程中产生的电子通过外电路到达阴极，形成传输电流并带动负载。与普通的化学电池不同的是，燃料电池不是一个能量存储装置而是一个能量转换装置，理论上只要不断地向其提供燃料，它就可向外电路负载连续输出电能。

5.2.1 电池反应

DMFC 单电池由质子交换膜、电极、极板和电流收集板组成。电极由扩散层和催化层组成，其中催化层是电化学反应发生的场所。常用的催化剂为炭载贵金属催化剂，阳极催化剂为 Pt-Ru/C，阴极催化剂为 Pt/C。扩散层的作用是传导反应物、支撑催化层，一般是由导电的多孔材料，如炭纸或炭布。目前质子交换膜多采用全氟磺酸高分子膜，如 Nafion 膜[①]。

电极和电池反应为

阳极：$$CH_3OH + H_2O = CO_2 + 6H^+ + 6e \quad (5\text{-}1)$$

阴极：$$\frac{3}{2}O_2 + 6H^+ + 6e = 3H_2O \quad (5\text{-}2)$$

电池反应：$$CH_3OH + \frac{3}{2}O_2 = CO_2 + 2H_2O \quad (5\text{-}3)$$

总反应相当于甲醇燃烧生成 CO_2 和 H_2O。反应式（5-3）的可逆电动势为 1.214 V，与氢氧燃烧反应的可逆电动势（1.229 V）相近。这也是人们对 DMFC 感兴趣的原因之一。

一个甲醇分子完全氧化成 CO_2 放出 6 个电子。但在电极过程中，甲醇的氧化过程可能不完全，往往有中间产物如 CO、HCHO、CHOOH

① 何晓宇．三维 $WO_3 \cdot 0.33H_2O$ 纳米网格的调控合成及性质研究[D]．重庆：重庆大学，2013.

等低碳化合物生成。所以电极表面常会吸附有反应的中间产物,降低催化剂的活性。电极上存在的活化过电位、欧姆过电位和浓差过电位也会使燃料电池的工作电压降低。

计算 DMFC 电池工作电压的经验公式为

$$V = E - \frac{RT}{nF}\left[\frac{1}{\alpha_c}\ln\left(\frac{J}{J_{o,c}}\right) + \frac{1}{\alpha_a}\ln\left(\frac{J}{J_{o,a}}\right)\right] - rJ - \frac{NRT}{\alpha_a F}\ln\left(\frac{J}{ncFD} - 1\right) \quad (5\text{-}4)$$

式中,$J_{o,c}$,$J_{o,a}$ 分别为阴极、阳极交换电流密度,A/m²;V 为 DMFC 工作电压,V;E 为 DMFC 开路电压,V;R 为气体常数,8.314 J/(mol·K);T 为热力学温度,K;n 为电池反应电池转移数,mol;F 为法拉第常数,96 485 C/ mol;α_c、α_a 分别为阴极、阳极电子传递系数;J 为 DMFC 电流密度,A/m²;r 为面积电阻率,Ω·m²;N 为阳极氧化反应级数;c 为甲醇溶液浓度,mol/m³;D 为甲醇扩散系数,m/(mol·s)。

式(5-4)中含有活化过电位、欧姆过电位和浓差过电位。

5.2.2 甲醇电催化氧化机理

甲醇的电催化氧化是一个复杂的化学过程,反应步骤多、中间产物多。除了主要产物以外,还会发生副反应,生成 CO、HCHO、CHOOH 等副产物,使阳极氧化效率降低。影响甲醇氧化效率的主要原因是自毒化现象,即某些中间产物与催化剂 Pt 形成较强的吸附,阻止电极氧化反应的进行。

甲醇的电催化氧化机理可简单地分为吸附过程和催化氧化过程。吸附过程中,甲醇吸附到电极催化剂上并逐步脱质子形成含碳中间产物。氧化过程中,含氧物种参与反应,氧化除去含碳中间产物[①]。

甲醇在 Pt 上的吸附有 3 种形式,如图 5-1 所示。甲醇在 Pt 催化剂上的吸附与催化剂的种类、温度、浓度等因素有关。吸附首先表现为物理吸附,然后在一定条件下转变为化学吸附。

① 章本天. 铂、钯基金属间化合物催化剂的可控合成及电催化性能研究[D]. 广州:华南理工大学,2020.

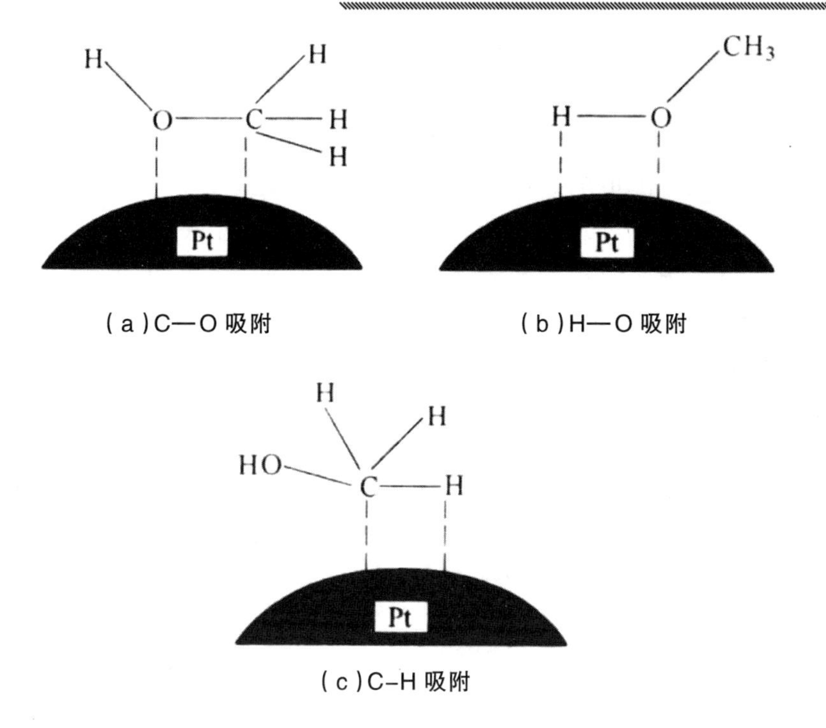

图 5-1　甲醇在 Pt 表面的吸附

关于甲醇解吸后反应过程的基础研究较多,不同的研究者给出了不同的反应机理。一般认为甲醇在 Pt 基合金催化剂(Pt-Ru)上的反应包括如下步骤:

$$Pt + CH_3OH \longrightarrow PtCH_2OH + H^+ + e^- \tag{5-5}$$

$$Pt + PtCH_2OH \longrightarrow Pt_2CHOH + H^+ + e^- \tag{5-6}$$

$$Pt + Pt_2CHOH \longrightarrow Pt_3COH + H^+ + e^- \tag{5-7}$$

$$Pt_3COH \longrightarrow 2Pt + PtCO + H^+ + e^- \tag{5-8}$$

$$Ru + H_2O \longrightarrow RuOH + H^+ + e^- \tag{5-9}$$

$$RuOH + PtCO \longrightarrow Pt + Ru + CO_2 + H^+ + e^- \tag{5-10}$$

C—H 的断裂是甲醇电催化氧化的关键步骤,对甲醇的氧化效率有很大影响。催化剂表面吸附物解离生成中间体的过程是迅速的。甲醇氧化的初始电流密度很大,但迅速减小 4 ~ 5 个数量级,是由于生成了中间体。Pt_3COH 是氧化过程中的活性中间体,在氧化过程中可能生成 PtCO。PtCO 是毒性中间体,是催化剂中毒的主要原因。CO 类中间体在金属表面吸附最为牢固,不容易氧化除去,且占据反应活性位置,阻碍甲醇和水的进一步吸附分解 ①。

除反应式(5-5)~式(5-10)列出的中间产物外,甲醛、甲酸、甲酸甲酯等在不同的催化剂上都可能存在。这些物质是平行反应的产物还是连续反应的中间物,还需进一步研究。但无论是平行反应还是连续反应,均降低 DMFC 的效率。平行反应使甲醇不能释放 6 个电子,完全氧化生成 CO_2,降低燃料的利用率。连续反应中的强吸附中间物则需要克服较高的过电位才能氧化除去。

水在甲醇的氧化过程中,既是产物又是反应物,起着提高活性氧的作用(反应式 5-9)。

Pt 基合金催化剂中其他金属成分在反应过程中的作用可能有几个方面。通过电子作用修饰 Pt 的电子性能影响甲醇的吸附和质子脱离过程,减弱中间产物在金属表面的吸附强度,促进水的吸附解离生成含氧物质。添加不同的组分可以起到上述一种或几种作用。

5.2.3 氧还原

DMFC 阴极发生氧化还原反应(Oxygen Reduction Reaction, ORR),由于 Pt 及其合金催化剂对氧还原的催化活性较高,因此是目前应用最普遍的阴极催化剂。氧气在 Pt 电极上的还原反应涉及多个电子的转移,可能包括多个基元反应。

O_2 能够以 4 电子反应直接生产水,没有其他中间产物生成,即 4 电子过程;也可以首先生成中间产物 H_2O_2,再被非电化学催化分解成 O_2 和 H_2O,或者脱附进入溶液中,即 2 电子过程。下面是氧的 4 电子还原过程可能的机理:

$$Pt + O_2 \longrightarrow Pt - O_2 \tag{5-11}$$

$$Pt - O_2 + H^+ + e^- \longrightarrow Pt - HO_2 \tag{5-12}$$

$$Pt - HO_2 + Pt \longrightarrow Pt - OH + Pt - O \tag{5-13}$$

$$Pt - OH + Pt - O + 3H^+ + 3e^- \longrightarrow 2Pt + 2H_2O \tag{5-14}$$

其中,式(5-12)是整个速度的控制步骤。

① 何晓宇.三维 $WO_3 \cdot 0.33H_2O$ 纳米网格的调控合成及性质研究[D].重庆:重庆大学,2013.

5.3　直接醇类燃料电池的性能特点

除催化剂、电解质膜和膜电极外，DMFC 的性能还受温度、甲醇浓度和氧气压力、流量等因素的影响。

DMFC 的可逆电动势甲醇浓度的增大而提高，但由于甲醇的膜渗透损失，开路电压和工作电压严重偏离理论可逆电势。表 5-1 是 JPL650W 电池堆中甲醇浓度与工作电压和渗透损失的关系。甲醇浓度低时，由于传质和浓差极化，在较高电流密度时，工作电压急剧降低，DMFC 不能获得高性能。甲醇的渗透损失随甲醇浓度的增大而加剧，当甲醇浓度大于 0.6 mol/L 时，工作电压不增反降。另有研究显示，在 65 ~ 90 ℃、空气压力 0.05 ~ 0.25 MPa 范围内，甲醇溶液浓度分别为 1 mol/L 和 2 mol/L 时，DMFC 的性能并无明显差别。

表 5-1　甲醇浓度与工作电压和渗透损失的关系

甲醇浓度 /（mol/L）	渗透损失 /（mA/cm^2）	工作电压 /V
0.3	152	27.6
0.6	245	28.3
0.9	305	26.8

注：JPL 650W 电池堆。

为降低甲醇渗透的影响，提高甲醇利用率，DMFC 不能使用高浓度甲醇，甲醇溶液浓度一般为 0.5 ~ 1.5 mol/L（质量分数 1.6% ~ 4.8%）。

温度升高和氧气分压增大，都使 DMFC 的性能提高。

提高电池的工作温度可以提高阳极的催化活性，使 H_2O 能在更低的电位下克服反应式（5-9）的活化能，生成了 RuOH。同时也提高了 RuOH 与甲醇氧化中间产物的反应速率，减小了阳极的活化过电位，电池性能大幅度提高。

提高电池工作温度也可以降低欧姆极化。DMFC 的电阻包括电子电阻和离子电阻。离子电阻来源于质子交换膜和电极催化活性层中离子聚合物。电子电阻则产生于电极和流场型极板，且主要是接触电阻。

在 DMFC 阴极催化层中，一部分 Pt 分散在 Nafion 离子聚合物胶束的外表面，氧气可以与 Pt 直接接触，形成三相反应区。另一部分 Pt

被 Nafion 离子聚合物包裹,氧气必须经过孔隙扩散至 Nafion 聚合物表面并溶解,然后吸附在 Pt 表面,电化学反应才能进行。阴极氧气压力会影响氧在电极内的扩散速度,改变三相反应区和 Nafion 内催化剂表面的氧浓度。氧在 PtNafion 界面上的还原反应接近 1 级反应,氧浓度提高使阴极反应速率增大,电池性能改善。另外,阴极氧气压力可阻止甲醇的渗透。但当氧气压力提高到一定程度时,阴极压力对甲醇渗透的阻碍作用不再明显增加。

5.4　直接醇类燃料电池的商业化前景

近年来, DAFC 的研制工作进展很快,不少单位已研制成不同类型的 DAFC 的样机,只要解决了目前 DAFC 中存在的关键问题, DAFC 就可进入商业化的前期阶段。

对于 PEMFC 来说,它的技术基本上已经成熟,除了氢源和寿命问题外,进入商业化主要问题是 PEMFC 的价格问题。目前, PEMFC 的价格在 600 ~ 800 美元 /kW,这主要是由于双极板的加工费和 Nafion 膜价格高而引起的。而且从目前情况来看, PEMFC 的价格在短期内不可能大幅度下降。专家们估计,在目前的技术基础上,即使 PEMFC 的年产量为 50 万台,其价格也要在 300 美元 /kW 左右。由于现在汽车用内燃机的价格一般 50 美元 /kW 左右,因此,美国能源部认为,除非 PEMFC 的价格降低到 100 美元 /kW 左右, PEMFC 电动车是很难商业化的。

目前 DAFC 的性能与 PEMFC 有较大的差距,因此,在近期内要用它来代替 PEMFC 作为电动车的动力源似乎不太可能。但由于 DAFC 作为小功率、便携式的电源有较多的优点,加上价格对小功率燃料电池商业化的影响程度相对来说比较小。据估计,只要 DAFC 的价格达到 300 美元 /kW 左右,就可在小功率的应用场合与其他化学电源相竞争。估计在以后的几年中, DAFC 的研制将会有很大的进展,小功率、便携式的 DAFC 很可能会较早地商业化[①]。

---

① 刘振辉.直接醇类燃料电池阳极催化剂的研究[D].成都：四川大学，2007.

第6章 直接甲醇类燃料电池（DMFC）的催化剂研究

直接醇类燃料电池采用质子交换膜做固体电解质，甲醇或乙醇等有机液体做燃料，具有燃料来源广泛、环境友好等优点。催化剂作为其关键材料，存在成本高、稳定性低等诸多问题，是阻碍燃料电池产业化的主要因素。影响催化剂性能的关键因素之一是催化剂载体，它具有支撑金属颗粒、导电等特殊作用。合适的催化剂载体必须满足导电性好、电化学稳定性好、利于传质、能增强金属-载体之间的相互作用力等要求。因此，功能化催化剂载体、增强金属与载体之间作用力，对于提高催化活性和稳定性具有重要意义。

燃料电池是一种将化学能直接转换成电能的发电装置，不受“卡诺循环”的限制，能量效率是普通内燃机的2～3倍。具有燃料多样化、噪音低、环境污染小等优点。作为便携式电源、充电电源和紧急备用电源而广泛应用于航天航空、交通运输、备用电站等。燃料电池技术的研发备受各国政府与大公司的重视，被认为是21世纪首选的洁净、高效的发电技术。燃料电池有很多类型，按照电解质类型可以分为碱性燃料电池（AFC）、磷酸型燃料电池（PAFC）、熔融碳酸盐燃料电池（MCFC），固体氧化物燃料电池（SOFC）、质子交换膜燃料电池（PEMFC）和直接甲醇燃料电池（DMFC），其中PEMFC和DMFC在便携式电源方面显示出极大的优越性，已成为世界各国研究的热点。

如果想把DMFC发展成为一项成功的燃料电池技术，需要开发出两种关键材料：电极催化剂和电解质膜，这也是DMFC所面临的两个巨大挑战。DMFC的商业化受到两个条件的限制，其中一个主要原因是甲醇阳极反应的动力学速度比氢气要缓慢很多；另一个原因是甲醇会透过电解质膜，在阴极上发生氧化反应，降低了电池电压和燃料的利用率。因此，必须研究和开发新的阳极催化剂，有效地提高甲醇的电化学氧化速度；研究和制备低甲醇透过的电解质膜以及耐甲醇的阴极催化剂，这样，才能使直接甲醇燃料电池在运输领域、便携式工具和分布式电站等方面的实用化取得显著的进步。

6.1 直接甲醇燃料电池催化剂的研究现状

6.1.1 DMFC 阳极催化剂

DMFC 阳极反应为甲醇氧化，由反应式

$$Pt_3\text{-}COH + Pt(s) \longrightarrow Pt\text{-}CO + 2Pt(s) + H^+ + e^- \tag{6-1}$$

$$Pt\text{-}CO + M\text{-}OH \longrightarrow PtM + CO_2 + H^+ + e^- \tag{6-2}$$

可知，如果要提高催化剂的抗毒化能力，就必须尽量避免反应(6-1)发生，并促使反应(6-2)发生。在电极表面引入含有大量含氧物种是合理的选择之一，A.B.Anderson 等人处理了 42 种金属元素(第 4 周期：Sc 到 Se，第 5 周期：Y 到 Te，第 6 周期：La 到 Po)作为 Pt 表面的取代金属，通过原子重叠和电子移位分子轨道理论量化计算了这 42 种元素在 Pt 表面进攻水分子和催化形成 OHads 的活性，机理如下：

甲醇氧化：$CH_3OH + H_2O \longrightarrow CO_2 + 6H^+ + 6e^-$ (6-3)

CO_{ads} 被水氧化：$CO_{ads} + H_2O \longrightarrow CO_2 + 2H^+ + 2e^-$ (6-4)

CO_{ads} 被 OH_{ads} 氧化：$CO_{ads} + OH_{ads} \longrightarrow CO_2 + H^+ + e^-$ (6-5)

阳极氧化水形成羟基基团：$H_2O_{ads} \longrightarrow OH_{ads} + H^+ + e^-$ (6-6)

其中步骤(6-4)为速度控步。所以金属元素进攻 H_2O 产生 OH_{ads} 的能力决定了其催化活性和抗毒化能力。

在 Pt 的众多二元阳极催化剂中，Ru、Sn、W、Mo 等元素的加入对甲醇氧化抗毒化能力明显改善，其中 PtRu 是研究最多、应用最广的抗 CO 毒化催化剂。PtRu 催化剂对甲醇氧化具有较高的催化活性，它可以在较低的电极电位氧化 CO，从而提高 CO 存在条件下的电池性能。其原理可通过双功能机制和电子(配体)效应解释：甲醇吸附在 Pt 上，水在低电位下在 Ru 的表面解离生成 OH^- 物种，它与邻近的 Pt-CO 反应，使 CO 氧化成 CO_2，Pt 的催化活性位得以空出，以结合甲醇进行下一轮的氧化，从而提高甲醇氧化的速率。

根据 N.M.Markovic 和 T.Yajima 的研究结果，甲醇氧化过程为

$$CH_3OH \longrightarrow CH_xO_{ads} + (4-x)\,e^- + (4-x)H^+ \tag{6-7}$$

随着反应中间产物 CH_xO_{ads} 在电极表面的吸附，电极有效的催化面积不断减少，从而对甲醇氧化的电流密度减小。吸附在 Ru 上的水分子在 >400mV 时就可形成 Ru-OH 活性物种。

$$Ru\text{-}OH_2 \longrightarrow Ru\text{-}OH + H^+ + e^- \tag{6-8}$$

一旦 Ru-OH 形成，电极上吸附的 CO（主要在 Pt 上）就很容易氧化为 CO_2

$$Pt\text{-}CO + Ru\text{-}OH \longrightarrow Pt + Ru + CO_2 + H^+ + e^- \tag{6-9}$$

A.Kabbabi 等利用原位红外光谱法研究 PtRu 对 CO 和甲醇氧化的性质，发现 Pt：Ru 原子比为 1：1 时，对 CO 表现出最好的氧化活性。M.Neergat 等研究表明，Pt：Ru 最佳质量比随温度的变化而改变，在温度较低时 3：2 的质量比显示出最好的活性，在温度高于 60 ℃时，1：1 的质量比显示出最好活性。虽然 CO_{ads} 氧化速率在 Ru 摩尔含量为 50% 时达到最大，这时其表面基本不吸附毒性中间物，但它对甲醇氧化活性并非最佳，当 Ru 的含量为 10% ～ 15% 时，PIRu 催化剂对甲醇显示出较高的催化活性。这是由于甲醇氧化主要发生在 Pt 上，增大 Ru 的含量虽然有利于 CO 氧化，但降低 Pt 的含量会降低催化剂对甲醇氧化的活性。

除了 PtRu 的比例外，催化剂的制备方法也影响着催化剂对于甲醇和 CO 的氧化性能。这是因为 Ru 的加入可能带来如下几个方面的影响。一方面通过电子效应减弱 Pt 和类 CO 中间产物的相互作用，该作用已经通过现场红外光谱技术得到证实。Ru 的加入能使 CO_{ads} 的吸附频率红移，这是由 CO 在 PtRu 催化剂上的电化学吸附能较低引起的。同时 Ru 的加入能使吸附的含碳中间产物中 C 原子上的正电荷数增加，使其更容易受到水分子的攻击。另一方面，Ru 的加入能够增加催化剂表面含氧物种的覆盖度，这些含氧物种是氧化 CO 等中间产物所必需的，如反应式（6-9），T.Kawaguchi 用浸渍还原热解法制备了 PtRu 合金催化剂，结果显示 200 ℃温度下得到的 Pt50Ru50/C 催化剂对甲醇显示出最好的催化活性，这可能与 Pt、Ru 的存在状态有关。C.Roth 等采用两种不同的方法合成了粒径、分散度、合金度不同的 PtRu/C 催化剂，详细考

察了其甲醇氧化和抗 CO 性能。单电池测试结果表明，H_2/CO 作为阳极燃料时，当 CO 浓度较低时，自制的 PtRu/C 催化剂已经能将 CO 完全氧化，这是因为在纯 Ru 上 CO 能够在 200 mV（vs.RHE）就开始氧化，因此分散态的 Pt、Ru 要比合金态的 PtRu 具有更高的活性。但是当 CO 浓度较高时，Ru 不能提供足够的活性点来促使 CO 的氧化，因此部分的 Pt 会被 CO 毒化，这时合金态的 PtRu 要比分散态的 Pt、Ru 具有更高的活性。由上述文献可知，PtRu 催化剂中 Pt、Ru 的原子比例及其存在状态对于甲醇及 CO 的氧化活性有重要影响，因此开发新型 PtRu 催化剂必须要考虑这两个因素。

PtSn 是另一个研究较为广泛的二元 Pt 基催化剂。但 Sn 的助催化作用可能不同于 Ru，PtRu 催化剂中 Ru 无论以分散态（混合态）还是以合金态与 Pt 共存，都具有显著的助催化作用，而 Sn 的作用可能因其存在状态不同而有所区别。合金结构的 Sn 能使 Pt 的 d 电子轨道部分填充，并能影响 P-Pt 键的键长，这虽不利于甲醇在 Pt 表面的吸附，也不利于 C—H 键的断裂，但是能减弱 CO 等中间产物在催化剂表面的吸附，这与 PtRu 合金催化剂中 Ru 的作用是不一样的，A.Arico 等认为 PtSn 存在协同作用，Pt：Sn 摩尔比为 3：1 时对于甲醇的氧化活性最好，此时催化剂中从 Sn 转移到 Pt 的电子数最多。另外，Pt 和 PtSn 合金两种不同物相共存可能是提高催化活性的关键，这也与 PtSn 合金中 Sn 的含量有关。PtSn 催化剂中 Sn 的氧化物能在较低过电位下产生含氧物质如 OH_{ads} 等，这有助于消除 Pt 表面吸附的有毒中间产物，从而促进甲醇的氧化。J.Sobkowski 等研究表明，Sn 只能在 0.4 ~ 0.8 V 的电位区间对甲醇氧化具有促进作用，如果电位继续升高，则会导致 Sn 的溶解。目前关于 Sn 的加入对甲醇在 Pt 催化剂上的反应是否有助催化作用以及 Sn 的有效含量等问题都还存在较大的争议。M.M.P.Janssen 和 M.Watanabe 等的研究结果表明，在 Pt 表面沉积少量的 Sn 能使 Pt 对甲醇的氧化活性提高 50 ~ 100 倍；而其他的研究结果却显示 Sn 对 Pt 的助催化作用较小，甚至能减弱 Pt 对甲醇的电催化活性，这与 PtSn 催化剂的制备方法和处理过程有关。通常认为如果 Sn 的加入表现助催化作用，则这种作用主要通过电子效应来实现，这与 Ru 的加入能带来多重助催化效应不一样。在实际的反应电位下，氧化物的存在对于提高催化剂的性能很有意义，这是因为含氧物质及含氧官能团的存在，更利于表面含氧物种的形成。

此外，W 的加入能显著增加 Pt 临近位置上 OH_{ads} 的数量，从而有助于反应 Pt-CO + M-OH ⟶ PtM + CO_2 + H^+ + e^- 的进行。WC 的表面电子结构与 Pt 类似，作为催化剂应用于催化加氢、催化重整等反应，具有良好的稳定性和抗中毒性能，WC 及 WO_3 对甲醇氧化的助催化作用可能是由于反应过程中 WO_x 在 W（Ⅳ）与 W（Ⅴ），W（Ⅵ）之间的迅速变化所致。一般认为这种转变有助于水的解离和吸附，能增加催化剂表面的含氧基团，同时对吸附在 Pt 表面的质子的转移也有一定的促进作用。该类催化剂中的协同作用依赖于 Pt 在 WO_3 颗粒周围的分散程度及两种元素的原子比。WO_x 载 Pt、Pd 等催化剂对葡萄糖、甲醇、乙醇、甲酸等有机小分子的电化学氧化性能有明显促进作用，其原因是 Pt 表面的溢流效应，即 Pt 上的电化学反应产生的复可以很快转移至 WO_3 上形成钨氢铜。WO_3 以 H_xWO_3 的形式快速转移氢，加快了甲醇氧化脱氢，从而提高催化活性和抗毒化能力。和 W 位于同一副簇的 Mo 也具有与 W 相似的催化活性。Wang 等的工作证实钼酸盐有助于甲醇氧化，并认为 Mo 的助催化作用来自 Mo（Ⅲ）和 Mo（Ⅵ）之间的转变，Pt75Mo25 催化剂的抗 CO 毒化能力和 Pt50Ru50 相当。L.Li 等发现虽然 PtMo/C 的甲醇氧化活性要比 PtRu/C 低，但是 PtMo/C 催化剂抗 CO 毒化性能更佳。在 PtW（Mo）催化剂中，W（Mo）的助催化作用可能是二者均能形成 W（Mo）青铜这种中间产物，这种产物来自于反应过程中 W（Mo）状态的迅速转变，它能活化分解水分子，从而提供丰富的含氧活性物种。至于 W（Mo）氧化物及其碳化物的稳定性尚存有争论。T.E.Shubina 等通过量子化学密度泛函理论计算了 PtRu、PtMo、PtSn 表面吸附 CO 和 OH 基团结合能的变化，认为 PtMo、PISn 是比 PtRu 更好的抗 CO 毒化的催化剂。在 PtMo 催化剂中，CO 分别在 Pt 和 Mo 表面吸附，而 OH 只在 Mo 表面强烈吸附；在 Pt3Sn（311）催化剂中，CO 只在 Pt 表面吸附，而 Sn 对 OH 的吸附具有很好的活性，这对研究 DMFC 阳极催化剂具有指导意义。

6.1.2 DMFC 阴极催化剂

Pt 催化剂具有较高的催化活性和良好的稳定性，是低温燃料电池应用最为广泛的阴极催化剂。尽管如此，还需降低催化剂的成本，提高其对氧化还原反应的活性(避免过氧化氢的生成)及本身的电化学稳定性。

氧还原的标准电位是 1.23 V,而实际上由于动力学的限制,氧还原过电位可达 0.3 ~ 0.4 V,大约是氢氧化过电位的 10 倍。这是因为氧和反应过程中水分解产生的 OH 在 Pt 表面的吸附速度十分缓慢。因此在燃料电池的研究中,研究开发具有较好氧还原活性的催化剂意义重大。

另一方面,针对 DMFC 存在较严重的甲醇渗透现象,阴极催化剂的选择和设计也必须充分考虑到甲醇对催化剂的毒化作用,由于 Pt 对甲醇比较敏感,而在现有的技术条件下 DMFC 中阳极燃料向阴极的渗透很难避免。渗透的甲醇将会与 Pt 进行反应,从而占据 Pt 对氧化还原反应的活性位,降低 Pt 和燃料的利用率。同时还会形成混合电位,增大阴极的极化过电位,从而影响电池的性能。随着 DMFC 的研制日益受到重视并开始向实用化方向发展,研制具有较好氧还原催化活性且同时具有良好抗甲醇性能的阴极催化剂具有一定的理论意义和较高的实用价值。

目前阴极氧还原催化剂的研究主要集中在如下几个方面。

(1)Pt 及其合金催化剂,或是具有特殊形貌(晶型)的 Pt 催化剂。合金催化剂已经被证明能有效提高催化剂的活性及稳定性,这是因为合金元素的引入一方面能够缩短 Pt-Pt 键的键长,另一方面引入的其他金属元素在电化学环境中能有效延缓 Pt 的腐蚀,使催化剂的稳定性得到提高。

Markovic 等研究了单晶 Pt 上的氧还原活性,发现单晶 Pt 上氧还原的活性顺序是(100)<(110)<(111)。另外,合金度、粒径大小及制备条件也会对催化剂的氧还原活性产生影响。

(2)非 Pt 合金催化剂,如 Pd、Ru、Au 等贵金属。目前研究表明,Fe、Pd 等修饰 Pt 能一定程度上具有抗醇性,但是 Pt 的存在,不能杜绝渗透到阴极的醇类的氧化。虽然 Pd 在酸性溶液中具有较好的抗甲醇性能,且价格便宜,但是其对氧还原的活性很低,也很难实际应用于 DMFC。为了提高 Pd 在酸性环境中的氧还原活性,科研工作者开发了 Pd 的系列合金,如 Pd-Co, Pd-Fe, Pd-Ni, Pd-Ti, Pd-Sn, Pd-Cu, Pd-Au, Pd-Co-Au, PdFeIr 等催化剂,并研究了其氧还原的相关机理,实验结果显示,Pd 的合金能够有效地提高对氧还原的活性,而且还具有一定的抗醇性,适用于 DMFC 阴极催化剂。另外,Au、Ru 等合金催化剂也有广泛的研究,其金属合金较单一的金属催化剂要具有更高的活性及稳定性。

（3）非贵金属催化剂，如卟啉、大环有机物、聚吡咯、FeNC 等。一些有机大环化合物（如铁卟啉等）活性较高、成本较低，有甲醇存在时对氧的还原有很好的选择性，R.W.Reeve 等人研究了过渡金属簇化合物在氧饱和的甲醇酸性溶液中的电化学活性，发现 RhRu5S5 和 ReRu5S5 活性最好且有良好的抗醇性。因此人们将其作为有潜力的抗甲醇阴极催化剂来研究，但是这类有机金属化合物对氧还原活性很低且不稳定。此外，FeNC 和 CONC 等非 Pt 催化剂也有广泛的研究。J.P.Dodelet 及其合作者以微孔碳为载体制备了 FeNC 催化剂，单电池测试结果发现，作为阴极催化剂时在电池电压大于等于 0.9 V 时，其最大质量活性与 0.4 mg/cm^2, Pt/C 催化剂的电流密度相接近，显示出极大的优势。但是由于催化剂本身的稳定性问题，目前尚无法在燃料电池中得到实际的应用。

（4）功能化催化剂载体，优化催化剂及电极制备方法，提高 Pt 的利用率降低 Pt 的用量。这主要通过提高 Pt 在载体的分散度，降低金属粒子粒径来实现；也可以通过优化电极制备过程，增加催化剂和电解质的接触面积来实现。乙二醇法是利用乙二醇的还原性和介电常数大等特性，以其作为分散剂和还原剂合成高度分散的催化剂。但是此方法合成时间比较长，仅仅是高温还原就需要 3 h 以上，S.Q.Song 等结合交替微波和乙二醇合成的优点，首次采用交替微波乙二醇技术，合成了高载量的 Pt/C 催化剂，结果显示合成的催化剂粒径小且分布均匀，具有与商业 Pt/C 催化剂相当的氧还原活性。该方法合成过程简短，耗时约 2 min，这较之前的还原时间（3 ~ 6 h）大幅度缩短，是一种高效、快速的催化剂制备方法。此外，功能化催化剂载体，引入其他元素对于提高催化剂活性也具有促进作用。L.F.Cheng 采用次磷酸钠还原法制备了 P 修饰的 Pd/C 催化剂，其中 Pd 的平均粒径约为 2.0 nm，XPS 和 XRD 结果分析表明 P 成功掺杂 Pd 原子并与 Pd 形成合金，由此得到的 PdP/C 催化剂具有与 Pt/C 催化剂相似的性能，其氧还原活性要优于 Pd/C 催化剂。

6.2　直接甲醇燃料电池所需的催化剂

催化剂载体起到支撑金属颗粒、导电、传质等特殊作用，其性质直接影响催化剂的性能。因此，合适的催化剂载体必须满足导电性好、利于传质、电化学稳定性好、能增强金属 - 载体相互作用力等要求。目前对于催化剂载体的研究主要集中在以下几个方面。

6.2.1 碳黑载体

炭黑是最为常用的 DMFC 催化剂的载体。炭黑的种类有很多,如乙炔黑, Vulcan XC-72, Ketjen Black 等。它们通常通过裂解碳氢化合物得到,如天然气或是从石油中提取的油馏分。这些炭黑表现出不同的物理和化学性质,如比表面积、多孔性、导电性以及表面官能团,在这些因素中,比表面积对所负载的催化剂的制备和性能有重大影响。一般而言,高分散有支撑的催化剂,不可能由低表面积的炭黑(如乙炔黑)得到。高表面积的炭黑,如 Ketjen Black 能够支撑高度分散的催化剂纳米粒子,然而, Ketjen Black 支撑的催化剂的欧姆阻抗较大,在电池运行过程中会出现传质的限制, Vulcan XC-72 的比表面积约为 250 m^2/g,被广泛地用作催化剂载体,特别是 DMFC 的阳极催化剂。适宜的足够大的表面得到最大的催化剂分散还是有争议的,是必要但不够充分。为获得优化的碳载催化剂,另外一些因素,如孔径的大小和分布、表面官能团也影响制备和性能。如在常规浸渍过程中,一部分的金属纳米粒子,会沉积到 Vulcan XC-72 的微孔中,而在微孔中的部分,由于没法接触到反应物,很少或基本没有催化活性,这是用浸渍法甚至在高载量的情况下,却没有得到高活性的主要原因。如果在制备碳载体的过程中,控制碳的微孔尺寸比 Pt 的纳米粒子的尺寸小,可以有效地阻止金属沉积到微孔中,这样就能提高催化剂的利用率,即使催化剂的载量较低,也能获得较高的催化活性。

在实际电池的膜电极 MEA 中,催化层中金属纳米粒子和 Nafion 胶束的接触性,也受到碳载体孔径尺寸和分布的影响,如果 Nafion 单体的胶束很大(>40 nm),而直径小于 40 nm 的金属纳米粒子留存在碳孔里,两者就无法接触因而就没法产生电化学活性。金属催化剂的利用率由电化学的活性接触面积决定而不是由碳粒子的比表面积决定。

支撑 PtRu 催化剂的 Vulcan XC-72 经过的臭氧前处理后,性能可以提高,其原因是增加了碳表面的含氧活性基团,所以,一些创新的方法可以开发从而提高催化剂的活性,提高和优化电池的性能。

介孔碳是最近发现的新型非硅基介孔材料,具有大的比表面积和孔体积，作为催化剂载体、储氢材料、超级电容器等得到重要应用，常用模板法合成介孔碳，Yu等利用模板法制备DMFC用PtRu阳极催化剂，在DMFC中即使金属负载量比ETEK公司商品化的PtRu/C催化剂降低25%，电池的最大功率密度却提高15%，这表明用其作为催化剂载体对于燃料电池尤其是需要高负载量催化剂的DMFC显示出极好的应用前景。

介孔碳根据结构的不同可分成三类：①具有单一孔径的三维相通的介孔碳，代表性的载体是CMK-3，其利于催化性能提高的原因是大的比表面积有利于催化剂的高度分散，三维相通的孔道有利于反应物和产物的扩散，在燃料电池中体现出来的就是浓差极化较小。②大孔和介孔兼有并且三维相通的多孔碳，代表性的载体是周期有序的连续多孔碳和壳核结构的碳胶囊。它除了具有第一种介孔碳的优点外，大孔和介孔同时存在可以有效减少物料在孔道内传输的路程和时间。③石墨化的介孔碳，代表性的载体是碳纳米圈和中空石墨碳，这种石墨化的介孔碳相对于前两种介孔碳比表面积要小，但也具有较好的催化效果，其原因是载体利于金属颗粒的分散，而且石墨化程度提高能增强金属颗粒与载体之间的相互作用力，这种相互作用力有助于催化剂活性及稳定性的提高，其他的碳材料如中空碳球、碳半球等也有广泛的研究，由于它们的比表面积较大，在传质方面较传统碳粉更有优势。但是在催化剂的制备过程中，部分的Pt可能会被包覆在孔道内，从而有可能导致催化剂的利用率降低。另外，由于本身石墨化程度不高，也同样存在稳定性问题。

6.2.2 石墨化碳载体

石墨化碳载体由于其石墨化程度高，具有特殊的物理化学性质，导电性和电化学稳定性好，有利于改善燃料电池的稳定性，其中最常见的就是碳纳米管（CNTs）和石墨烯。对于CNTs来说，由于其具有完美的石墨化结构表面呈惰性，Pt等贵金属粒子很难在其表面均匀负载，而且其亲水性很差、容易缠绕，不利于直接用做催化剂载体，对其进行前期处理十分必要。

为了解决这个问题，科研工作者采用了HCl、HF、H_2SO_4、HNO_3、O_3、$K_2Cr_2O_7$、$HClO_4$、H_3PO_4，$KMnO_4$、OsO_4、RuO_4、$NaNO_2$、H_2O_2、柠檬酸、多聚磷酸、混酸等方法对CNTs进行表面功能化修饰、掺杂，刻蚀、

化学接枝等，以增强金属颗粒与CNTs表面的相互作用力。或者是采用KOH对CNTs进行扩孔处理，以增大其比表面积，在进行前期处理的过程中，CNTs的表面会被氧化腐蚀，形成缺陷，产生诸如羰基、羧基、氨基、磺酸基团等特殊官能团，这些基团有利于金属纳米粒子的吸附，能有效增强载体－金属颗粒之间的相互作用力。L.Liu等采用体积比为3∶1的浓H_2SO_4/HNO_3将高度缠绕的CNTs切短，由此会打开CNTs的端口，并在断口处产生许多羧基官能团。J.Zhang等研究了不同的氧化剂对CNTs的氧化效果，Z.Q.Tian等采用实验进一步证实采用H_2SO_4/HNO_3对CNTs进行前期处理以均匀负载Pt等纳米颗粒是有必要的。

石墨烯是由碳原子呈六角形排布的只有原子大小厚度的薄层，自2004年由Geim发现以来，吸引了不少研究者的兴趣。它提供了很高的电导率，也是具有最快的电子转移能力的材料之一，被广泛地研究开发各种应用，其中也包括作为催化剂的载体。

用垂直排布的石墨烯纳米片（FLGs）研究甲醇的氧化过程：FLGs通过在硅基体上用微波等离子体辅助的化学气相沉积法得到具有1～3层石墨烯，用溅射法把Pt纳米颗粒负载到FLGs，CV曲线证实了该催化剂具有快速的动力学传递过程。这主要是因为具有许多高度石墨化的边界结构，而且可以更好低抵抗GO的中毒。

石墨烯的氧化物GO（Graphene Oxide）也受到了广泛的关注。尽管GO的导电性比石墨烯要低2～3个数量级，但它还具有其他特殊的性质，如亲水性、高的机械强度、化学的可调性，使它的应用更为广泛。另外，可以改变的氧含量，可以调节GO的导电性，最近，也被用作燃料电池催化剂的载体，取得了较好的性能。在制备GO的时候，把含氧集团引入到石墨烯的结构中，在碳的表面或边界形成了缺陷，这些缺陷点可以作为生长金属离子成核的中心点和固定点。用微波辅助多元醇的方法，把Pt纳米粒子负载到GO上。该过程能使部分还原GO和生长纳米粒子同时进行，TEM发现Pt/RGO催化剂中Pt粒子大小和分布可以有效地得到控制。除了有很高的质量催化活性，高的电化学活性面积外，MOR中的1/*b*的比例高达2.7，比一般的催化剂高出了1倍。因为在RGO载体上存在着共价键结合的多余的含氧官能团，因此有强的抗中毒行为，发现了1/*b*的比值和剩余含氧基团浓度的关系。作者把这种现象解释为是类似于PT-Ru合金催化剂的双功能机理，把粒径大小约为2.9 nm的Pt纳米粒子埋植于还原的GO中，得到了70 wt%Pt/RGO

的催化剂，同时用75wt%Pt/C作为比较对象，用于DMFC的氧还原性能和单电池极化性能的研究，得到的结果表明前者比后者的最大功率密度提升了11%，经过长期的稳定试验后，Pt/RGO的粒子的平均粒径从2.9 nm变为3.7 nm，而Pt/C的则从4.1 nm变为了5.4 nm，从一个侧面说明了Pt/RGO有效地阻止了催化剂颗粒的团聚，更有利于反应物顺利地迁移到催化活性点。

催化剂制备方面，碳载体取得了很大的进展。一些简单且可调制的方法（乙二醇乳液法，喷雾裂解法）显示出较高的合成催化剂的能力。一些新的碳材料，如纳米或介孔结构的碳以及石墨烯等表现出作为碳载体材料的可行性。尽管在合成金属负载电极的制备工艺方面，距离实际应用还面临着许多挑战，但把这些新的金属催化剂和出色的碳材料负载创新地有机结合，可以为DMFC带来新的突破。

6.2.3 陶瓷及其氧化物

陶瓷通常具有较好的抗化学腐蚀性能，如若作为催化剂载体可提高催化剂的稳定性。近年来随着人们对燃料电池稳定性认识的深入，将陶瓷用作催化剂载体并应用于燃料电池的研究逐步展开。涉及碳化物、氧化物及复合氧化物载体等，如钢锡氧化物（ITO）WO_3、TiO_2、CeO_2、MnO_2、Ti_4O_7、Ta_2O_5、TiB_2、TiN、WC、Mo_2C、CeO_2-ZrO_2、WOx-TiO_2等。它们的引入一方面能够提高催化剂的活性，另一方面能提高催化剂的稳定性和抗CO性能。由于无法解决现有陶瓷在常温下的导电性差及密度大等问题，研究者以各种方法来弥补这些缺陷。其中具有代表性的就是制备纳米级陶瓷颗粒，以提高陶瓷颗粒的比表面积，或者是采用碳黑，和金属掺杂修饰陶瓷提高其常温下的导电性。

氧化物中研究较多的是WO_3、TiO_2、SnO_2。碳化物中研究较多的是WC和MoC，其中WC由于具有类Pt的性质，在化学催化及电化学催化方面备受关注。WC能够促进Pt、Pd、Au等贵金属及非贵金属催化剂对氧还原的活性，对析氯反应，硝基酚氧化还原反应，及醇氧化反应等都有明显的促进作用。虽然关于WC的稳定性尚存有争议，但是WC及其氧化物对于降低醇氧化的过电位及对CO氧化的促进作用不可否认。

6.2.4 特殊功能化载体

载体功能化能有效提高金属颗粒在载体表面的分散度,增强载体——金属之间相互作用力,这对于提高催化剂的活性、利用率及稳定性十分重要。载体的功能化主要是针对石墨化载体如 CNTs 和石墨烯。由于这两种载体均具有很高的石墨化程度,表面缺陷较少,Pt 等金属颗粒很难在其表面均匀负载,为了解决这个问题必须对石墨化载体进行前期处理。处理方法除了前面论述的采用物理或化学方法处理引入含氧官能团和扩孔、制造微孔来增大载体的比表面积以增强载体 - 金属之间相互作用力外,对载体进行 N 掺杂、P 掺杂、S 掺杂研究也很多,其中以对石墨化载体的 N 掺杂报道最多。

载体 N 化主要是采用 NH_3 或 N_2 进行后期处理或者是引入含 N 物质直接合成,T.Kyotani 等以氧化铝为模板采用化学气相沉积法(CVD)制备了 N 掺杂的 CNTs,其中 N 掺杂的位置和数量可以通过合成过程中 CVD 的顺序及时间来确定。相对于未进行掺杂的 CNTs 而言,N 掺杂的 CNT(N-CNTs)由于 N 的引入,在管表面具有较多的活性点,Y.Y.Shao 等将 CNTs 进行 N 掺杂后在其表面沉积了粒径均匀的 Pt 颗粒,测试结果表明,PL-N/CNTs 电极中 Pt 的利用率高达 98.2%,较传统的 Pt/C 催化剂有近两倍的提高。Z.Chen 等证实 N 掺杂的 CNTs 作为非 Pt 催化剂在碱性溶液中的氧还原活性随着 N 含量增加而增加。这是因为 N 掺杂是属于 n 型掺杂,掺杂后的 CNTs 在费米能级是电子给体,利于氧还原的发生。

6.3 直接甲醇燃料电池阳极催化剂及电催化稳定性研究

直接甲醇燃料电池(DMFC)属于质子交换膜燃料电池[①],它是直接使用甲醇水溶液或蒸汽甲醇为燃料供给来源,具有低温快速启动、燃料

① 杨美妮,林瑞,张路,等.聚吡咯在质子交换膜燃料电池中的应用[J].化工进展,2014,33(12):3230-3237.

洁净环保以及电池结构简单等特性。其主要原理[①]是利用 CO_2 和 H_2 合成甲醇的逆反应，即甲醇在阳极转换成二氧化碳，质子和电子，质子透过质子交换膜在阴极与氧反应，电子通过外电路到达阴极，并往往伴随着副反应（甲醇分解）的发生。为了提高反应速度，在反应中需要加入催化剂，反应产物中 CO_2 选择性的高低是衡量催化剂性能优劣的重要指标[②]。寻找兼具高活性、高选择性、低成本和抗中毒性能的催化剂是研究的重要方向[③]。而其中阳极催化剂的制备是研究的核心所在，目前研究的方向集中于铂（Pt）基和非 Pt 基两大类催化剂。因此，笔者主要从 Pt 基和非 Pt 基两大类催化剂入手，讨论催化剂制备和使用过程中存在的问题，解决的办法以及未来的发展方向[④]。

6.3.1 Pt 基催化剂

DMFC 催化氧化最有效的催化剂是 Pt 基催化剂，在催化剂的制备过程中，通过调控催化剂的组成，可以充分发挥各组分间的协同效应以增强其催化性能；不同结构及形貌的催化剂不仅能够增加催化剂的比表面积还可以促进其高活性面的暴露[⑤]。

6.3.1.1 无载体

Pt 催化甲醇氧化的反应动力学过程主要包括甲醇的吸附、C-H 键的活化、H_2O 的活化和 CO 的氧化；对于纯 Pt 来说，H_2O 的活化过程需要较高电位，这限制了纯 Pt 作为阳极催化剂的应用[⑥]。同时，甲醇电催化

① 梁雪莲，刘志铭，谢建格，等．甲醇或乙醇水蒸气重整制氢高效新型催化剂的研发 [J]. 厦门大学学报，2015，54（5）：693-706.

② 朱复春，游乐星，瞿希铭，等 .Pt Rh Sn/GN 的制备及其对甲醇电催化氧化性能研究 [J]. 厦门大学学报，2015，54（5）：686-692.

③ 张娜，张生，朱彤，等．金属氧化物在低温燃料电池催化剂中的应用 [J]. 化学进展，2011，23（11）.224-2246.

④ 王旭红，马冠云，阮世栋，等．直接甲醇燃料电池阳极催化剂载体的研究进展 [J]. 化工新型材料，2015，43（1）：21-23.

⑤ 王宗花，史国玉，夏建飞，等．直接甲醇燃料电池 Pt 基阳极催化剂的研究进展 [J]. 化学学报，2013，71（1），1225-1238.

⑥ Chin-Te Hung, Zih-Hao Liou, Pitchaimani Veerakumar, et al.Ordered mesoporous carbon supported bifunctional PtM（M=Ru.Fe, Mo）electrocatalysts for a fuel cell anode[J].Chinese Journal of Catalysis, 2016, 37（1）: 43-53.

氧化（MOR）的中间体在Pt表面的吸附，会占据其催化活性位点，从而降低Pt的催化活性。为了提高Pt基阳极催化剂的MOR性能，需要对Pt进行改性，如特殊纳米结构的Pt基催化剂和Pt基合金催化剂[①]等。

6.3.1.2 负载型催化剂

赵博琪等[②]采用微波法将Pt、钌（Ru）纳米粒子负载到碳纳米管（CNT）和石墨烯（GNS）混合载体表面，制备了Pt Ru/CNT-GNS电催化剂，研究发现该催化剂中Pt，Ru金属均匀分散在混合载体表面，粒径较小，催化活性提升显著，抗毒性得到增强。高海丽等[③]采用简单的一步还原法在乙二醇体系中成功制备出Pt/还原氧化石墨烯（Pt/RGO）纳米催化剂，结果发现，Pt/RGO纳米催化剂对MOR活性和稳定性高于Pt/C和Pt/CNT，而且催化剂对甲醇氧化中间体有良好的祛除能力，可以提高Pt的使用效率。余威威等[④]通过一步法制备了Pt负载型二氧化钛（TiO_2）纳米管/纳米晶复合光催化剂，其催化效果高于TiO_2纳米管，并且催化稳定性高。陈体伟等[⑤]采用水热还原技术制备出Pt/GNS复合物电极材料，该材料对甲醇表现出优异的电催化活性。陈红等[⑥]制备了Pt/TiO_2纳米纤维电催化剂，与负载相同质量分数Pt的Pt/P2s（Ps为商业TiO_2纳米粉体）和商业Pt/C催化剂相比较，其对MOR呈现出较高的活性和更好的稳定性。杨美妮等[⑦]采用脉冲微波辅助化学还原合成铂镍/钴-聚吡咯-碳载（Pt Ni/CoPPy-C）催化剂，催化剂在载体上分布均匀且粒径分布范围较窄，其电化学活性面积、电化学性能和稳定性

① 林玲，朱青，徐安武．直接甲醇燃料电池的阳极和阴极催化剂[J].化学进展，2015，27（9）：1147-1157.

② 赵博琪，陈维民，朱振玉，等．碳纳米管/石墨烯负载Pt Ru催化剂对甲醇的电催化氧化[J].功能材料，2015，46（16）：16129-16132.

③ 高海丽，李小龙，贺威．一步法制备还原态氧化石墨烯载铂纳米粒子及其对甲醇氧化的电催化性能[J].物理化学学报，2015，31（11）：2117-2123.

④ 余威威，张青红，石国英，等.Pt负载型二氧化钛纳米管/纳米晶复合光催化剂的制备及其光催化性能[J].无机材料学报，2011，26（7）：747-752.

⑤ 陈体伟，余小娜，崔林艳，等．一步法绿色合成甲醇燃料电池阳极催化剂[J].分析试验室，2015，34（11）：1314-1316.

⑥ 陈红，王诗贤，赵万隆，等.Pt/TiO_2纳米纤维的制备及其对甲醇的电催化氧化活性[J].物理化学学报，2015，31（2）：302-308.

⑦ 杨美妮，林瑞，范仁杰，等．钴-聚吡咯-碳载Pt Ni燃料电池催化剂制备及应用[J].物理化学学报，2015，31（11）：2131-2138.

明显高于商用催化剂。

6.3.2 非 Pt 基催化剂

6.3.2.1 无载体

张卫国等①通过水热反应制备了磷化镍（NiP）纳米粒子，该纳米粒子在碱性溶液中对甲醇的氧化具有良好的催化性能。饶州铝等②使用 Ru 辅助合成方法，合成了形貌和尺寸可控的钯（Pd）类凹面立方体结构，随着加入 Ru_3 含量的增加，纳米晶体具有更加优异的电催化性能。顾颖颖等③采用了热分解法合成了 Ni-C-Co 氧化物纳米粒子，其催化剂均匀分散，粒径为 25 ～ 50 nm，表现了很好的电催化稳定性。

6.3.2.2 负载型催化剂

朱振玉等④利用微波辅助合成法制备了 Pd/CNT- 聚二烯二甲基氯化铵（Pd/CNT-PDDA）电催化剂，PDDA 的加入改善了 Pd 粒子的分散性，提高了甲醇氧化反应的电流密度，动力学性能得到改进。杨婷婷⑤采用化学气相沉淀法，合成了两种铁氮掺杂碳纳米管 / 纤维复合物（FeNCB 和 FeNCC），研究表明，FeNCB 性能与 Pt/C 相当，优于 FeNCC，且合成成本大大降低。简思平等⑥制备出以 Ni 为核，Pd 为壳的双金属纳米粒子，其粒径约为 8 ～ 9 nm。洪锦德⑦采用一步法直接制备了对甲氧基肉桂酸辛酯（OMC）负载的高分散、高稳定性的单 Pd 和

---

① 张卫国，吴娜，余建，等．直接甲醇燃料电池阳极催化剂磷化镍的合成及其性能的研究[J]. 江西化工，2015，（3）：21-24.

② 饶州铝，龙冉，熊宇杰．一步法合成的 Pd/ 凹面立方体及其电催化甲酸氧化性质研究[J]. 中国科学技术大学学报，2015，45（11）：923-927.

③ 顾颖颖，罗婧，刘易成，等.Ni-CrCo 氧化物纳米催化剂对甲醇阳极氧化的电催化性能研究[J]. 精细化工，2014，31（3）：299-303.

④ 朱振玉，陈维民，赵博琪.PDDA 对碱性介质中 Pd/CNTs 催化剂甲醇氧化性能的影响[J]. 电源技术，2015，39（7）：1411-1413.

⑤ 杨婷婷，朱能武，芦昱，等．铁氮掺杂碳纳米管 / 纤维复合物制备及其催化氧还原的效果[J]. 环境科学，2016，37（1）：350-358.

⑥ 简思平，李映伟.MIL-101 负载 Ni@Pd 核壳纳米粒子催化芳香硝基类化合物加氢[J]. 催化学报，2016，37（1）：91-97.

⑦ 洪锦德，刘子豪，维拉库玛．用于燃料电池阳极的有序介孔碳负载的双功能 Pt-M（M=Ru，Fe，Mo）电催化剂[J]. 催化学报，2016，37（1）：43-53.

Pd-Ru 双金属纳米粒子，在 MOR 中表现出优异的电催化活性和较高的稳定性性能。陈刚[①]采用溶剂蒸发自组装法在不同焙烧温度下制备不同比表面积及结构的介孔 Tiph 载体，其催化活性和催化稳定性较高。朱振玉等[②]以石墨烯纳米片（GNPs）和 CNT 的混合物为载体，利用微波辅助合成法制备 Pd/GNPs-CNT 电催化剂，混合载体的使用改善了 Pd 粒子的分散性，提高了 MOR 的电流密度，同时甲醇氧化起始电位也发生了一定程度的负移，动力学性能得到改进。王媛等[③]以 PDDA 修饰的 GNPS 为载体，利用微波辅助合成法制备 Pd/GNPS-PDDA 电催化剂，结果表明：PDDA 的加入改善了 Pd 粒子的分散性，MOR 性能得到了大大的提高。

6.3.3 展望

Pt 基催化剂是 DMFC 阳极催化剂中催化效果最好的，减少 Pt 的用量，对催化剂进行改性或者负载其他金属以提高其催化活性、催化效率和耐久性，是今后研究开发的重点之一；但从长远看，由于 Pt 的稀缺性和碳载体的易腐蚀性，非碳载体、非 Pt 催化剂应是 DMFC 催化材料的最终发展方向，但目前此类催化剂的研究仍处于起步阶段，在制备工艺、性能以及稳定性等方面还有待进一步研究。

6.4 直接甲醇燃料电池催化剂的制备方法

目前，DMFC 中普遍使用的催化剂仍以高比表面积碳黑（XC-72）为载体。燃料电池中的阴阳极电催化过程均为多相催化，对催化剂的组分、结构效应非常敏感，贵金属粒子的粒径大小和分散程度对催化剂的性能有较大影响。对于氧还原来说，催化剂粒径在 3 ~ 5 nm 时对于氧

---

① 陈刚，米灿根，吕洪．介孔 TiO_2 载体对固体聚合物电解质水电解阳极催化剂性能的影响 [J]. 高等学校报，2016，37（1）：126-133.

② 朱振玉，陈维民，杨久平，等 .Pd/GNPs-CNTs 催化剂的制备及甲醇电氧化性能 [J]. 沈阳理工大学学报，2014，33（6）：42-45.

③ 王媛，陈维民，朱振玉，等 .Pd/GNPs-PDDA 催化剂制备及甲醇电氧化性能 [J]. 化工新型材料，2016，44（2）：135-137.

还原活性最好；对于甲醇氧化来说，催化剂粒径小于 3 nm 时活性比较高。理想的催化剂制备方法应可获得贵金属粒径细小、分布均匀的催化剂颗粒，而且工艺应简单可控，适于工业化生产。然而，到目前为止，快速稳定的制备粒径可控、高负载量、高分散度的贵金属催化剂仍然具有一定的挑战性。

6.4.1 浸渍法

PtRu 催化剂的制备方法是 DMFC 阳极催化剂的主要研究热点。PtRu 催化剂由高比表面积的材料支撑，比如 C 材料，以达到最广泛的分布和最大化的利用，避免在电池运行时催化剂的团聚。虽然也有未负载的 PtRu 催化剂的报道，但多数还是有负载的。高性能催化剂的判断依据为：纳米尺寸且颗粒分布范围窄；在纳米粒径上组成是唯一的；彻底的合金化；催化剂均匀而广泛地分布在支撑体上。

以此为判据，通过控制合成步骤和条件，达到性能的优化，开发出有潜在应用价值的、创新性的、具有经济效益的制备方法。

阳极催化剂主要有浸渍法、胶体法、微乳液法等制备方法。

浸渍法是三种方法中最常用，最简单直接的制备技术，包括浸渍步骤和还原步骤。

（1）浸渍步骤。PtRu 的前驱体和高比表面积的碳材料，在水溶液体系中混合，形成均匀的混合物。作为催化剂载体的碳材料穿透并润湿前驱体，同时可以限制纳米粒子的长大。

（2）还原步骤。通过液相还原，在一定的温度下，用 $Na_2S_2O_3$、$NaBH_4$、$Na_2S_2O_5$、N_2H_4 或是蚁酸作为还原剂。

浸渍步骤中许多因素会影响催化剂的组成和分布，导致催化剂的性能不同。碳载体的孔径，能有效地控制催化剂纳米颗粒的尺寸和分布。许多研究表明，合成条件，比如所用金属前驱体的性质、还原方法和加热的温度等都是关键因素。在浸渍过程中，一般都采用金属氯酸盐作为前驱体，因为比较容易得到（H_2PtCl_6、$RuCl_3$），但也有人认为，金属氯酸盐会导致催化剂的氯化物中毒，减少分布度，降低阳极活性和稳定性。无氯的方法通常采用金属硫酸盐（$Na_6Pt(SO_3)_4$，$Na_5Ru(SO_3)_4$）等，实验证明，无氯的方法比常规的方法可以获得高的催化剂的分散状态和高的活性。另一种无氯的方法是直接热解 Pt 和 Ru 的联基化合物（[Pt

$(CO)_2]_x$ $Ru_3(CO)_{12}$)等。直接热解法的优点是简单容易制备，金属羰基化合物通过利用金属氯化物和Co直接氧化后得到，另外一个优点是省去了还原步骤，但是，Ru的炭基化合物分解速度比Pt的快，这样会引起在合金中Ru含量偏高。针对这个问题改进的办法是用单一的金属前驱体直接负载在C上，用氢气还原。单一金属前驱体包括分子团簇，比如$PtRu_5C(CO)_{16}$，$Pt_2Ru_4C(CO)_{16}$或是有机金属复合物等。为减小热处理对粒子尺寸的影响，可以采用微波加热法。由于金属的组成在浸渍阶段已经确立和控制了，这个方法对制备确定化学计量和均相的粒子分布窄的催化剂很有效。但是，这种办法使用了很多制备过程相当复杂的有机物前驱体，限制了它的实用性开发利用。

浸渍法最大的缺点是很难控制纳米粒子的尺寸和分布，但是，只要仔细地控制合适的制备条件，也能获得高分散的PtRu催化剂。

6.4.2 胶体法

Pt-Ru/C另一个广泛使用的制备方法是胶体法，包含以下步骤：首先制备包含PtRu的胶体，然后把PtRu胶体沉积在碳载体上，最后化学还原混合物，还原条件的不同，会造成催化剂的粒径大小和分布的不同。

胶体法的制备过程，即通过在水溶液体系中把PtRu共沉积在C上，然后用鼓泡氢气还原的方法。改进的渡边法用硫酸盐，最后在氢气氛下热处理，这种金属氧化物胶体法较传统的浸渍法可以制备出高比表面积的催化剂，但控制粒径的长大和防止团聚仍然是一个难题。

类似的胶体法包括使用各种不同的还原剂，有机稳定剂和壳去除方法。(1)醇还原的方法是使用SB_{12}作为还原剂，PVP作为稳定剂。(2)用乙二醇既作为溶剂也作为还原剂，PVP作为稳定剂。(3)乙二醇胶体的方法，不再使用有机稳定剂，PuRu胶体在乙二醇溶液中制备，接着转移到醇的甲苯媒介中作为相转移剂。(4)微波法是去除有机壳的方法。(5)二步喷雾裂解法，PtRu和聚二醇、xc-72混合形成气雾剂，通过喷雾器，气雾粒子通过加热的石英管，通过溶剂挥发和前驱体分解，就可制得催化剂。通过可调的胶体方法，非常简单，且有前途。

6.4.3 微乳液法

微乳液法是通过油包水的乳液反应先形成PtRu纳米粒子，接着再进行还原。微乳液起到纳米尺寸反应器的作用，化学反应在微乳液中进行。微乳液是纳米尺寸的包含贵金属前驱体的水相液滴，液滴被表面活性剂分子包覆，均匀地分散在不相溶的连续的有机相中。还原步骤既可以通过加入还原剂（N_2H_4、HCHO、$NaBH_4$）到微乳液体系中，或是把它与含有还原剂的微乳液体系混合。还原反应被限制在纳米尺寸的微乳液中，通过控制微乳液的尺寸，可以方便地控制所形成的金属粒子的大小。表面活性剂分子可以作为保护剂，防止PtRu纳米粒子的团聚。可以通过热处理的方法去除表面活性剂。用此方法得到的催化剂活性高于商业化的产品。其优点是通过改变合成条件，可以很容易地控制金属的组成和粒子大小，催化剂的尺寸分布很窄，得到高度合金化的催化剂。

但是，类似有机金属胶体法，乳液法也需要昂贵的表面活性剂和后续多次的分离及洗涤步骤，并不适合于大规模生产。

评价PtRu催化剂，仅用组成结构和粒子大小，还不是很完全的评定，一般认为PtRu为1∶1是最好的原子组成，是从活性和稳定性来考察。

6.4.4 离子交换法

离子交换法是利用碳载体表面特殊的官能团及各种类型的结构缺陷来进行离子交换。由于缺陷处的碳原子较为活跃，可以形成羰基、酚基、醌基等官能团。这些表面基团在恰当的介质里能够与溶液中的离子进行交换，交换的离子数量与表面基团的数量有关，离子交换法就是利用这个特性制备高分散性的催化剂，其反应式如下：

$$2ROH+\left[Pt\left(NH_3\right)_4\right]^{2+}\longrightarrow\left(RO\right)_2Pt\left(NH_3\right)_4+2H^+$$

这种方法能够分别控制碳载体上的Pt含量和颗粒尺寸，制备出Pt粒径很小的催化剂。但由于载体的离子交换能力有限，制得的催化剂的负载量受到限制，因而这种方法缺乏应用前景。

6.4.5 化学沉积法

化学沉积法分为气相沉积、液相沉积、电化学沉积等。气相沉积是将包含要沉积元素的物质以气态形式通入反应室,在一定条件下进行分解沉积在基底上。液相沉积是将反应物质以液态的形式直接在基底上进行沉积,与离子交换法相似。一般是在搅拌下,将贵金属盐与沉淀剂反应,使贵金属前驱体负载在碳载体上,再经过过滤、洗涤、干燥、热处理还原等过程,制备出所需要的催化剂。其优点是可以使催化剂各种活性组分达到分子水平的均匀混合,而且最后的形状与尺寸不受载体形状限制,还可有效控制孔径大小和分布。缺点是当两种或两种以上金属化合物同时存在时,由于沉淀速率和次序的差异会引起偏析,影响产物的最终结构,重现性较差。

电化学沉积是利用异种电荷相吸的原理,使基底带相反的电荷,将液态物质在通入电流的情况下,使其沉积在基底上。电化学方法最大的优点在于可以很方便地通过改变电极电位(或者电流密度)、扫描方式等手段调控金属的成核速度、密度以及纳米粒子的生长或溶解速度,从而控制金属纳米粒子的生长,电化学沉积常用来制备特殊形貌的金属颗粒,如 Pd 的纳米棒,Pt 的 24 面体等以及特殊形貌的有机化合物等

6.4.6 乙二醇法

乙二醇法是利用乙二醇具有还原性、黏度大的特性来制备催化剂。由于乙二醇是具有较高沸点(198 ℃)的液体,在合成催化剂的过程中能够形成均匀的液相环境,整体受热均匀,能够有效地还原 Pt 等金属前驱体。其次,乙二醇具有较大的黏度,金属粒子很难碰撞到一起形成团聚,这时乙二醇具有分散剂的作用。再者,乙二醇带有两个—OH,在较高的温度下,—OH 会转变成—CHO 和—COOH,最终变成 CO_2,这将有效地还原 Pt 前驱体。其可能的反应过程为

$$PtCl_6^{2-} + CH_2OH—CH_2OH \longrightarrow Pt^0 + CHO—CHO + 4H^+ + 6Cl^-$$

乙二醇法能够很好地控制催化剂的粒径,合成的催化剂中金属粒径分布小且均匀,尤其适合于合成 Pt 基催化剂。不足的是其合成过程比较耗时,仅高温还原部分就需 3 ~ 6 h,另外,乙二醇比较难以清洗,这

也对催化剂的活性有影响。

除了以上提到的几种制备方法之外,还有液相还原法、溶胶凝胶法、激光诱导光还原法、等离子体溅射,金属有机化学气相沉积法等制备催化剂的方法。

6.5 MnO_2–C催化剂的制备及对甲醇的电催化研究

燃料电池是一种将持续供给的燃料和氧化剂中的化学能连续不断地转化成电能的电化学装置,与常规的火力发电不同,燃料电池不受卡诺循环的限制,因此有较高的能量转化率,由于其具有清洁、高效的优势,燃料电池技术的研究越来越受到重视。

近几年来,尽管在直接甲醇燃料电池方面的研究已经取得了令人满意的成绩,但是因为甲醇具有很大的毒性,其蒸汽与空气可形成爆炸性的物质,所以人们试图将目光转向别的燃料;乙醇是人们最感兴趣的一种替代物,它可由农副产品发酵制得,并且具有丰富的来源,含氢量高,毒性低等许多特点:在某种情况下,甲醇的电化学活性与乙醇相近。因此,在对于解决能源短缺和保护环境等问题,研究直接乙醇燃料电池具有重要的意义。

纳米二氧化锰催化剂的制备方法有液相氧化还原法、微波加热合成法、水热法等。刘世斌等①通过水溶液化学沉积法制备出纳米二氧化锰。实验中将$MnSO_4 \cdot H_2O$与$KMnO_4$分别溶于纯水中在三口烧瓶中先加入蒸馏水,在机械搅拌下同时缓慢滴加以上两个溶液于三口烧瓶中,然后在水浴中恒温反应2 h,即可得到悬浮液,将悬浮液冷却静置,然后抽滤、蒸馏水数次洗涤,最后在干燥箱中干燥至恒重,即可得二氧化锰样品。李秀萍等②用水热法在140 ℃下制备二氧化锰的棒状结构,二氧化锰纳米棒的合成是将$KMnO_4$和$(NH_4)_2SO_4$溶解到蒸馏水中形成均匀混合液,然后将其倒入聚四氟乙烯的水热釜内,加热一段时间,将所得产品经去离子水和无水乙醇洗涤数遍,最后加热烘干,即得二氧化锰纳

① 刘世斌,周娴娴,池永庆,等.纳米二氧化锰的制备及其形貌调控[J].太原理工大学学报,2011,42(4):369-374.

② 李秀萍,赵荣祥.二氧化锰纳米棒的制备和催化性能研究[J].当代化工,2011,40(1):33-35.

米棒产品。朱杨军等[①]用 $KMnO_4$、NaOH 和 MnC_{l2} 为原料，首先在冰水浴的条件下，将 MnC_{l2} 溶液缓慢加入到 $KMnO_4$ 和 NaOH 的混合溶液中，将所得的沉淀物在室温下静置老化，然后进行抽滤，并且用蒸馏水洗涤数次，最后在一定温度下进行干燥，即可得到层状的纳米二氧化锰。采用液相法，以等物质的量的硫酸锰与过硫酸钾为起始原料进行反应，通过控制反应温度及溶液的 pH 来制备出纳米二氧化锰产物，最后利用 X 射线衍射、傅里叶红外光谱对所得的产物进行表征和分析。焦晓燕等[②]以过硫酸铵、硫酸锰、硫酸为原料，通过许多的平行试验，然后改变微波时间、微波频率、pH 等，采用微波加热方法制备出纳米级二氧化锰，最后采用扫描电子显微镜对所得产物进行分析，得到的产物是有规整的刺球状结构。

6.5.1 实验部分

6.5.1.1 实验仪器和药品

傅里叶红外光谱仪、电子天平、电热鼓风恒温干燥箱、超声波清洗器、粉末压片机、循环水式真空泵、控温电热套、磁力加热搅拌器、高锰酸钾、葡萄糖。

6.5.1.2 标准溶液的配制

0.4 mo1/L 的标准溶液：用电子天平准确称取 31.606 g $KMnO_4$ 溶于 500 mL 水中，用玻璃棒搅拌，使其充分溶解，然后盖上表面皿，加热至沸并保持微沸状态 1 h，冷却后于室温下放置 2 ~ 3 d 后，用玻璃棉进行过滤，滤液贮存于清洁带塞的棕色瓶中。

6.5.1.3 纳米 MnO_2-C 的制备

用电子天平称取 0.46 g 葡萄糖，将其放入 100 mL 的烧杯中，并向烧杯中加入 20 mL 二次蒸馏水，用磁力搅拌器进行搅拌，使葡萄糖溶液

① 朱杨军，谭军艳，徐雅梅，等.纳米层状二氧化锰的制备及电化学性能研究[J].江西师范大学学报，2015，39（6）：551-555.

② 焦晓燕，严鹏飞，王维宁，等.微波辅助合成纳米二氧化锰[J].河北北方学院学报，2015，31（4）：17-20.

完全溶解。将上述所得溶液放在电热套上加热至沸腾，然后滴加 5 mL 高锰酸钾溶液于上述溶液中，能够观察到，烧杯中有沉淀生成，并且溶液颜色由无色变成黑色待反应完全溶液冷却后，将所得的产物进行抽滤，并用二次蒸馏水多次洗涤以除去多余的反应物，抽滤过后的产物放到烘箱中，在 85 ℃下完全干燥．将干燥后的产物 MnO_2-C 放在研钵中研磨，最后把研磨好的产物放到称量瓶中保存。

6.5.1.4 纳米 MnO_2-C 的物性测试

（1）采用灼烧法对产品的含碳量进行分析。称取一定量的样品于坩埚中，将坩埚置于石棉网上，用酒精灯进行加热，能够观察到坩埚中有火星出现待产物燃烧一段时间，直至坩埚中不再出现火星，称取灼烧过后的样品质量，并记录数据。

（2）在傅里叶变换红外光谱仪上利用 KBr 粉末压片法检测实验所得的样品红外吸收光谱。

6.5.1.5 样品表征

（1）葡萄糖与高锰酸钾的用量分别对催化剂的影响。

分别称取不同质量的葡萄糖于不同的烧杯中，二次蒸馏水以及高锰酸钾的用量均不变按照上面所述的步骤进行操作，然后得到不同质量的纳米 MnO_2-C 催化剂，最后将其放入不同的称量瓶中进行保存，并将所得的数据进行分析，见图 6-1。

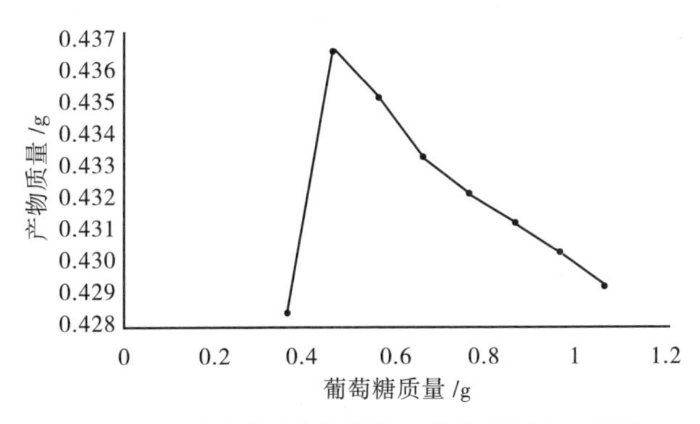

图 6-1　不同质量的葡萄糖对催化剂质量的影响

分别称取相同质量的葡萄糖于不同的烧杯中，向每个烧杯中加入20 mL的二次蒸馏水，然后分别加入不同体积的高锰酸钾，按照上面所述的步骤进行操作，然后得到不同质量的纳米MnO_2-C催化剂，最后将其放入不同的称量瓶中进行保存，并将所得的数据进行分析，见图6-2。

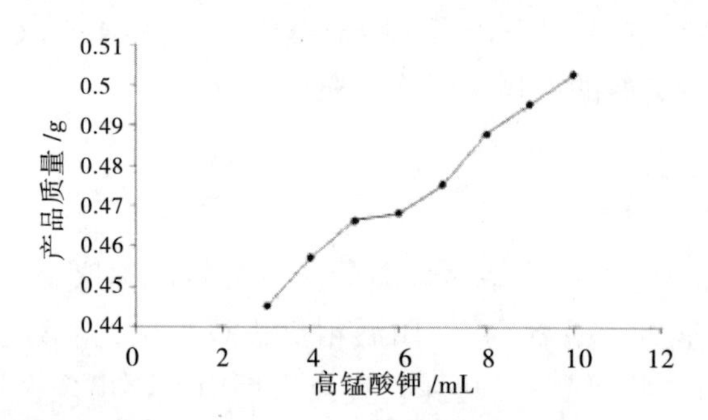

图6-2　不同体积的高锰酸钾对催化剂质量的影响

由以上两个图可知，当葡萄糖的加入量为0.46 g时，实验所得样品的质量达到最多，而高锰酸钾的加入量越多，则样品的质量越大。故根据葡萄糖的用量来确定高锰酸钾的用量，结果表明：葡萄糖质量为0.46 g与高锰酸钾体积为5 mL是本实验的最佳用量。

（2）对MnO_2-C催化剂中含碳量进行分析。

称取一定量的产品进行灼烧，待反应完成后，称其质量，将反应前后的数据记录下来，从而得到反应过程中碳含量的变化。同时，将反应前后的产品进行红外光谱测试，对所得的谱图进一步分析。

由图6-3可知：MnO_2-C纳米催化剂中的碳含量是随着葡萄糖质量的增加而增加的。

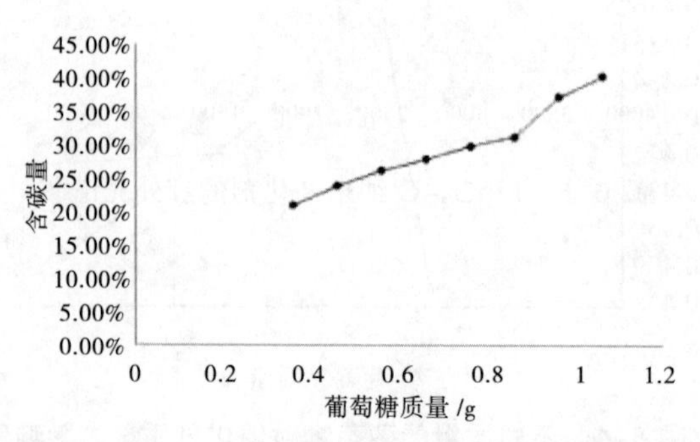

图6-3　不同质量的葡萄糖对催化剂中含碳量的影响

由图 6-4 可以看出，MnO_2-C 纳米催化剂中碳含量随着高锰酸钾体积的增加而减少。综合上述分析：葡萄糖的质量增多，催化剂中碳的含量增多；高锰酸钾的体积增多，催化剂中碳的含量减少。

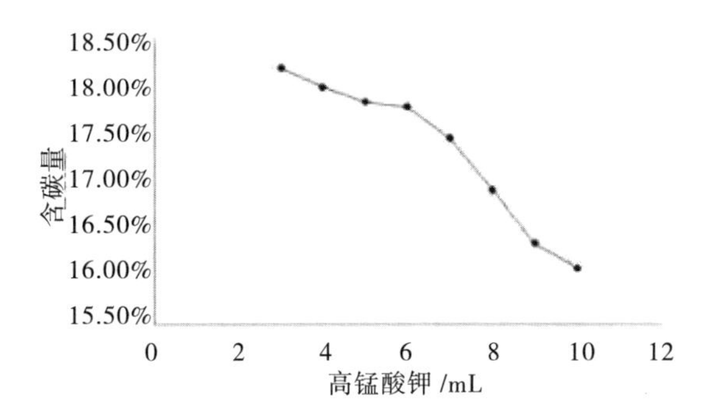

图 6-4　不同体积的高锰酸钾对催化剂中含碳量的影响

6.5.2 结果与讨论

6.5.2.1 干燥温度对催化剂的影响

本实验在烘箱温度为 50 ℃、85 ℃、100 ℃下分别对产物进行干燥，并将干燥后的产物进行红外光谱分析，谱图如图 6-5 所示。

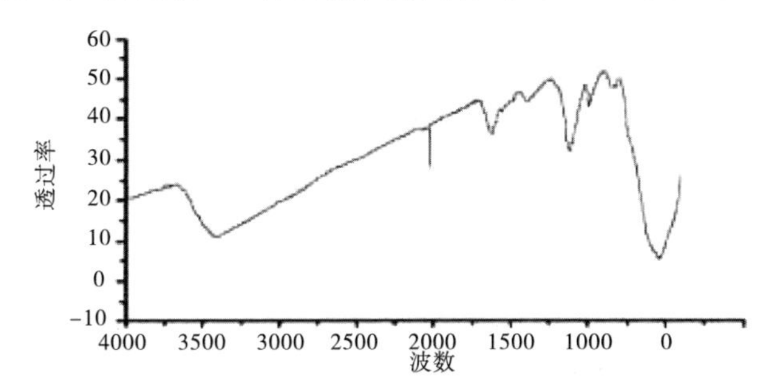

图 6-5　MnO_2–C 纳米催化剂的红外光谱图

由图 6-5 可以看出，在 3 408.41 cm^{-1} 处出现一宽大的吸收峰，该峰是能形成分子间氢键—OH 的伸缩振动峰，说明样品中含有大量的羟基。在 1 630 cm^{-1} 左右出现强吸收峰，该峰是自由水的 H—OH 弯曲振动峰，根据上面对样品的热失重分析，综合考虑，该产物在测定时有水分。在 1 340 cm^{-1} 左右有一吸收峰，该峰是—CH_3 的伸缩振动峰，表明此样品中含有碳。在 1 050 cm^{-1} 左右的吸收峰是载体溴化钾的吸收峰。

在 534.58 cm^{-1} 左右出现一个强吸收峰,该峰为二氧化锰特征吸收峰,说明此产品是二氧化锰三个不同干燥的样品经过测试,在三个谱图中均出现以上特征吸收峰,且峰形一致。结果表明:干燥时的温度对产物的性质对产物没有任何影响。

6.5.2.2 高锰酸钾的加入方式对催化剂的影响

本次实验过程中,对于高锰酸钾的加入方式,采用了滴加与倾倒的方法,并且将最终所制得的样品均利用红外光谱进行测试所得图谱如图 6-6 所示。

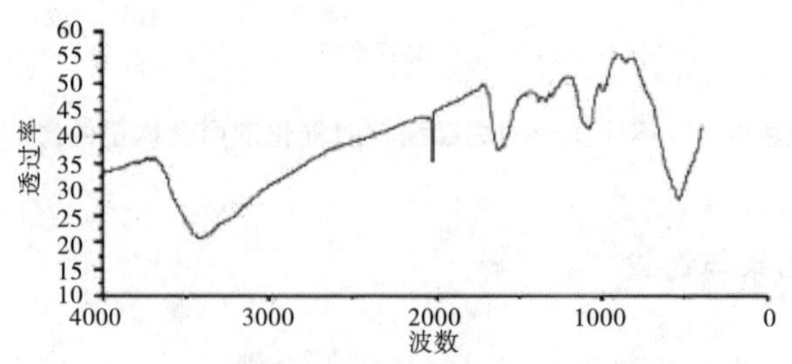

图 6-6　高锰酸钾采用倾倒的方式的红外光谱图

图 6-7 是通过倾倒的方式将高锰酸钾加入葡萄糖溶液中的,可以看出,图谱中出现的一些特征峰不是十分明显,说明高锰酸钾在倾倒的过程中反应迅速,未完全反应。

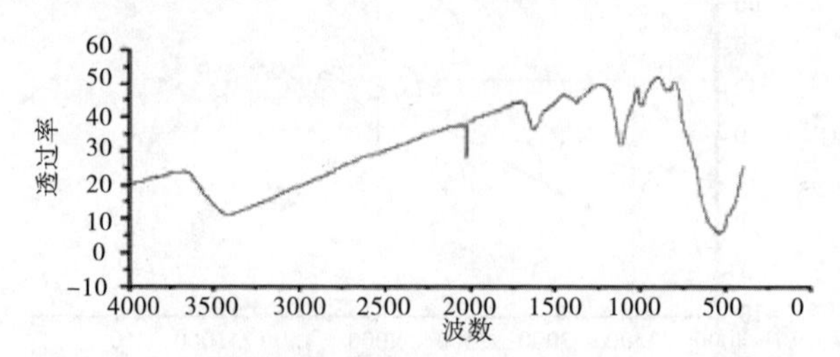

图 6-7　高锰酸钾采用滴加的方式的红外光谱图

将图 6-6 与图 6-7 相比,谱图中的一些特征峰都比较明显,说明采用滴加高锰酸钾的方式更好一些,促使高锰酸钾在滴加的过程中充分反应。

6.5.2.3 产物的洗涤次数对催化剂的影响

在本次实验中,采用抽滤的方式来制取纳米二氧化锰催化剂,而在抽滤的过程中，产物的洗涤次数对最后的产品也会产生一定的影响，因此，分别对产物进行 3 次洗涤与 10 次洗涤，将所得的产物进行测试，谱图如图 6-8 所示。

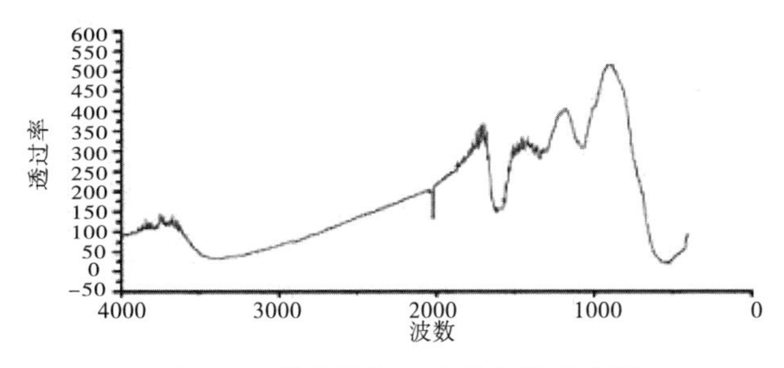

图 6–8　样品洗涤 3 次的红外光谱图

图 6-8 为产物洗涤 3 次的图谱，可以看出：在谱图中出现了许多杂峰，说明在洗涤的过程中没有完全洗掉未反应的葡萄糖。

相对于图 6-8 来说，图 6-9 中的谱图所出现的特征峰比较明显，并且没有杂峰出现。分析结果表明：多次进行洗涤可以充分洗掉未反应的葡萄糖。

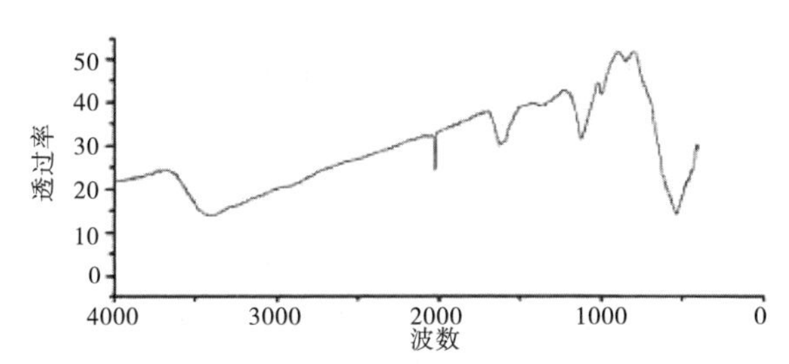

图 6–9　样品洗涤 10 次的红外光谱图

6.5.3 实验结论

（1）控制葡萄糖与高锰酸钾的用量，发现加入 0.36 g 葡萄糖与 5 mL 高锰酸钾时，所制得的催化剂最合适，从而确定了反应的最佳用量。

（2）对产物所受的外界条件进行分析，发现温度对产物影响不大，而洗涤次数与放置时间对产物均有很大的影响。

（3）采用傅里叶红外光谱仪对催化剂进行表征，结果表明：在 1 340 cm^{-1} 处有碳的特征吸收峰；在 534.58 cm^{-1} 出现一个二氧化锰特征吸收峰，故纳米 MnO-C 有望成为一种低成本，高催化活性的阳极催化剂。

6.6 直接甲醇燃料电池催化剂性能的改进

6.6.1 电极反应和电极材料

甲醇到二氧化碳的阳极氧化在电催化剂上缓慢进行。其他因素也会影响电极的活性。

(1)电极载体和催化剂载体。

(2)催化剂层的离聚物部分(Nafion 添加剂)。

(3)电极生产方法。

(4)燃料供应和除水。

在铂-钌合金(1∶1)上,通过反应性金属 OH 占用可更容易地将 CO 氧化成 CO_2 部分反应在没有大面积扩散下以较窄的局部间距在合金中进行。为了降低成本,可将粒径 1 mm 的贵金属颗粒涂覆于 20 ~ 50 mm 的大炭黑颗粒上。

(1)无负载的催化剂(例如 Pt-Ru-Mohr),可提供最高的电池电压并更有效地使用甲醇。

(2)碳载催化剂(例如 Pt-Ru/C),可以节省昂贵的贵金属,超过铂-钌黑的催化活性,但有利于阴极处的寄生甲醇消耗。

E-TEK 的商用 PtRu/C 催化剂可提供高达 0.11 W/cm^2 的功率密度,可选择性生成 95% 的 CO_2。在活性炭上吸附的带有第三种金属(Ru、Rh、Ir、Ni)的 PtRu 和 PtSn 催化剂上,乙醇的电氧化特别有效,例如:Pt68Sn9Ir23/C 和 Pt89Sn11/C。

6.6.1.1 甲醇氧化

热力学上,甲醇在超过 0.046 V RHE 时会自发氧化;事实上,会出现 150 mV 的过电压。在一个反应步骤中不可能交换 6 个电子;与此相反,会发生复杂的平行和后续反应。中间产物(CO 和醛)会腐蚀电极表面,其结果是时间性的性能退化。线性结合的一氧化碳(PL—C═O)被认为是最重要的催化剂毒物。甲醇氧化分两步来进行。

催化剂表面上的甲醇解离吸附通常不决定阳极反应的速率。逐渐地 C—和 O—键合的氢气被分离出来。位于 P—COH 和 Pt—Co 吸附物末端和与其桥接的 $CO_{吸附物}$可使电极表面中毒(自动抑制)。钌不利于甲醇吸附。

$$CH_3OH\ (Pt) \longrightarrow Pt—COH_{ad} + 3H_{ad}$$
$$(COH)_{ad} \longrightarrow CO_{ad} + H_{ad}$$
$$4H_{ad} \longrightarrow 4H^{\oplus} + 4e^{\ominus}$$

用水中的氧气将铂 CO 吸附物氧化成二氧化碳。与 Pt-CO 吸附物相反,在较低的电位下即可生成 Ru-OH 吸附物,并且其不会使电极表面中毒。在低于 450 mV RHE 时,没有充分氧化的 CO 吸附物毒化铂表面。只有 >550 mV RHE 时才会生成 PtOH,以及在 > 800 mV RH 时生成 PtO,钌可从水中分解 OH 自由基,其将吸附的 CO 解毒成二氧化碳和氢气($CO_{ad} + OH_{ad} \longrightarrow CO_2 + H_{ad}$)。

$$Pt + H_2O \longrightarrow Pt—OH_{ad} + H^{\oplus} + e^{\ominus}$$
$$Pt—COH_{ad} + Pt—OH_{ad} \longrightarrow CO_2 + 2Pt + 2H^{\oplus} + 2e^{\ominus}$$
$$Pt—CO_{ad} + Pt—OH_{ad} \longrightarrow CO_2 + Pt + H^{\oplus} + e^{\ominus}$$
$$Ru + H_2O \longrightarrow Ru—OH_{ad} + H^{\oplus} + e^{\ominus}$$
$$Pt—COH_{ad} + Ru—OH_{ad} \longrightarrow CO_2 + Pt + Ru + 2H^{\oplus} + 2e^{\ominus}$$
$$Pt—CO_{ad} + Ru—OH_{ad} \longrightarrow CO_2 + Pt + Ru + H^{\oplus} + 2e^{\ominus}$$

注: Pt 和 Ru 代表了一个或多个表面中心。

(3)中间产物。通过原位红外光谱可验证 CO_2(2 341 cm^{-1}), CO_{ad}(2 050 cm^{-1} 左右)、甲酸(1 700 cm^{-1} 和 1 400 cm^{-1} 左右)和甲酸甲酯(1 700 cm^{-1} 和 1 200 cm^{-1})的存在,吸附醇的不希望的氧化可生成甲酸;

$$Pt_2CH—OH + Pt—OH \rightarrow H—\overset{\overset{\displaystyle O}{\|}}{C}—OH + 3Pt + H^{\oplus} + e^{\ominus}$$

电化学质谱(Dems 和 Ectdmis)证实了吸附的 CO、C—OH 和 CHO。在直接乙醇电池中,高于 0.5 V RHE 时,氧化按照乙醇→乙醛→吸附乙基→ CO_2 的顺序来进行。在旁路上,可生成甲烷(>0.2 V RHE)和乙酸。

6.6.1.2 电催化剂

对于甲醇氧化(阳极),很少有有效且具有选择性的催化剂。甲醇氧化的催化剂见表 6-1。

表 6-1 甲醇氧化的催化剂

铂族金属	Ru、Os、Rh
钒组	Re
铬组	Mo、W
组 4	Sn、Pb
组 5	Bi
有色金属	Ni
钛组	Ti
半金属	Ga

(1)添加锡、钨和镍的铂钌合金可以提高阳极的活性,但会以牺牲长期稳定性为代价。在类似的 Table 斜率下,三元合金比二元合金好:

PtRuw, PtRuMo> PtRuSn > PtSn> PtAuRu > PtRu

合金元素如钌即使在 250 mV 时也会加速甲醇氧化(镍、镍、钛、铼、铑、钼、锡甚至更糟),在次级金属上会比在铂上更先形成氧化吸附中间产物所必需的氧吸附层。

①电子合金效应。可更早生成氢氧化物的贵金属钌对甲醇呈惰性,但由于吸附的 CO 结合弱于铂,所以能够更好地氧化 CO,钌可向销的 d 电子层提供电子,由此减弱了 CO-π* 轨道的反键,被吸附物的结合较弱,并且强化碳原子上的正电荷部分,从而有利于亲核攻击。

②次级合金金属(Ru、Sn、Pb、Rh)被释放并增加活性电极表面积。铂在破碎表面的氧化电位比平滑的铂上更低。这种优势不是长期的。

③次级金属(Ru、Sn、W)形成相邻铂所用的 OH 吸附物。与 Pt/Ru 相比,带有 Rh、Ir、WO_x、Sn 的 Pt/Ru 三元系统实际上没有明显的优势。

(2)铂上外来金属(Pb、Ru、Bi、Sn、Mo)的欠电位沉积可提高有机物质的吸附性能,但对甲醇的作用并不明显。

(3)用于碱性电解质的镍 - 卟啉。

(4)碳化钨可作为硫酸溶液中的助催化剂。

6.6.1.3 氧还原

铂优选用于阴极氧还原。甲醇会通过电解质扩散到阴极而发生寄生转化并生成 CO_2,从而导致不利的混合电位,这是人们不想看到的。DMFC 的催化剂见表 6-2。

表 6-2　DMFC 的催化剂

阳极	Pt/Ru
	Pt/Ru/C
	Pt/RuO_2
阴极	铂
	Pt/C
	铂黑
	Pt/Ru/C
	Chevrel 相（Mo、Ru、S）

铂合金的一个优点是与氧的适度结合,即比铂稍弱。氧还原活性按照 $Pt_3Co > Pt_3Ni$, $Pt_3Fe > Pt_3V > Pt_3Ti > Pt$ 的顺序降低。

（2）硫酸溶液中氧还原的 N_4 整合系统（铁酞菁、四氮杂钴、甲基卟啉钴）可缓解寄生的甲醇氧化,但长期稳定性很差。

（3）Chevrel 相（如 Mo2Ru5S5 和 RuSeO）耐甲醇。它们的氧还原催化活性较低,但在甲醇存在下优于铂。但已证明,使用硫处理载体可有力地防止 P/C 电极中毒。

6.6.1.4 寄生甲醇氧化

可渗透的薄膜,燃料流体中的高甲醇浓度、高运行温度和阳极材料有利于甲醇从阳极通过膜到阴极的迁移（甲醇穿透）并在那里被氧化。甲醇穿透降低了效率,降低了阴极电位并增加了需氧量。氧还原和不需要的甲醇氧化之间存在着混合电势。6% 的甲醇 - 水混合物（1 ~ 2 mol/L）是有利的。浓度更大的溶液和热量可促进甲醇的穿透,具体见表 6-3。

表 6-3　甲烷穿透 Nafion-117

等效穿透流量		mA/cm^2
1 mol/L	38 ℃	55
	60 ℃	105
	80 ℃	145
2 mol/L	38 ℃	100
3 mol/L	38 ℃	155

注：电渗：每摩尔 CH_3OH 可转化 18 mol 的 H_2O。

6.6.1.5 膜－电极单元（MEA）

（1）DMFC 基于酸性聚合物电解质，如 Nation。固体电解质的优点包括：质量轻，可节省空间，耐腐蚀，不良的电子导体，无电解液循环；但其也存在以下缺点：昂贵，不能干透，透气。可用于氢氧电池的 PEM 膜（针对电导率进行优化）不能阻止甲醇和水通过扩散与电渗透进行的迁移（寄生传输到阴极）。

较厚的膜（Nafion 117）是有利的，但其是以牺牲性能为代价的。DMFC 膜可通过含水燃料（阳极侧）和反应水（阴极）保持潮湿。商业质子传导膜需要在水或稀硫酸中溶胀。添加可在磷酸中溶胀的聚苯并咪唑（PBI）使膜具有非水传导机理并降低水和甲醇的渗透性，但是存在其他系统缺点。新型聚合物共混物仍不够稳定。甲醇穿透计算公式如下

$$I_p = zFAD\frac{c}{\delta} + I\xi x$$

式中，x 为溶液中的醇摩尔分数；I 为释放的电流；D 为醇在 PEM 中的扩散系数；c 为阳极 /PEM 界面处的醇浓度；δ 为 PEM 膜的厚度；ξ 为电渗系数。

电导率和甲醇渗透率见表 6-4。

表 6-4　电导率和甲醇渗透率

物质名称	S/cm	cm^2/s
Nafion 117	0.110	167×10^8
腈官能化的二磺化聚亚芳基醚砜	0.090	85×10^8
磺化聚亚芳基腈（m-Spaeen-60）	0.057	26×10^8
磺化聚苯乙烯	0.050	52×10^8

聚合物膜的替代电解质是液体填充陶瓷或碳纳米材料。

①酸溶液具有腐蚀性；氧气还原比在碱中要慢。无机磷酸锡和硅氧烷的质子传导性比 Nafion 低 100 倍。

②甲醇氧化在诸如氢氧化钾等碱性电解质中比在酸中的要快；然而，在缺少碳酸钾的情况下二氧化碳的吸收无法进行。正在研究超过 60 ℃时 DMFC 中化学稳定的聚合阴离子交换膜。碳酸盐水溶液，例如：180 ℃和 10 bar 下的碳酸铯（Giner）至少在理论上是长期稳定的。

（2）如 PEM 燃料电池一样，膜 - 电极单元（MEA）也是由热压层制成的。

①气体扩散层（GDL）：疏水的石墨纸或热塑性碳纤维复合材料。

②疏水碳基层（催化扩散层）：与 PTFE 结合的研磨炭黑或石墨颗粒，如通过丝网印刷涂覆于 GDL 上。

③催化剂层（catalyst layer）：Nafion 中悬浮的纳米颗粒。阳极使用碳载 Pt/Ru 合金，阴极使用铂。在价格和性能之间找出折中后，负载分别为 4%（阴极）和 2%（阳极）或每个均为 5%。

④质子传导膜：Nafion 117，PBI/H_3PO_4。

DMFC 阳极由没有 Nafion 溶液的石墨纸组成，石墨纸上涂覆碳载 Pt/Ru 或 Pt/Ru-Mohr，阴极含有疏水石墨纸上的铂黑，疏水性增强衬层有利于水运输。

（3）由石墨、铌或钢制成的集电器（current collector）双极板在燃料与空气侧上承载流动管道（网格、多孔板、冲击场）。电池堆的紧密性要求有极好的平整度。

6.6.2 阳极催化剂性能的改进

Pt 催化剂为 DMFC 中常用的阳极催化剂，为了提高 Pt 催化剂对甲醇氧化的电催化活性和抗甲醇中毒的能力，对 Pt 基复合催化剂进行了大量的研究。在研究过的众多 Pt 基复合催化剂中，Pt-Ru/C 催化剂是目前研究最为成熟、应用最为广泛的 DMFC 的阳极催化剂。这主要是由于 Pt-Ru/C 催化剂对甲醇氧化有很好的电催化活性和抗毒化的作用。Ru 的加入有两个方面的作用。一方面，Ru 的加入会影响着 Pt 的 d 电子状态，从而减弱了 Pt 和 CO 之间的相互作用。另一方面，Ru 易与水形成活性含氧物种，它会促进甲醇解离吸附的中间物种在 Pt 表面的氧化,从而提高了 Pt 对甲醇氧化的电催化活性和抗中毒性能。以前一般认为在 Pt-Ru/C 催化剂中,由于 Ru 以 RuO_2 的形式存在而提高了 Pt-Ru/C 催化剂对甲醇氧化的电催化活性和抗中毒能力。后来发现,在 Pt-Ru/C 催化剂中,真正起助催化作用的是 RuO_xH_y,因为 RuO_xH_y 既能传导电子,也能传导质子(无水 RuO_2 和 Ru 不能同时具有这两种能力),同时还能提供丰富的含氧物种。Pt-Ru 复合催化剂的电催化性能随催化剂中 Pt-Ru 合金化程度增加而增加。例如,用高温技术可以制备完全合金化多元金属复合催化剂。用这种方法制得 Pt 和 Ru 的原子比为 1∶1 的 Pt-Ru 合金催化剂,在这种催化剂上,观察不到 COads 吸收峰。而当 Pt-Ru 合金中 Pt 和 Ru 的原子比约为 8∶2 时,可以观察到明显的 CO_{ads} 吸收峰,这清楚地表明 Pt-Ru 合金化程度是一个很重要的因素。

其他研究过的 Pt 基二元复合催化剂有 Pt-Sn、Pt-Mo、Pt-Cr、Pt-Mn、Pt-Pd、Pt-Ir、Pt-Ag、Pt-Rh 等。它们对甲醇氧化的电催化性能一般都要稍差于 Pt-Ru 催化剂。如 Pt-Sn 复合催化剂对甲醇氧化的电催化性能和抗 CO_{ads} 中毒性能及机理都与 Pt-Ru 复合催化剂相近。但研究表明,在 Pt-Ru 复合催化剂上,βCO_{ads} 的氧化电位要比在纯 Pt 催化剂上降低约 200 mV,与 αCO_{ads} 的氧化电位相近,这说明 Pt-Ru 催化剂能促进 βCO_{ads} 的氧化。而 Pt-Sn 复合催化剂只能促进 αCO_{ads} 的氧化,使 αCO_{ads} 氧化峰的峰电位向负方向移动,但 βCO_{ads} 氧化峰的蜂电位不变。因此,Pt-Sn 复合催化剂对甲醇氧化的电催化活性要比 Pt-Ru 复合催化剂低,但要高于 Pt 催化剂。当 Pt-Mo/C 催化剂中 Pt 和 Mo 的原子比为 4∶1 时,它对甲醇氧化的电催化活性和抗毒化性能最佳。

另外,也有很多关于 Pt 基三元、四元复合催化剂的报道。例如 Pt-Ru-s 三元复合催化剂对甲醇氧化的电催化性能要优于 Pt-Ru 二元复合催化剂。当 Pt、Ru、Os 的原子比为 65∶25∶10 时,催化剂对甲醇氧化的电催化性能最好。其他研究过的 Pt 基三元复合催化剂有 Pt-Ru-Sn、Pt-Ru-Au、Pt-Ru-W 等。

研究发现,一些稀土离子,如 Sm^{3+}、Eu^{3+}、Ho^{3+} 等吸附在 Pt/C 催化剂上,它们也能明显地提高 Pt/C 催化剂对甲醇氧化的电催化性能,其原因是由于稀土离子一般易与 H_2O 发生配位作用,使稀土离子成为含有活性含氧物种的配合物的缘故。

通过对甲醇氧化催化机理的分析可知,Pt 对甲醇氧化具有很高的电催化活性，但在缺少活性含氧物种时，Pt易被强吸附在表面的CO所毒化。因此，人们开始考虑用含氧丰富的高导电性和高催化活性的ABO_3型金属氧化物为甲醇氧化的阳极催化剂。研究过的ABO_3型金属氧化物中的A晶格位置上的金属有Sr、Ce、Pb、La、B晶格位置上的金属有Co、Pt、Pd、Ru等。为了提高这类氧化物的电催化活性，也有用复合型的ABO_3型金属氧化物，即在A和B晶格位置上都有两种不同的金属。这类催化剂的优点是对甲醇氧化有较高的电催化活性，而且不发生中毒的现象，因此，值得进行进一步研究。

6.6.3 阴极催化剂性能的改进

祝丽丽[①]研究直接甲醇燃料电池阴极Pd基催化剂，利用溶胶-凝胶法制备出TiO_2/CNTs结构，随后利用乙二醇还原制备出Pd/TiO_2/CNTs催化剂；随着TiO_2含量的增加，催化剂的起始还原电位有了不同程度的正移，即TiO_2与Pd的相互作用有利于增强催化剂的ORR活性；当TiO_2的理论负载量达到27%时，Pd/TiO_2/CNTs催化剂的ORR性能最佳。此外，TiO_2附着在碳纳米管表面有效降低了碳材料腐蚀现象的发生，经过1 000圈的CV扫描，Pd/TiO_2/CNTs的ORR峰电流基本维持在1 mA/cm^2左右、起始还原电位负移了34 mV，表现出比单独Pd组分催化剂更为优异的稳定性。采用RDE测试探索Pd/TiO_2/CNTs催化剂氧化还原反应动力学过程，结果显示，Pd/TiO_2/CNTs的ORR是直接四电子过程。采用均相沉积法利用$RuCl_3$和H_2O_2为原料制备出RuO_2/CNTs，随后在其表面负载活性组分Pd，制备出Pd/RuO_2/CNTs催化剂。RuO_2颗粒均匀负载在碳纳米管表面，电化学测试结果显示RuO_2/CNTs有一定ORR活性，具有优异的耐甲醇性能。Pd/RuO_2/CNTs催化剂的ORR稍逊于Pd/CNTs，然而添加了RuO_2的Pd/RuO_2/CNTs催化剂具有Pd/CNTs不可比拟的耐甲醇性能，此外，经过1 000圈CV扫描，Pd/RuO_2/CNTs催化剂的ORR活性不仅没有降低反而有所增强。极化曲线的测试结果显示，RuO_2/CNTs与Pd/RuO_2/CNTs的氧化还原反应都主要是按照直接四电子过程进行的。

① 祝丽丽.Pd基直接甲醇燃料电池阴极催化剂的制备与性能研究[D].广州：华南理工大学，2011.

戚霁[①]通过制备具有优异耐甲醇毒化性能的镍钴二元氧化物材料及其复合材料作为DMFCs的阴极催化剂，针对过渡金属氧化物导电性差、电池稳定性差等问题提出解决思路，具体工作包括以下几个方面：（1）为了提高过渡金属氧化物的导电性，在二维片层自组装形成的纳米花状脲醛树脂基碳材料上，通过简单的热浴法制备Co1.29Ni1.71O4纳米片，同时在Co1.29Ni1.71O4纳米片表面分散负载ec600，进一步加速反应过程中电子在Co1.29Ni1.71O4纳米片上的传输，合成了具有多级导电网络的NC/Co1.29Ni1.71O4复合催化剂。这种具有多级导电网络的结构可以有效解决过渡金属氧化物导电性不足的缺点。将所制备的NC/Co1.29Ni1.71O4及Co1.29Ni1.71O4样品作为阴极催化剂，PtRu/C为阳极催化剂，组装DMFCs电池并进行测试。在以Co1.29Ni1.71O4和NC/Co1.29Ni1.71O4分别作为阴极催化剂时，电池最大输出功率密度为1.90 mW/cm^2和7.40 mW/cm^2，说明三维导电网络结构可以大幅度提升过渡金属氧化物的导电性及其氧还原催化性能。（2）针对直接甲醇燃料电池稳定性差的问题，合成了具有三维网状结构的$NiCo_2O_4$作为阴极催化剂。以PMMA胶体晶体为模板，采用盐沉淀法合成了具有三维网状结构的$NiCo_2O_4$，该结构是由有序大孔和介孔组成的多级孔结构。以$NiCo_2O_4$为阴极催化剂，PtRu/C为阳极催化剂，PFM为电解质膜组装DMFCs，在15 ℃和40 ℃时其最大输出功率密度分别为14.25 mW/cm^2和26.00 mW/cm^2。在耐久性测试中，以$NiCo_2O_4$为阴极催化剂的DMFC可以连续运行1 406 h，是文献报道中同类型电池的6倍左右，其优异的稳定性主要归因于$NiCo_2O_4$分级有序的多孔结构。介孔为催化剂提供了丰富的催化活性位点，而连通有序的大孔可以作为催化剂的传质通道，并且可以缓解在电池长期运行中阴极水淹和纳米催化剂的结构变化等问题。这项工作为制造高稳定性DMFCs提供了研究思路。（3）针对前期研究中阴极的制备工艺复杂繁琐，以及催化剂层中使用黏结剂PTFE会降低电极的导电性等问题，这项工作采用简单的两步法在泡沫镍上原位沉积用于增强导电性的氮掺杂碳材料以及$NiCo_2O_4$催化剂，得到一体化多孔阴极电极。以泡沫镍@NC/$NiCo_2O_4$一体化电极作为阴极，PtRu/C作为阳极催化剂，PFM作为电解质膜组装DMFCs，在

① 戚霁．直接甲醇燃料电池阴极催化剂镍钴二元氧化物的制备及其性能研究[D]．西安：陕西科技大学，2020.

20 ℃、40 ℃和 60 ℃时最大功率密度分别为 11.76 mW/cm^2、21.12 mW/cm^2 和 28.35 mW/cm^2。该一体化电极的制备简化了工艺步骤，保证催化剂与泡沫镍的紧密接触，减小接触电阻，由于没有使用 PTFE 缩短了电子以及离子的传输通道，提高了导电性。并且一体化电极具有较高的比表面积和较宽的孔径分布，有利于电解液和氧气的扩散，有效缓解阴极水淹现象，增加了产物水的传输动力学，起到“水管理”的作用，延长了电池的使用寿命。因此，一体化电极在燃料电池领域具有较好的发展前途，但是由于目前催化剂的载量较小，其电池输出性能还有待进一步提升。

6.6.4 质子交换膜

6.6.4.1 DMFC 质子交换膜的主要研究方向

由于 Nafion 膜具有优良的质子电导，好的化学稳定性和机械强度，并且已经非常成功地应用于 PEMFC 中，所以在开始研究 DMFC 时，大都使用 Nafion 膜作质子交换膜。但不久就发现，甲醇很容易透过 Nafion 膜，大约有 40% 甲醇会透过 Nafion 膜而被浪费掉。所以研制低甲醇透过率的 DMFC 中使用的质子交换膜成了一个重要的研究课题。一般来说，用作为 DMFC 的质子交换膜应有好的热稳定性、低的甲醇渗透率、好的化学稳定性、高的质子电导率、好的机械强度和低的价格。

6.6.4.2 改性 Nafion 膜

改性 Nafion 膜主要有两种类型。第一种类型是在 Nafion 膜的微孔中沉积上纳米粒子，如 Pd、杂多酸、SiO_2、ZrO_2 等，以降低甲醇渗透率。其中用 Pd 和杂多酸不但能降低甲醇渗透率，而且它们也能传导质子，因此，不会降低膜的质子电导率。而 SiO_2、ZrO_2 等无机粒子有较好的吸水性，它们能增加 Nafion 膜的含水量，由于 Nafion 膜内质子的迁移必须陪随水的迁移，因此，它们不但能降低甲醇渗透率，也能减少膜的质子电导率的降低。也可把两类纳米粒子，如 Pd 和 SiO_2 混合使用，发挥各自的优点。

第二种类型的改性 Nafion 膜用聚四氟乙烯多孔膜做基底膜，在其空中填充 Nafion 膜。由于聚四氟乙烯基底膜有很好的化学稳定性和机械强度，填充在基底膜孔中的 Nafion 膜不易溶胀而有利于抑制甲醇的渗透。这类复合膜的最高电导率可以接近 Nafion 膜而甲醇渗透率远低于 Nafion 膜，甲醇渗透率和质子电导率可通过改变基底膜的孔率和孔径来调节。

6.6.4.3 新型质子交换膜

由于 Nafion 膜易透过甲醇，除了对 Nafion 膜进行改性外，还研究了许多新型的质子交换膜，如聚苯并咪唑膜、聚乙烯醇膜、聚丙烯膜、聚醚醚酮膜、聚偏膜、酚酞型聚醚偏膜、乙烯 - 四氟乙烯共聚膜等。由于结构的原因，这些膜的甲醇渗透率都低于 Nafion 膜，但这些膜都没有质子导电性，所以用不同方法对它们进行质子化处理。

质子化处理的一种方法是与磷酸等形成复合膜。如聚苯并咪唑膜具有极好的化学和热稳定性及一定的机械柔韧性。用磷酸与聚苯并咪唑形成的复合膜则具有较好的质子导电能力，其阻醇性远好于 Nafion 膜，甲醇透过率是 Nafion 膜的 1/10。特别是这种复合膜能耐 200 ℃左右的高温，因此，可使 DMFC 在较高的温度下工作。这种复合膜的缺点主要是由于磷酸与 PBI 不是共价键合，因此，如在液相甲醇和水的体系中工作时，磷酸会慢慢从膜上扩散下来，而使膜的质子电导率渐渐降低。

把质子导电基团接枝到聚合物膜上，就能解决质子导电基团的稳定性问题。如在聚乙烯醇膜上接枝上磷钨酸，该接枝膜有很好的质子导电率，但这种膜的甲醇渗透率不太低，这是由于聚乙烯醇膜在水中容易溶胀引起的。另一种方法是将聚合物膜进行磺化处理，使聚合物膜具有质子导电性。如磺化程度最佳的聚醚醚酮膜的质子电导率高于 Nafion 膜，而其甲醇渗透率低于 Nafion 膜，用磺化程度为 39% ~ 47% 的 SPEEK 膜制成的 DMFC 的性能优于 Nafion-115 膜的电池性能。有些聚合物膜由于结构的原因，不能直接接枝上磺酸基团，如聚丙烯膜等。因此，先把聚丙烯膜作为接枝基底膜。在 γ 射线照射下将苯乙烯接入基底膜上，随后将膜浸入硫酸中磺化，在苯环中引入亲水磺酸基官能团，以保证膜具有一定的吸水量和质子导电率。当接枝程度合适时，接枝膜的质子导电率高于 Nafion 膜，对甲醇的渗透性小于 Nafion 膜。

也有把具有很好质子电导性的聚合物与阻醇性能很好的非质子电导性聚合物的共混膜来作为 DMFC 中的质子交换膜。如把具有很好质子电导性的聚苯乙烯磺酸与聚偏氟乙烯共混后，得到的混合膜的质子电导率比纯的聚偏氟乙烯膜有明显增加，但比 Nafion 膜要低 2 个数量级。不过，它的甲醇渗透率比 Nafion 膜低了 2 ～ 3 个数量级。研究过的共混膜还有聚乙烯醇与聚苯乙烯磺酸、聚醚酸与磺化聚酸等体系。

6.7　直接甲醇燃料电池催化剂的其他相关研究

6.7.1 Pt-N，F-SiC/C 催化剂的制备对甲醇电催化氧化性能研究

Pt-N、F-SiC/C 催化剂的制备对甲醇电催化氧化性能研究项目首先合成前驱体碳化硅和 N，F 掺杂的碳化硅，再利用合成的前驱体用多元醇还原法、微波震荡法、程控煅烧法，合成高性能 Pt-N、F-SiC/C 复合型催化剂，并探讨性能。

（1）C 与核 Ni-Co/C 和核壳型催化剂 NiCo@Pt/C 的红外谱图对比。

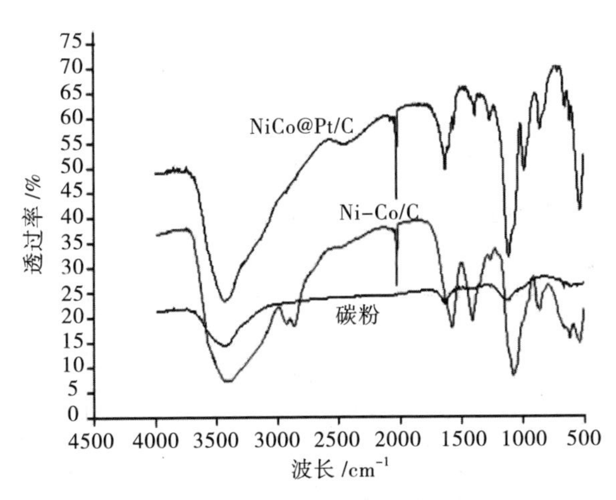

图 6-10　C、核 Ni-Co/C 核核壳型催化剂 NiCo@P 红外谱图

从红外表征图 6-10 中可以看出，Ni-Co/C 与 NiCo@Pt/C 的红外谱图在波长为 600 cm^{-1} 左右均有吸收峰，可能为 Ni-O 的吸收峰，由于样品在烘干后保存过程中可能与氧气进行接触，从而可能有镍原子与氧结合。而碳粉，Ni-Co/C 和 NiCo@Pt/C 在波长为 3 600 cm^{-1} 左右出均有峰出现，表明他们都含有同一物质。Ni-Co/C 和 NiCo@Pt/C 均在 1 100 cm^{-1} 处出

现峰,应是 Ni 的峰。在 NiCo@Pt/C 的谱图中在 1 000 cm^{-1} 处有区别于 NiCo@Pt/C 的特征峰,应是 Pt 的存在。

（2）核 Ni-Co/C 热失重。

从热失重图 6-11 中可以看出,在 0 ~ 260 ℃缓慢吸热,失重速率也很缓慢,可能是样品中所含的水分或结晶水或是其他杂质在此段分度下分解。而在 260 ~ 300 ℃有明显的吸热,此时的失重速率也很明显,应是试样中的乙二醇在此温度下进行分解。而在 300 ℃之后逐渐缓慢吸热,热失重速率缓慢,而碳粉可能在此温度下逐渐进行分解。

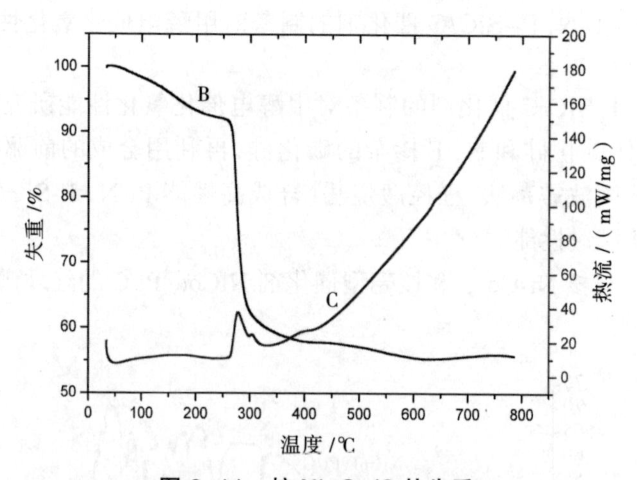

图 6-11　核 Ni-Co/C 热失重

（3）核壳型催化剂 NiCo@Pt/C 热失重。

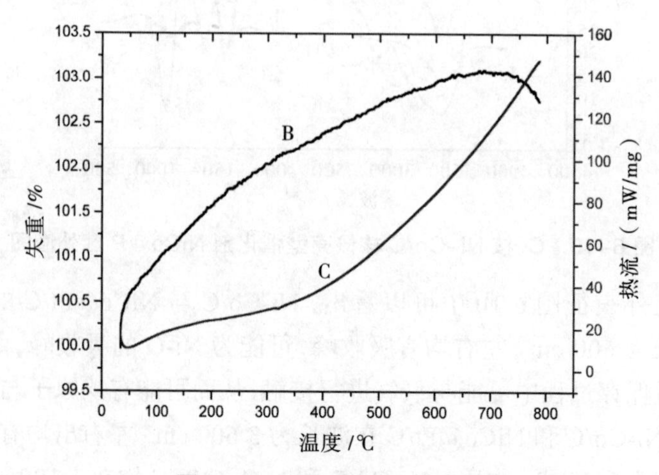

图 6-12　NiCo@Pt/C 热失重

对于 Ni-Co@Pt/C 的热失重图(图 6-12)可以看出,整个过程一直处于缓慢的吸热效果,但是质量却一直缓慢增加,出现的原因为所用来热失重的样品之前才 800 ℃的马弗炉内已经进行煅烧。

本研究以多元醇还原法,微波震荡法,程控煅烧法来合成高性能 Pt-N、F-SiC/C 催化剂,该催化剂性能稳定,不易中毒催化活性高等优点。

目前甲醇催化氧化的电极主要是 Pt/C 类催化剂,其缺点在于活性偏低,稳定性不足,易中毒等。合成的 Pt-N、F-SiC/C 高性能催化剂可以很好的避开这些不足,因此为研究高性能,高稳定性催化剂并开发相应批量制备工艺提供了重要的技术前提。

6.7.2 核壳型 NiCo@Pt/C-N 复合催化剂的制备及对甲烷的催化氧化研究

直接甲烷燃料电池在电动汽车动力电源上有广泛的应用前景,其电催化剂的主要成分是 Pt、Pt 与 3d 族过渡金属合金能提升 Pt 催化剂的催化活性,但活泼的过渡金属元素会在电化学过程和酸性环境下溶出,降低电池的整体性能。Pt 基核壳结构催化剂由于成分和结构可调,在提高 Pt 基催化剂的 Pt 利用率、催化活性和稳定上有很大潜力。项目拟针对化学性质稳定的后过渡金属 Co 和 Ni 为核,来制备 Pt 为壳的核壳型 C-N 载高活性催化剂。

6.7.2.1 研究目的

(1)获得具有高效催化活性的 NiCo@Pt/C-N 甲烷催化氧化催化剂,建立活性组分 Ni 与不同掺杂金属的 Pt 载体间的相互作用规律,提出 NiCo@Pt/C-N 催化剂的可控合成新思路,为相关甲烷催化氧化催化剂的合成提供普适性新途径。

(2)发现 NiCo@Pt/C-N 催化剂的结构与甲烷催化活性之间的构效关系规律,探索发现甲烷在所合成催化剂上的催化反应机理,建立与实验结果吻合的甲烷催化燃烧反应动力学模型,寻求超低铂催化剂 NiCo@Pt/C-N 批量化生产工艺。

6.7.2.2 研究内容

在核壳型催化剂的制备阶段，课题组将采用水合肼还原法、微波反应法、化学气相沉积法、程控煅烧法、表面掺杂法等来合成 NiCo@Pt/C-N 复合催化剂。在表征阶段，我们将采用 XRD、XPS、FT-IR 和 TEM 等对催化剂的形貌、结构等进行表征；用 CV 来测试催化剂的催化活性和抗中毒性能。

（1）核 Ni-Co/C 的制备及表征：称取一定量的二氰二胺、硝酸镍和硝酸钴，加入无水乙醇中，混合溶液在 60 ℃下磁力搅拌 3 h。随后加入一定量被氧化过的碳纳米管（80 ℃条件下在 70% 的硝酸中预先处理 8 h），溶液在 60 ℃ 条件下搅拌 6 h。随后在 45 ℃下烘干，得到固体粉末。然后将上述粉末转移到石英管式炉中，在氮气中，以 10 ℃ /min 升温至 900 ℃并煅烧 1 h，自然冷却至室温，得到黑色产物，利用 TEM 和 XRD 图谱对产物进行结构表征；利用 XPS 对产物进行电子性能表征，探索双金属合金化对形成核的影响。

（2）核壳型催化剂 NiCo@Pt/C-N 的制备及表征。称取一定量的 Ni-Co/C，均匀分散在水合肼中，匀速搅拌下加入 $HPtCl_6 \cdot 4H_2O$，在 140 ℃微波中反应 10 min，趁热离心过滤，在烘箱中烘干固体，然后再在 NH_3 环境下程控煅烧（低温段）得最后的产品 NiCo@Pt/C-N，整个煅烧过程必须确保碳不被破坏。对产品进行 TEM、XRD 和 XPS 等表征，探索碳氮载三层核壳结构的形成机理。

（3）NiCo@Pt/C-N 的 ORR 性能测试。组装电池，涂覆催化剂，进行 5 000 次循环扫描稳定性测试和 10 000 次循环扫描稳定性测试，根据 LSV 曲线判断催化剂结构的稳定性和金属颗粒分散性的保持度。

（4）NiCo@Pt/C-N 的甲烷催化性能研究及动力学模型建立。

①考察不同结构的 NiCo@Pt/C-N 催化剂的热稳定性和甲烷催化性能，研究催化剂结构与性能之间的关联性规律。

②测试甲烷浓度对材料催化性能的影响，阐释甲烷催化反应机理，建立与实验结果相吻合的动力学模型，探索 NiCo@Pt/C-N 催化剂在实际燃料电池甲烷氛围中实现高催化活性的可能性。

6.7.2.3 国内外研究现状及发展动态分析

质子交换膜燃料电池(PEMFCs)由于高比功率密度、高能量转换效率、环境友好和低温下快速启动等优点受到广泛关注,被认为是替代传统内燃机成为汽车动力的最理想能源转换装置。目前PEMFCs仍需较高载量的贵金属Pt作为电催化剂以保持转换效率,因此,开发低Pt量高活性的电催化剂对PEMFCs技术的商业化进程至关重要。核壳结构催化剂被证明是一种能有效降低电极Pt用量的策略,其既能通过结构优势提高贵金属Pt的利用率,又能通过电子或几何效应改善催化剂的催化活性和稳定性。直接甲烷(CH_4)燃料电池就是用沼气作为燃料的电池,与氧化剂O_2反应生成CO_2和H_2O。反应中得失电子便可产生电流从而发电,其成本大大低于以氢为燃料的传统燃料电池。

直接甲烷(CH_4)燃料电池是甲烷和氧气直接反应产生电能,其效率高、污染低,是一种很有前途的能源利用方式。针对甲烷氧化Pd基催化剂中传统的颗粒状Al_2O_3载体存在的较大的反应温度梯度、径向传热效果不理想等问题,本项目拟合成核壳型催化剂,核壳结构电催化剂由于其在降低铂载量、提高催化剂活性方面表现出的良好性质,已成为燃料电池领域的研究热点催化剂的制备方法、电催化性能的评价以及使用过程中催化剂的稳定性和抗中毒性的研究将是本课题组的重要任务。

课题组将利用化学性质稳定的后过渡金属Co和Ni为核,来制备以Pt为壳的核壳型C-N载高活性催化剂,N掺杂调控碳材料的电子特定,影响燃料与O_2分子的吸附方式,从而提高质量比活性,降低Pt的用量;课题组将利用绿色简便的设计理念,预实现核壳型合金催化剂的批量化生产。

6.7.2.4 创新点与项目特色

(1)首次采用水合肼还原法制备核壳结构的NiCo@Pt/C-N,用于甲烷的氧化催化反应,为甲烷氧化催化剂的可控制备提供有效的普适性新途径。

(2)本项目通过模拟甲烷燃料电池中甲烷的浓度,筛选得到具有较低起燃温度、较低的甲烷完全反应温度、热稳定性好、催化活性高的甲烷氧化催化剂，为燃料电池的开发与综合利用提供新思路和有力的技术支撑。

（3）本项目利用计算流体力学软件CHEMKIN等对甲烷气体在NiCo@Pt/C-N催化剂上的催化反应过程进行数值模拟，研究Pt基催化剂上甲烷燃烧的动力学行为，并确定与实验结果吻合最好的甲烷燃烧动力学模型。

6.7.3 WC的合成及其在催化领域中的应用

WC具有类Pt的性质，在化学催化及电化学催化方面备受关注。它能促进催化剂对氧还原的活性，对析氧反应、硝基酚氧化还原反应及醇氧化反应等都有明显的促进作用。

6.7.3.1 WC的结构和性质

碳化物是一种间隙化合物，碳原子掺杂在密堆积金属阵列的空缺处，WC具有六方密堆积结构，而WC是简单的六方结构。在W_2C中每两层钨中间夹着一层碳，这种结晶面比WC更具有金属特性。

WC具有共价化合物、离子晶体和过渡金属三种材料的性质，特别重要的是其抗磨抗压性能优良、导电性好、熔点高，广泛应用于各个领域。自从R.B.Levy和M.Boudart首次指出WC在某些催化反应中具有与Pt类似的催化性质之后，WC在催化领域应用的研究相继展开。研究认为钨d轨道的杂化是一个复杂的过程，满态和未满态的d轨道在碳化过程中有各种不同的杂化方式。XPS研究指出，钨的满态d轨道在碳化后会变窄，这就造成在费米能级以下WC和Pt具有相似的电子结构。L.I.Johansson等利用角分辨光电子能谱（ARP）和反转光电子能谱（IPE）技术研究了满态和未满态d轨道的键结构，表明在费米能级以上和以下存在着不同的密度状态。

6.7.3.2 WC在催化领域中的应用

由于贵金属储量少且价格贵，而碳化物的在材料来源和价格方面均具有相当的优势，因此用碳化物取代（或部分取代）贵金属具有重大研究价值。WC在烃的异构、转化等方面具有与金属钨完全不同的催化性质，具有一定的活性、选择性和抗毒性，已知的实验和理论基础证明其在第Ⅰ族贵金属催化的反应中具有很好的催化性能，对于加氢反应其催化性能甚至超过贵金属。

WC在酸性环境中有可能作为燃料电池阳极催化剂，能有效增强催化剂的活性，提高催化剂的抗CO毒化性能。Henry等研究对比了甲醇在洁净的W（Ⅲ）和WC修饰的W（Ⅲ）上的分解情况，结果证明WC有潜力代替Pt作为燃料电池阳极催化剂。N.Liu研究了甲醇、水和氢气在WC表面的反应。结论证明在Pt/C/W（Ⅲ）表面49%的甲醇分解成CO和H2，其他51%甲醇分解成原子碳、原子氧和氢气，其中Pt与W（Ⅱ）体现出协同作用。这证明用Pt修饰的WC有可能作为DMFC阳极催化剂。

P.K.Shen的课题组对C的合成及其性能进行了系统的研究。WC载Pt、Pd、Au、Ag等贵金属催化剂对氢氧化和氧还原显示出较好的催化活性，其活性远高于单纯的金属及其合金，这说明WC与Pt等贵金属催化剂存在着协同效应，至于其反应机理还有待进一步研究。J.G.Chen用温控脱附法考察了CO在WC、Pt/WC及Pt表面的结合能，结果显示CO在WC和Pt/WC表面更容易被氧化，循环伏安测试结果表明CO在WC和Pt/WC表面具有更低的氧化起始电位。H.Chhina研究了WC作为催化剂载体应用于燃料电池的可能性，结果显示WC及Pt/WC较碳粉及Pt/C催化剂具有更好的抗氧化性能，且具有更好的热稳定性。虽然关于WC的稳定性尚存有争议，但是WC及其氧化物对醇氧化及CO氧化的促进作用不可否认。

此外，虽然WC有类Pt的催化性质，但其催化性能远低于Pr，如何提高WC的催化活性，使其催化性能接近于Pt便成为众多学者研究的重点。X.Chu等用交替微波法合成了具有六边形结构的WC单晶，并制备了Pd-WC/C催化剂。研究表明其在碱性溶液中对乙醇具有较好的催化活性，其性能较传统的Pt/C催化剂有大幅度提高。G.H.Li等通过喷雾干燥还原法合成了中孔结构的WC，并用粉末微电极研究了其在碱性溶液中对p-对硝基苯酚还原反应的催化剂性能。事实证明，中孔结构的WC较纳米态的WC有更好的催化性能，即使相同大小的球形WC，其性能也要远低于中孔结构的WC。M.Yasuoka等以同样的方法和成了中孔结构的WC，并采用现场X射线衍射光谱（XRD）对反应过程中反应物的存在形式作了进一步的分析。前驱体偏钨酸（AMT）在升温过程中随着还原和渗碳反应的进行，WC 由微孔结构转变成中孔结构。钨在反应中经历的状态与升温速率有关，当温度由室温逐渐升高到 1 023 K 时反应历程是

AMT → WO → WO_2 → W_2C → WC；当温度由室温逐渐升高到 673 K 然后迅速升高到 1 023 K 时反应历程是 AMT → WO_3 → WO_2 → WC，WO_2 转变成 WC 的过程中并没有其他中间产物出现。

6.7.3.3 WC 的制备

WC 传统的制备工艺是在还原性气氛中将金属、金属氯化物或金属氧化物按照一定比例直接高温（>1 500 K）碳化，所得的产物具有很低的比表面和纯度，并不适合用作催化剂。这是因为 WC 的性能与其表面结构和成分有很大关系。

为此开发了诸多高比表面积 WC 的制备方法，程序控温法是制备纳米 WC 的常见方法，具体过程是将 WO_3 在还原气氛 / 碳化气氛混合气中经过程序升温加热制得 WC，程序控温法制得的 WC 表面通常会被含碳气体高温分解形成的碳所污染，这种热解碳有可能会堵塞 WC 表面的孔洞，覆盖其表面的活性位，而且很难除去。M.J.Ledoux 等直接采用固态碳作为碳源，可以避免热解碳在 WC 的表面形成。

WC 颗粒的其他制备方法有：固态反应法、直接从钨矿石还原法、声化学方法、化学还原法、热分解方法、置换法、化学气相浓缩法、磁电管溅射合成法、低压化学气相沉积法、气态反应合成法、浸渍还原法、溶胶 - 凝胶法、等离子体法、燃烧法、微波法等等。

微波法是一种新型的纳米颗粒合成技术，在纳米材料的合成方面体现出极大的优越性。传统的微波加热方法均为持续加热，整个加热过程中被加热物质的温度很难控制。交替微波加热技术是一种全新的微波加热方式。与传统的微波加热方式相比，交替微波法加热的过程中被加热物质的温度可以通过改变加热时间和弛豫时间来控制，从而控制合成物质的晶型及粒径大小，在 WC 纳米颗粒合成方面显示出极大的优越性。

第 7 章　直接乙醇类燃料电池（DEFC）的催化剂研究

直接醇类燃料电池是一种可直接利用醇类的水溶液作燃料的低温型质子交换膜燃料电池。由于醇类来源广泛、易储存和运输等优点，使其具有广泛的应用前景。在燃料的选择上，可使用各类有机小分子，如甲醇、甲酸、甲醛、乙醇等，其中甲醇具有成本低，运输和储存方便，热值较高等优点。近年来，乙醇、乙二醇、异丙醇、丙三醇等都引起了人们的关注。其中，在众多的有机小分子中，研究者们最看好的是乙醇，因为从结构上来说，乙醇是最简单的有机小分子中，也是最简单的链醇分子，同时乙醇对人体的毒害作用较小，理论能量密度高，较低的渗透率，来源广泛，并且乙醇燃烧生成的物质恰好是自然界通过光合作用合成乙醇所必备的物质，所以乙醇燃烧产生的温室效应可以忽略，符合绿色化学要求，是典型的可再生绿色环保型能源[①]。

7.1　直接乙醇燃料电池的研究现状

7.1.1 直接乙醇燃料电池研究的必要性

由于甲醇的透过问题是一个很难解决的问题，并且甲醇有很高的毒性，一旦泄漏，会刺激人的视觉神经，过量导致失明等，因此要想实现醇类燃料电池在诸如手机、笔记本电脑以及电动车等可移动的电源领域的运用，有必要探索其他醇类来代替高毒性的甲醇。其中，乙醇是一种比较理想的替代燃料，人们把直接以乙醇为燃料的燃料电池称为直接乙醇

① 饶路．直接乙醇燃料电池阳极催化剂的制备及其性能研究[D].厦门：厦门大学，2014.

燃料电池（DEFC）。在烷基单羟基醇中，乙醇是最有希望代替甲醇的燃料，因为从结构上看，它比甲醇分子大，可以预见到乙醇在膜间的透过作用会比甲醇小得多，它又是链醇中最简单的有机小分子，还能够通过农作物发酵大量生产，也可通过乙烯水化制得，具有来源丰富、无毒、含氢量高等优点，是一种完全可再生、环保型能源。因此，关于乙醇作为直接氧化燃料电池燃料的电化学催化氧化有很多报道。如能开发直接乙醇燃料电池，其部分基础设施仍可继续使用，对解决能源短缺和环境保护具有重要的意义。

据欧洲汽车新闻报道，日本研发出成本低廉、使用安全的乙醇燃料电池，这项技术不需要配备特有的加油站，燃料也不需要是纯乙醇，最高可与 55% 的水混合使用，日本于 2020 年将其投入市场运行。香港科技大学能源研究院院长赵天寿教授将乙醇作为模型车和 MP3 正常运行的电池燃料来源，加入数滴酒精，一辆模型车能运行数 10 h，而一部 MP3 则能播放 20 h，他们预测，乙醇燃料电池可使手机的使用寿命翻一番，并改善电子产品如电脑、电器、电动车等的性能。他认为燃料电池进一步的研究将集中在提高效率、延长寿命及降低成本等方面，并希望这项新科技能在 7 ~ 8 年内推入市场。

7.1.2 直接乙醇燃料电池存在的问题

目前，尽管 DEFC 电催化剂的研究取得了一定进展，但是商业化还存在一些问题。

（1）催化氧化动力学过程缓慢，乙醇的完全电催化氧化涉及 12 电子和 12 质子的释放和转移，同时还需要断裂分子中的 C—C 键，过程复杂，中间产物多，使得 DEFC 的法拉第效率较低。

（2）催化剂成本过高，到目前为止，在酸性介质中最有效的乙醇氧化电催化剂为 Pt 及 Pt 基催化剂，但 Pt 的自然储量有限[①]。据不完全统计，世界铂金总储量约为 1.4 万 t，仅为黄金储量的 5%，主要分布在南非和俄罗斯。而且由于工业上的广泛应用，其价格越来越昂贵，必须采取有效手段控制铂的载量。

（3）催化剂易毒化，乙醇分子在氧化过程中，会产生一系列的中间

① 赵雪英．循环伏安法研究乙醛和乙酸对乙醇电氧化行为的影响[D].石家庄：河北师范大学，2010.

产物，其中影响最大的是COads，这些中间产物在Pt的表面形成强烈的吸附，封锁了Pt催化剂的表面活性位置，阻止了乙醇分子的解离吸附，从而造成催化剂中毒[①]。

（4）质子交换膜的研制，目前质量好的质子交换膜具有物理化学性质较稳定、质子的导电率相对比较高，当然其也有许多不足需要改进。

第一，由于它的合成步骤复杂，产物控制困难，导致其成本极高。

第二，密封问题，乙醇的流失导致了能量损失，更重要的是电位混合，导致了整体电池输出电压降低，因此，质子交换膜的研制方向是制备出成本较低而稳定性较高的膜电极。

综上所述，上述问题直接影响了电池的性能、稳定性以及使用寿命，因此，如何进一步提高Pt及Pt基复合催化剂对乙醇电催化氧化的活性、稳定性及抗毒性是目前急需解决的科学课题[②]。

7.1.3 几种直接乙醇燃料电池催化剂的研究现状

7.1.3.1 铂基二元催化剂

（1）铂基二元双金属催化剂。DEFC目前主要以贵金属铂（Pt）作为催化剂，Pt不仅是贵金属催化剂中最贵的，还易被CO毒化，从而失去活性，而且Pt催化剂的催化效率不高，使得DEFC走向商业化更为困难。为了克服Pt基催化剂所产生的CO中毒现象，降低贵金属Pt的使用量，研究人员们使用如锡、钌、铱、钴和铑等金属与Pt形成双金属电极材料，以提高催化性能。由于这些元素有助于去除吸附在Pt表面的CO物种，并转化为CO_2。添加第二种金属除了能够在较低电位值生成—OHads，还可以改变铂的电子性质，从而可消除Pt—CO中间键，降低氧化电位。

金属钌（Ru）能够在低电位下促进水的活化解离，生成大量的含氧活性物质Ru—Ohads，促进催化剂表面的含碳中间产物的氧化，增强催化剂的抗中毒能力即双功能机理。Ru的掺杂改变了Pt的面心立方结

① 崔坤在．金属氧化物在直接醇类燃料电池中的应用研究[D]．长沙：湖南大学，2007.

② 饶路．直接乙醇燃料电池阳极催化剂的制备及其性能研究[D]．厦门：厦门大学，2014.

构中的 d 电子结构，造成 d 带能级位移，能够降低一氧化碳和氢氧基团对 Pt 的吸附能。但是，随着研究的不断深入，研究发现 PtRu 催化剂对乙醇的 C—C 键断裂能力有限，催化作用并不理想，因此，又拓宽了研究视野，开展了其他 Pt 基催化剂的研究。对于 Pt-Rh 合金催化剂，Rh 的加入能够促进乙醇 C—C 键的断裂，催化剂对乙醇氧化成为 CO_2，的过程具有较好的选择性。但是，Ru、Rh 也属于贵金属，虽然价格低于 Pt，但应用于 DEFC 的成本还是较高，不利于 DEFC 的商业化。过渡金属价格低廉且存储量丰富，研究发现，非贵金属 Fe、Co、Ni 和 Mo 等与 Pt 复合能够提高催化剂的催化效率。价格低廉的 Mo 解离活化水的电位低于贵金属 Pt、Mo 与 Pt 的复合大大提高了催化剂的抗 CO 中毒能力，与 Pt-Ru 合金相比，由 PtMo 复合催化剂催化的甲醇氧化反应的电流氧化峰电位较低。通过 EC-XPS 技术研究了 PtCo 合金，发现 Co 的加入影响了 Pt 原子的电子结构，Pt 4f7/2 轨道中心能级正移，削弱了 Pt 和 CO 的相互作用，促进 CO 的氧化，理论上解释了 PtCo 合金具有较好的抗 CO 中毒性①。目前，研究人员大都集中在 Pt 基催化剂中加入贵金属作为催化剂的第三组元，但是，此类金属仍属于贵金属，资源稀少、价格昂贵，难以推动直接乙醇燃料电池走向商业化。然而，过渡金属 Ni 地壳含量丰富、价格低廉，并且其 3d 电子轨道只有 8 个电子，能级未被充满，形成的 d 空穴易与反应物分子形成化学吸附键，可加速催化反应的进行。目前，在 Pt 基催化剂中添加非贵金属 Ni 的相关文献报道较少，且其作用机理仍不清晰。因此，研究铂镍合金催化剂对乙醇催化氧化的电催化性，对降低催化剂中贵金属铂的担载量，提高催化剂性能非常有意义。

（2）添加氧化物的铂基催化剂。研究人员发现，金属氧化物（如 MnO_2、TiO_2、WO_3、CeO_2、ZrO_2、Fe_2O_3 等）能够与贵金属形成协同效应，可提高催化剂的性能。此外，还有研究表明用于直接甲酸燃料电池的 Pd-WO_3/C 阳极催化剂，引入 WO_3 可以提高 Pd/C 催化剂的催化活性。

ZrO_2 改性的 PV/C 催化剂在碱性介质中显示比 PVC 催化剂更高的乙醇氧化电流，制备 Pt-ZrO_2/CNTs 催化剂用于甲醇和乙醇的氧化，ZrO_2 中氧空位和双功能机制的综合作用可显著提高催化剂对甲醇和乙

① 修瑞萍.PtM/石墨烯基三维复合催化剂的制备及其对甲醇的催化氧化行为的研究[D].青岛：青岛大学，2016.

醇氧化的催化活性。在众多金属氧化物中，CeO_2 被广泛用作一种氧气罐，用于调节催化剂表面的氧浓度。因此，Pt 与 CeO_2 的复合催化剂的研究引起了广泛的关注。

一定量金属氧化物的添加能够提高催化剂的分散度及抗中毒能力。因此，使用 CeO_2 可作为辅助催化剂能够提高催化剂的催化性能，但是，目前对添加 CeO_2 对乙醇催化氧化活性的影响缺乏系统性的研究，且作用机理仍不清楚。

7.1.3.2 非 Pt 催化剂

阻碍燃料电池广泛应用的一个主要问题就是催化剂中 Pt 含量较高，致使电池成本较高。因此，研究者们开发了钯（Pd）、铱（Ir）、碳化钨（WC）等用于替代 Pt。Pd 是位于铂族中的一种金属，但与 Pt 相比具有更强的正电性。研究发现，Pd 是 DEFC 中最适合的 Pt 替代品。虽然与 Pt 相比，Pd 在酸性介质中的催化性能较低，但在碱性介质中表现出优异的性能。就价格而言，Pd 的价格相对较低，这便降低了实验和研究的成本。对 Pd 研究一般是在有高浓度 OH^- 的电解质中进行。与 Pt 基催化剂相似，乙醇于 Pd 基催化剂的表面吸附氧化形成了 Pd-CO，然后 COads 解吸并氧化成 CO_2。对于 Pt 和 Pd 在不同燃料（甲醇，乙醇）中的催化性能。据观察，在相同的试验参数下，Pt 对甲醇的氧化性能更好，而 Pd 在碱性介质中表现出对乙醇更优异的氧化性能。

使用 Ir 作为乙醇氧化的催化剂，发现在线性扫描测试中，经过一段时间后电流密度出现了较大幅度的降低，与 Pt 类似，Ir 也易受 CO 中毒的影响。然而研究发现，在添加助催化剂 Sn 后，Ir 的催化活性出现显著改善。IrSn 对乙醇的催化活性与 PtSn 相仿，可以说，Ir 拥有与 Pt 相似的表面活性位点，因此，Ir 是替代 Pt 的理想选择之一；使用碳化钨作为乙醇氧化的催化剂，在 CV 测试中，WC 显示与钯相似的结果。Oh 表示添加 WC 作为 Pd 的助催化剂将大大改善 EOR，因为电化学表面活性面积（ECSA）随其添加量的增加而增大。

7.1.3.3 乙醇电催化

乙醇在电催化剂的作用下发生电化学反应较复杂，涉及多种化学吸附态、C—C 键的断裂以及多种中间产物的形成。在质子交换膜这样的强酸性环境下，只有贵金属 Pt 才能稳定存在，催化活性较高。有报道说，乙醇在 Pt 上既能完全氧化为 CO_2，也能氧化变成乙醛和乙酸。

（1）乙醇的浓度效应。当乙醇浓度较高时，主要产物为乙醛；当乙醇浓度较低时，主要产物为乙酸和 CO_2。其原因可能在于，由于乙醇的羟基中仅含一个氧原子，要氧化为乙酸和 CO_2，还需要额外的一个氧原子，即在 Pt 上发生水的解离吸附 $Pt+H_2O \rightarrow PtOH+H^++e^-$，PtOH 对乙酸和 CO_2，的形成是必不可少的，而乙醇氧化为乙醛不需要额外的氧原子，所以乙醇浓度较高时，Pt 电极上覆盖的有机物种也较多，阻止了 Pt 的活性位上 PtOH 的形成，对乙酸和 CO_2，的形成不利，使乙醛成为主要产物。反之，乙醇浓度较低时，即水含量较高，有利于 PtOH 的形成，乙酸和 CO_2，成为主要产物。有研究发现，水与乙醇的摩尔比在 5 ~ 2，乙醇氧化的主要产物是乙醛，摩尔比越大，产物 CO_2，越多。总之，乙醇浓度越低，产物 CO_2，越多，氧化越彻底，但乙醇浓度的降低势必会引起反应物传质困难，从而造成电池性能下降。

（2）电极电位的影响。乙醇阳极反应的电极电位见表 7-1。

表 7–1　乙醇阳极反应的电极电位

乙醇主要氧化反应	电位 /V
$C_2H_5OH \rightarrow CH_3CHO+2H^++2e^-$	<0.6
$CH_3CHO+PtOH \rightarrow CH_3COOH+H^++Pt+e^-$	0.6 ~ 0.8
$C_2H_5OH+H_2O \rightarrow CH_3COOH+4H^++4e^-$	>0.8

7.2　直接乙醇燃料电池催化剂材料的制备

目前，DEFC 电池催化材料主要为碳载铂（PVC）催化剂。但铂金属价格十分昂贵，特别是我国铂族金属资源十分短缺，有必要进一步降低铂金属担载量[①]。另外，催化剂在催化氧化过程中易被反应中间产物 CO 物种吸附毒害。因此，为了脱除催化剂表面吸附的 CO 物种，只有对电极表面加以修饰来改变电极表面的氧化和吸附物种的动力学行为，

① 齐巍．过渡金属纳米材料的制备及其对乙醇电氧化催化性能的研究 [D]. 长沙：中南大学，2009.

因此,研究者们通过加入的第二种金属,研究开发 Pt 合金催化剂,增加了—OH 物种的浓度,促使 CO 进一步氧化为 CO_2,从而达到提高电催化剂的抗中毒性。因此,降低催化剂中贵金属 Pt 的使用量,提升催化剂的催化活性是 DEFC 商业化应用必须解决的一个关键性问题。

7.2.1 Pt/G 催化剂材料的制备

目前直接醇类燃料电池常用的阳极催化剂是 Pt/C。众所周知,金属颗粒的

催化活性很大程度上取决于它们的尺寸和尺寸分布。据报道,约 3.0 ~ 4.0 nm 的 Pt 颗粒对氧还原具有较高的质量电催化活性,而约 3.0 nm 的 Pt-Ru 颗粒对甲醇电氧化显示出最高的质量催化活性。因此,具有高电催化活性的金属颗粒应具有合适的尺寸。如何合成具有合适且尺寸均匀的金属颗粒,作为燃料电池的高性能催化剂是一项重要的工作,也是一项挑战。为了提高贵金属组分的利用率、分散度、活性及稳定性,通常将贵金属电催化剂负载于具有高表面积、良好导电性和可调表面化学性质的碳基载体上。石墨烯纳米片是 sp^2 杂化碳原子的二维单层片,具有优异的物理性质,如高表面积（2 620 m^2/g）,良好的热稳定性、优异的电子传导性,所有这些性质使得石墨烯有望成为炭黑和碳纳米管之后电化学领域的理想支撑材料。

虽然石墨烯已成为直接醇类燃料电池催化剂较理想的电催化载体材料,但是在催化剂合成过程中,仍存在严重的团聚,导致催化剂粒子长大,降低了催化剂的电催化氧化效率。微波辅助乙二醇还原法由于其具有所合成催化剂粒径小且分散度高、反应速度快、反应温度控制便利等优点,被广泛应用于碳载金属催化剂的合成。目前,关于合成条件对直接醇类燃料电池催化剂的报道较少,且影响机理仍不清楚,阻碍了其应用。

取一定量乙二醇及氧化石墨烯加入烧杯中,滴入一定浓度的 H_2PtCl_6 溶液,再缓慢滴入 1 mol/L 的 KOH 的乙二醇溶液（调节混合溶液 pH 为：pH=3、pH=7、pH=9、pH=10、pH=11、pH=12）。超声处理 30 min。随后将上述溶液微波加热到沸腾,取出冷却,此过程循环 5 次。然后磁力搅拌,抽滤,干燥,即可得到催化剂。

7.2.2 PtNi 催化剂的制备

直接乙醇燃料电池（DEFC）作为新型能源，对解决环境污染和能源短缺问题有着巨大的潜力。在 Pt 基催化剂中添加非贵金属 Ni，采用微波辅助乙二醇还原法制备了一系列 PtNi/G 催化剂，通过 XRD、TEM、SEM+EDS、XPS 手段对催化剂进行微观结构表征，通过电化学工作站对催化剂进行了电化学测试，详细研究了 Ni 添加对 Pt 基催化剂电化学活性和稳定性的影响。明确 Ni 的添加量及作用机理，旨在制备开发一种低 Pt 高效的 DEFC 阳极催化剂。

催化剂具体制备过程：首先量取 50 mL 乙二醇及氧化石墨烯加入烧杯中，再向杯内加入 $Ni(NO_3)_2 \cdot 6H_2O$，并滴入一定浓度的含 H_2PtCl_6 的乙二醇溶液（摩尔比 Pt : Ni=7 : 1，6 : 1，5 : 1，4 : 1，3 : 1，2 : 1，1 : 1；催化剂中金属总担载量为 30%）。然后，超声处理 30 min。随后将上述溶液微波加热，取出冷却，此过程循环 5 次。最后，再磁力搅拌，抽滤、洗涤，干燥，即可制得 Pt/G、Pt_7Ni_1/G、Pt_6Ni_1/G、Pt_5Ni_1/G、Pt_4Ni_1/G、Pt_3Ni_1/G、Pt_2Ni_1/G、Pt_1Ni_1/G 催化剂，Pt/C（JM）为商业催化剂。

7.2.3 添加 CeO_2、Ni 催化剂的制备

目前，直接醇类燃料电池催化剂的研究热点集中在二元催化剂，一方面，将 Pt 与其他过渡金属（例如 Cu、Ni、Co）进行合金化，另一方面，将金属氧化物作为辅助催化剂加入制备得到二元催化剂。在各种金属氧化物助剂中，CeO_2 由于其具有丰富的氧空位和表面上稳定的 Ce^{3+} 活性位点，能提高电子传导速率等优点，此外，CeO_2 在酸性环境中表现出更高的储氧能力和稳定性，因此被研究者们广泛关注。在不同的催化反应中，催化活性和选择性很大程度上取决于金属 - 载体电子相互作用及金属组分的大小、分散度。但研究发现，与二元催化剂相比，三元催化剂拥有更高的催化活性。

但是，目前多元 Pt 基催化剂对乙醇电催化氧化反应的研究还处于起步阶段，而且，多元催化剂贵金属使用量居高不下，且反应机理和各组分之间的相互作用仍不清楚，尤其是氧化物与金属以及氧化物与合金之间协同作用缺乏全面系统的实验研究，这限制了直接乙醇燃料电池的深入研究和发展。因此，本章希望通过在添加非贵金属 Ni 的基础上，同时添加稀土氧化物 CeO_2，并使用微波辅助乙二醇还原氯铂酸法制备得

到了 Pt-Ni-CeO_2/G 三元催化剂，通过 XRD、TEM、SEM+EDS、XPS 手段对催化剂进行微观结构表征，通过电化学工作站对催化剂进行了电化学性能测试，采用电化学原位红外光谱研究了乙醇在催化剂表面的氧化过程。详细地研究了 Ni 及 CeO_2 的添加对 Pt 基催化剂电化学活性和稳定性的影响规律及作用机理，研究开发出高性能的新型三元催化剂。

催化剂具体制备过程：将 50 mL 乙二醇及氧化石墨烯加入烧杯中，再向杯内加入 $Ni(NO_3)_2 \cdot 6H_2O$ 和 CeO_2，并滴入一定浓度的含 H_2PtCl_6 的乙二醇溶液（催化剂中金属总担载量为 30%）。超声处理约 30 min。然后放入微波反应器中加热，冷却，此过程循环 5 次。然后磁力搅拌，抽滤，干燥，即可得到 Pt/G、Pt_5Ni_1/G、PtCeO_2/G、$Pt_5Ni_1CeO_2$/G 4 组催化剂。

7.2.4 氮掺杂石墨烯负载铂催化剂的制备

以石墨烯为载体的催化剂在电催化的过程中催化剂颗粒仍存在易脱离载体发生团聚的问题。研究表明，将氮和硼等杂原子掺杂进入石墨烯晶格中可以带来更多的益处。其中，氮掺杂石墨烯的研究较为广泛，其可以通过调节碳材料的化学和物理性质从而拓展其在燃料池领域的应用。

目前，氮掺杂石墨烯的制备方法主要有甲烷和氨的化学气相沉积（CVD）、氧化石墨烯（CO）与含氮化合物及氨气同时进行热退火、石墨烯的氮等离子体处理等。但是上述几种方法其制备过程相对较为复杂，反应时间长，反应温度普遍较高，对基底材料和实验设备的要求苛刻。因此，采用反应速度快、反应温度可控、操作简单的一锅微波法制备氮掺杂催化剂，以 NMP（1- 甲基 -2- 吡咯烷酮）为 N 源，通过调节石墨烯与 NMP 的比例，探究 NMP 加入量对 Pt/N-G 电催化剂的微观结构和电催化活性的影响，探索通过氨掺杂石墨烯达到改善催化剂催化性能的可能性。

催化剂具体制备过程：取 50 mL 乙二醇及氧化石墨烯加入烧杯中，再向杯内加入 NMP，再滴入一定浓度的 H_2PtCl_6 溶液[①]。超声处理 30 min[②]。

---

① 莫逸杰，郭瑞华，安胜利，等．扫帚状氧化铈制备及其对 Pt 基阳极催化剂催化性能的影响 [J]. 无机化学学报，2018，034（011）：1991-1999.

② 郭瑞华，郭乐乐，张捷宇，等．CeO_2 形貌对 Pt 基阳极催化剂性能的影响 [J]. 硅酸盐学报，2018（7）：994-1002.

随后将上述溶液微波加热，取出冷却，此过程循环5次。然后磁力搅拌，抽滤，干燥，即可得到催化剂。

7.2.5 高密度表面缺陷催化剂材料的制备

目前，DEFC的阳极和阴极有效催化剂以Pt为主，由于Pt资源匮乏、价格高昂，乙醇催化氧化不完全等问题，使其难以走向商业化。因此，研究提高乙醇氧化效率和促进乙醇C—C键断裂的电催化剂，是开发高效DEFC催化剂的关键突破点。虽然，在Pt基催化剂中加入一种或几种过渡金属或者金属氧化物，可以提高催化剂的催化活性，降低催化剂中贵金属Pt的担载量，但是其催化活性的提高只能促进乙醇向乙酸的转化，对于C—C键的断裂并没有明显的帮助①。

最新研究表明，表面缺陷，即原子台阶和低配位数的扭结（CN<8），对简单有机燃料分子的氧化反应，表现出很高的催化活性。与普通商业PV/C催化剂相比，经酸处理后的催化剂含有更高密度的表面缺陷，其催化剂颗粒团聚现象较少，粒度分布也更加均匀。由于高密度表面缺陷的Pt基催化剂对CO_2,的选择性更高，有利于促进C—C键的裂解，从而可提高Pt基催化剂催化氧化活性。因此，通过在Pt纳米粒子表面附加缺陷，可合成高活性Pt基催化剂，是提高直接乙醇燃料电池效率的有效途径之一。

将一定量的石墨烯加入烧杯中，再按一定比例加入$Ni(NO_3)_2 \cdot 6H_2O$，同时再加入乙二醇，最后向烧杯中滴入一定量的H_2PtCl_6溶液，边滴边搅拌使其混合均匀。然后将上述配好的均匀溶液超声，之后再将上述溶液微波加热反应，沸腾3次后，拿出空冷至室温。将上述得到的溶液利用磁力搅拌器搅拌，过滤，在干燥箱中干燥，取出滤饼研磨。最后，将一定量的H_2SO_4溶液与上述研磨后的粉末混合，并将混合物密封放置2天，过滤，干燥箱中干燥，制得催化剂为AC-PtNi/C②。

① 郭瑞华，钱飞，安胜利，等．Ni添加对直接乙醇燃料电池Pt基催化剂催化性能的影响[J]. 稀有金属材料与工程， 2019，v.48;No.397（08）：295-300.

② 钱飞．晶面取向及酸处理对Pt基催化剂电催化性能影响的研究[D]. 包头：内蒙古科技大学，2020.

7.3 燃料电池核壳型催化剂 NiCo@PV/C 的制备及表征

燃料电池是一种把燃料所具有的化学能直接转换成电能的化学装置，具有发电效率高绿色环保、稳定性强、工作噪声低等优点甲醇具有来源广泛、可再生和渗透率低以及理论能量密度高等优点，因此研究直接甲醇燃料电池逐渐成为燃料电池探索的热点话题。目前对甲醇催化氧化所使用的电极材料主要是 Pt/C 类催化剂，其缺点在于活性偏低、稳定性不足、易中毒等。因此研制高活性，高稳定性催化剂并开发相应批量化制备工艺势在必行。

王爱丽等[①]以炭黑为载体，氢气为还原剂，H_2PCl_6 为前驱体，采用溶浸还原剂法制备 Pt 含量为 20% 的 Pt/C 催化剂，性能测试结果表明：Pt/Cd 催化剂的颗粒要比商用催化剂粒径和催化性能要大，曹春晖[②]等以 XC-72 炭黑为载体，以氯化钴、氯铂酸、乙二醇等为原料，通过 H_2 还原法来制备 Co@Pt/C 电催化剂，将产品通过 HR-TEM 和 XPS 进行表征，结果表明：制备出来的 Co@Pt/C 具有核壳结构且在电解质溶液中具有良好的电化学性能。朗德龙[③]在蒸馏水、异丙醇、乙二醇三种不同反应体系中采用微波加热法制备 Pt-Co/C 催化剂，采用处理过的活性炭、硫酸、甲酸、高氯酸、氯铂酸等为原料，探究不同反应体系中催化剂性能对 O_2 的电催化还原情况，表征结果表明：在乙二醇体系中制备出的催化剂电极对 O_2 的电催化还原效果最好。刘伟峰[④]等用浸渍法和离子交换法来制备 Pt/C 催化剂，以活性炭 VXC-72 为载体，$H_2PtCl_6 \cdot 6H_2O$、$Pt(NH_3)_4Cl_2$、HCHO 等为原材料来制备 PVC 催化剂，通过 TEM、CV 对催化剂进行表征，结果表明：离子交换法制得的 Pt/C 催化剂中 Pt 的颗

---

① 王爱丽 .Pt/C 催化剂的制备及单电池中的性能测试 [J]. 应用化工，2012，41（12）：2189-2190+2193.

② 曹春晖，林瑞，赵天天，等 . 用于燃料电池 Co@Pt/C 核壳结构催化剂的制备及表征 [J]. 物理化学学报，2013，29（01）：95-101.

③ 郎德龙 . 不同反应体系制备的 Pt-Co/C 催化剂的催化还原性能 [J]. 电源技术，2017，41（07）：998-1000.

④ 刘卫锋，胡军，衣宝廉，等 .Pt/C 催化剂的制备与评价 [J]. 电源技术，2005(07)：431-433.

粒度要小于浸渍法制备的，且催化剂性能更高。马宁[①]采用改性活性炭为载体制备 Pt/C 催化剂，制备过程采用 $NaBH_4$ 还原法、HCHO 还原法、HCOOH 还原法和乙二醇还原法。通过 TEM 和 FT-IR 进行表征结果为：用盐酸洗后与硝酸混合所制备的活性炭表面活性含氧基团明显增加，用甲醛还原法所制备的催化剂中 Pt 的分散最均匀，平均粒径最小。吴燕妮等[②]用乙二醇、氯铂酸等为原料，对 C 进行预处理后分别使用高压有机溶胶法和回流法来制备 Pt 含量为 20% 的 Pt 催化剂，通过 XRD、TEM、CV 等对所制备的催化剂进行表征。结果表明：用高压有机溶胶法所制备的催化剂性能较好。李文震等[③]采用液相沉积还原法来制备 PVC 催化剂，通过 XRD 和 TEM 进行表征，结果表明：用乙二醇还原法所制备出来的催化剂中 Pt 的平均粒径最小。温恒[④]等以 XC-72R 活性炭为载体，H_2PtCl_6 溶液和硫代乙酰胺等为原料，通过水热法制备 Pt/C 质子交换膜燃料电池阴极催化剂，通过 XRD、TEM、CV 和旋转圆盘电极对所制备的催化剂进行表征，结果表明：在酸性条件下更有利于 Pt 的沉积且铂硫比为 1∶2 时催化剂的活性最高。

目前，甲醇催化氧化的电极材料主要是 Pt/C 类催化剂，其缺点在于活性偏低，稳定性不足，易中毒等[⑤]。因此研制高活性、高稳定性催化剂并开发相应批量化制备工艺势在必行。本实验利用化学性质稳定的后过渡金属 Co 和 Ni 为核来制备以 Pt 为壳的 C 型高活性催化剂。本次实验可采用逐步制备法和一锅反应法两种。由于一锅反应法的缺点为杂质含量较多，逐步制备法的缺点为产品损失较多。权衡利弊本实验选择逐步制备法来制备核壳型燃料电池催化剂 NiCo@Pt/C。

---

① 马宁 .Pt/C 催化剂制备方法的选择 [J]. 化学工程师，2006（09）：20-22.

② 吴燕妮，李顺华，肖晓鹏等. 不同方法制备 Pt/C 催化剂对燃料电池催化活性的影响 [J]. 化学研究与应用，2015，27（05）：684-688.

③ 李文震，周振华，周卫江等. 直接甲醇燃料电池阴极 Pt/C 催化剂的制备与表征——制备及处理方法的影响 [J]. 催化学报，2003（06）：465-470.

④ 温恒，秦怡红，李文良 . 水热法制备质子交换膜燃料电池阴极 Pt/C 催化剂 [J]. 电源技术，2010，34（02）：157- 159.

⑤ 袁善美，朱昱，倪红军，等. 直接乙醇燃料电池研究进展 [J]. 化工新型材料，2011（01）：15-18.

7.3.1 实验部分

7.3.1.1 实验仪器

烧杯、玻璃棒、漏斗、表面皿、电热套、干锅、铁架台、pH 计、烘箱、离心机、粉末压片机、红外色谱仪、马弗炉、坩埚钳。

7.3.1.2 实验药品

石墨粉（天津市红岩化学试剂厂）、$NiCO_3$（天津市登丰化学品有限公司）、$CoCl_2 \cdot 6H_2O$（天津市光复有限公司）、$HPtCl_6 \cdot 4H_2O$ 国药集团化学试剂有限公司）、乙二醇（沈阳市试剂五厂）、冰醋酸（国药集团化学试剂有限公司），NaOH 固体（国药集团化学试剂有限公司）、KBr（天津市津科精细化工研究所）。

7.3.1.3 制备过程

（1）醋酸镍的制备。取 20 mL 冰醋酸置于 100 mL 的容量瓶中进行定容，将配制好的溶液放置好待用。称取 3 g $NiCO_3$ 置于 250 mL 的烧杯中，将上述定容好的醋酸逐滴加入烧杯中，用玻璃棒搅拌便 $NiCO_3$ 溶解，待 100 mL 醋酸全部加入，烧杯底部仍有黑色小颗粒未溶解，为了使其溶解，在电热套上边加热边搅拌，溶液由原来的浅绿色浊液变为深绿色的浊液，但烧杯底部仍有少量黑色颗粒状的不溶物质，此时将不溶物质过滤出去，过滤后的溶液为澄清透明的亮绿色，而粘在滤纸层的为黑色黏状物质。将所得滤液进行重结晶，将所得固体用研钵研磨好，得到浅绿色粉末状固体 $Ni(Ac)_2$，将其密封保存待用。

（2）核 Ni-Co/C 的制备。称取 0.180 1 g C 置于 500 mL 的烧杯中，用量筒量取 100 mL 的乙二醇，将乙二醇在微波振荡下均匀地加入烧杯中，继续向烧杯中加入 2.652 0 g $Ni(Ac)_2$ 和 3.568 8 g $CoCl_2 \cdot 6H_2O$，用玻璃棒搅拌，使 $Ni(Ac)_2$ 和 $CoCl_2 \cdot 6H_2O$ 全部溶解在乙二醇中接着用电热套内加热约 15 min，烧杯内的不溶物质已经完全溶解，此时烧杯内的溶液为紫色伴有 C 的黏稠状液体，用 NaOH 溶液调节 pH 至 9.02，溶液的颜色由紫色变为墨绿色，放置一段时间后待其反应完全后进行离心，离心所得产品为墨绿色黏稠状物质，离心后的滤液为浅绿色透明溶液到接近无色透明将产品放在烘箱内烘干，烘箱温度为 90 ℃，烘干的过程中样品的颜色逐渐变深，待其完全烘干后为深绿色固体，即制备出核 Ni-Co/C。

（3）C 粉和核 Ni-Co/C 的表征。为了确定是否在 C 上成功的附着了 Ni 和 Co，首先对 C 进行红外表征。打开红外光谱仪预热 20 min，称取 0.2 g KBr 和 0.002 g 的 C 置于研钵中充分研磨约 10 min，将研磨好的样品压片，控制压力为 10 kPa 保持 60 s，放入红外光谱仪上扫描。继续将样品 Ni-Co/C 固体进行红外表征，方法同上，将所测得的数据保存，进行 C 和所制备出来的核 Ni-Co/C 样品进行谱图的对比。

（4）核壳型催化剂 NiCo@Pt/C 的制备及表征。称取核 Ni-Co/C 1.600 g 置于 250 mL 的烧杯中，加入 100 mL 左右的乙二醇使其均匀地分散在乙二醇中，在搅拌下加入 $HPtCl_6 \cdot 4H_2O$ 并使其完全溶解，最后溶液为墨绿色在电热套上控制温度在 140 ℃左右保持 10 min。烧杯内壁附着一层类似“银镜”的物质，用玻璃棒可以将其大部分刮下于溶液中，趁热离心过滤，所得产品为黑色胶状物质，滤液为黑棕色溶液。将固体产品放在烘干箱烘干后，用坩埚钳将其在马弗炉里进行煅烧，控制温度在 800 ℃，时间约为 28 min。待煅烧后的产品降低至室温，进行红外表征，步骤同 C 的红外表征步骤，为了看出核 Ni、Co 上是否又附着了 pt 壳，所以将所得数据与 C 和核 Ni-Co/C 的红外谱图进行对比，观察是否合成出以 Ni、Co 为核以 Pt 为壳的核壳型催化剂。

7.3.2 实验步骤

7.3.2.1 醋酸镍的制备结果

制备过程中的少量颗粒不溶物可采用加热的方法使其溶解，若仍有不溶的物质则选择将其过滤，最后制备 2.809 9 g 浅绿色粉末产品 $Ni(Ac)_2$。反应方程式为：$NiCO_3+2HAc=Ni(Ac)_2+H_2O$，称取 $NiCO_3$ 的质量为 3 g，最终制备得到的 $Ni(Ac)_2$ 的质量为 2.809 9 g，产率为 93.66%。

7.3.2.2 核 Ni-Co/C 的制备

再加入 $Ni(Ac)_2$ 和 $CoCl_2 \cdot 6H_2O$ 时溶液主要显紫色稠状，不溶物

随着乙二醇的加入和在电热套上加热逐渐减少，待调完 pH 后，溶液变为墨绿色稠状状态，离心后所得墨绿色稠状物质，烘干后为墨绿色粉末状物质，进行称量为 1.712 g，实际产量为 1.9 g，产率为 90.10%。

7.3.2.3 核壳型催化剂 NiCo@Pt/C 的制备

制备出的核 Ni-Co/C 均匀分散在乙二醇中溶液为墨绿色稠状，逐渐加入氯铂酸根据溶液出现橘黄色可观察出加入的氯铂酸完全溶解，将其进行加热至 140 ℃时溶液变为黑色且伴有糊味，烧杯内壁有一层类似“银镜”附着物，将其进行离心后，滤液为棕黑色，所得物质为黑色，进行烘干后得到 0.910 6 g 产品，进行 800 ℃的煅烧后称量煅烧后的产物为 0.516 5 g。

7.3.2.4 C、Ni-CO/C 和 NiCo@Pt/C 红外表征操作步骤

在对 C 进行红外表征时，因为 C 为黑色，为了获取较高的透过率，所以在研磨过程中，对于 C 的称量可少于 0.002 g，可用钥匙直接取一点点的量，在压片过程中，也不用取 3/4 的量，大概取三分之二的量即可，而对于墨绿色的 Ni-Co/C 则按照称取 0.002 g 左右，压片装样为研磨样品的 3/4 即可。

NiCo@P/C 则按照 C 的红外表征操作。

7.3.3 表征

7.3.3.1 C 与核 Ni-Co/C 和核壳型催化剂 NiCo@Pt/C 的红外谱图对比

从红外表征图 7-1 中可以看出 Ni-Co/C 与 NiCo@Pt/C 的红外谱图在波长为 600 cm^{-1} 左右均有吸收峰，可能为 Ni–O 的吸收峰，由于样品在烘干后保存过程中可能与氧气进行接触，从而可能有镍原子与氧结合，而碳粉、Ni-Co/C 和 NiCo@Pt/C 在波长为 3 600 cm^{-1} 左右出均有峰出现，表明他们都含有同一物质。Ni-Co/C 和 NiCo@Pt/C 均在 1 100 cm^{-1} 处出现峰，应是 Ni 的峰。在 NiCo@PtC 的谱图中在 1 000 cm^{-1} 处有区别于 NiCo@Pt/C 的特征峰，应是 Pt 的存在。

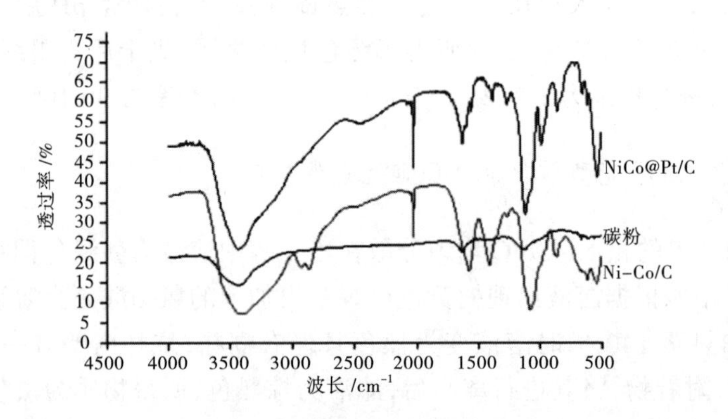

图 7-1　C、核 Ni-Co/C 核核壳型催化剂 NiCo@Pt 红外谱图

7.3.3.2 核 Ni-Co/C 热失重

图 7-2 为核 Ni-Co/C 热失重图。从热失重图中可以看出在 0 ~ 260 ℃缓慢吸热,失重速率也很缓慢,可能是样品中所含的水分或结晶水或是其他杂质在此段分度下分解。而在 260 ~ 300 ℃有明显的吸热,此时的失重速率也很明显,应是试样中的乙二醇在此温度下进行分解,而在 300 ℃之后逐渐缓慢吸热,热失重速率缓慢,而碳粉可能在此温度下逐渐进行分解。

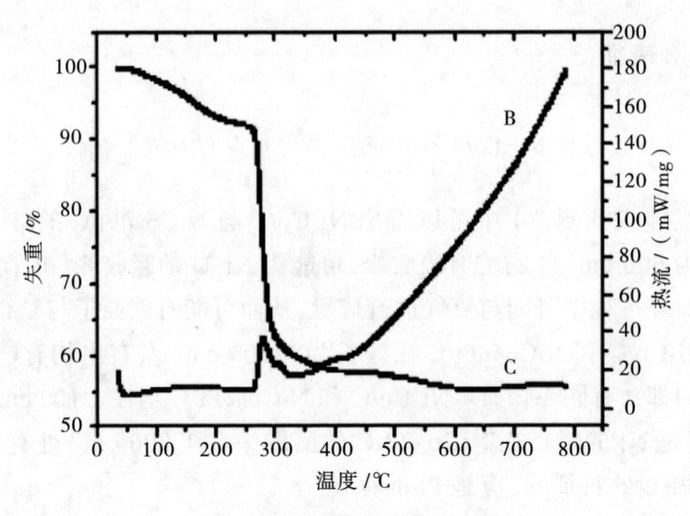

图 7-2　核 Ni-Co/C 热失重

7.3.3.3 核壳型催化剂 NiCo@Pt/C 热失重

对于 Ni-Co@Pt/C 的热失重图 7-3 可以看出整个过程一直处于缓慢的吸热效果，但是质量却一直缓慢增加，出现的原因可能为样品在加热过程中与氮气发生了反应。

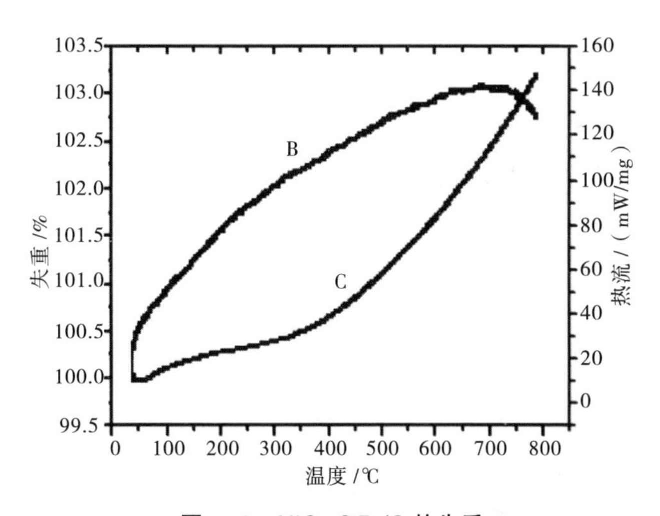

图 7-3　NiCo@Pt/C 热失重

7.3.4 实验结论

本实验以乙二醇、C、$CoCl_2 \cdot 6H_2O$ 和 Ni（Ac）$_2$、$HPtCl_6 \cdot 4H_2O$ 为原料，用 NaOH 调节 pH，采用多元醇还原法、微波震荡法、程控煅烧法来制备核壳型催化剂，制备的结果说明实验过程中所控制的温度 pH 等条件均合理。采用红外光谱和热失重对样品进行表征，结果说明所制备出的样品为 C 上负载 Ni、Co、Pr。

7.4 直接乙醇燃料电池催化剂的其他相关研究

7.4.1 乙醇在光滑 Pt 电极上的电氧化

7.4.1.1 不同浓度对乙醇电氧化的影响

图 7-4 为含不同浓度的 C_2H_5OH 在 0.50 mol/L H_2SO_4 溶液中，在光滑 Pt 电极上的循环伏安曲线。

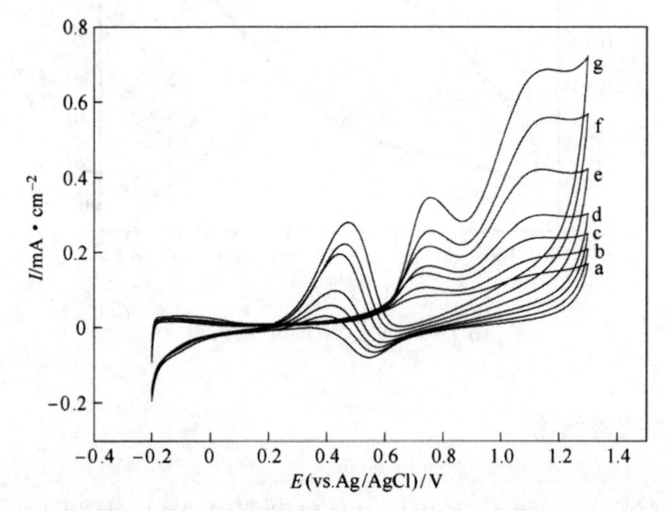

图 7–4 不同浓度时乙醇溶液在光滑 Pt 电极上的循环伏安曲线（25 ℃）

a.0.01 mol/L; b.0.05 mol/L; c.0.10 mol/L; d.0.20 mol/L; e.0.40 mol/L; f.0.80 mol/L; g.1.00 mol/L

乙醇在酸性溶液中正扫方向 0.7 ~ 1.3 V 的电位范围内出现两个氧化峰。当 C_2H_5OH 浓度为 0.01 mol/L 时，正扫的氧化峰电流密度较小，反扫没有氧化峰，随着 C_2H_5OH 浓度的增加，C_2H_5OH 氧化峰电流密度逐渐增加，氧化峰电位变化不大，第一个氧化峰电位在低浓度 0.01 mol/L 到 0.2 mo/L 范围内略有正移，当浓度高于 0.2 mol/L，峰电位几乎不变；第二个氧化峰电位几乎不变。由上表明，C_2H_5OH 在光滑 Pt 电极上的电氧化是与 C_2H_5OH 吸附量有关的，C_2H_5OH 在电极表面的吸附量随浓度增加而加大，从而使得氧化峰电流密度不断增加。

7.4.1.2 不同扫速乙醇溶液的循环伏安特性

图 7-5 为不同扫速下，1.00 mol/L C_2H_5OH+0.50 mol/L H_2SO_4 溶液在光滑 Pr 电极上的循环伏安曲线。从图中可以看出，随着扫速的逐渐增加，乙醇的两个氧化峰电流密度不断升高，而且氧化峰电位不断正移，表现出乙醇电化学氧化的不可逆性。

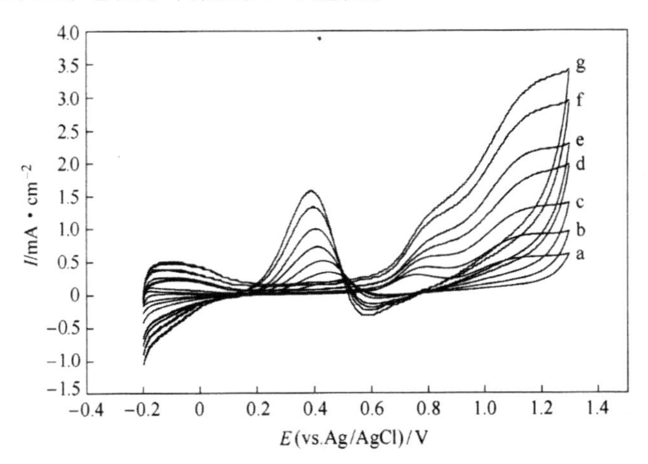

图 7-5　不同扫速时乙醇溶液在光滑 Pt 电极上的循环伏安曲线(25 ℃)

a.10 mV/s; b.20 mV/s; c.40 mV/s; d.80 mV/s; e.100 mV/s; f.150 mV/s; g. 200 mV/s

7.4.1.3 不同温度对乙醇电氧化的影响

图 7-6 为不同温度时，1.00 mol/L C_2H_5OH +0.50 mol/L H_2SO_4 溶液在光滑 Pt 电极上的循环伏安曲线。随着温度的升高，乙醇的氧化峰电流密度有较大幅度的增加，40 ℃比 25 ℃和 15 ℃的峰电位负移，起始氧化电位负移。温度继续升高时，峰电位几乎不变。由此说明温度升高对乙醇在光滑 Pt 电极上的电氧化是有利的，增加了乙醇在电极表面的电催化氧化速率。

7.4.2 乙醇在 Pt/C 电极上的电氧化

7.4.2.1 溶液的酸度对乙醇电氧化的影响

图 7-7 为 1.00 mol/L C_2H_5OH 在不同浓度的 H_2SO_4 和中性 Na_2SO_4

介质中，在 Pt/C 电极上的循环伏安曲线。当 H_2SO_4 的浓度由 0.10 mol/L 增加到 0.30 mol/L 时，不仅乙醇的两个氧化峰的峰电流密度增加，而且峰电位分别由 0.92 V 和 1.39 V 负移至 0.84 V 和 1.23 V。当酸浓度再有所增加时，乙醇的氧化峰电流密度增加，但峰电位变化不大。在中性介质中乙醇的氧化峰电流密度与 0.30 mol/L H_2SO_4 介质中的相近，峰电位比其正移，出现在 0.97 V 和 1.35 V。说明乙醇氧化程度随酸介质浓度的增加而增强，在中性介质 0.64 mol/L Na_2SO_4 与 0.30 mol/L H_2SO_4 介质中氧化程度相当。在 DMFC 中如果用碱性电解质，则燃料氧化生成的 CO_2，和碱生成难溶的碳酸盐，不易移去，所以这里只讨论乙醇在酸性和中性介质中的电氧化行为。

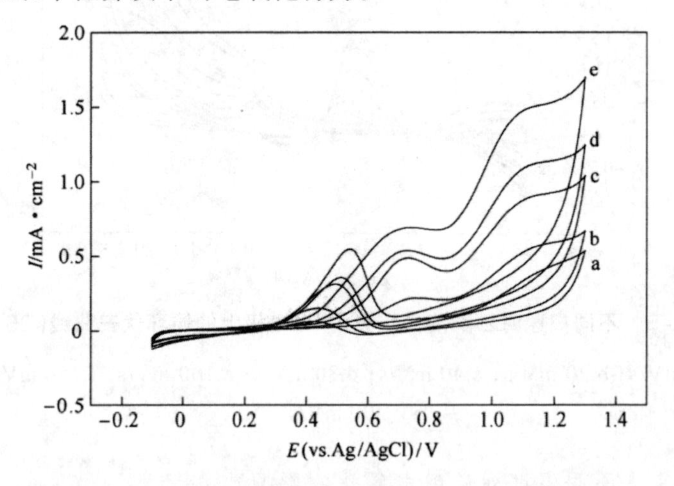

图 7-6 不同温度时乙醇溶液在光滑 Pt 电极上的循环伏安曲线

a.15 ℃；b.25 ℃；C.40 ℃；d.60 ℃；e.80 ℃

7.4.2.3 不同浓度时乙醇溶液的循环伏安特性

图 7-8 为含不同浓度的 C_2H_5OH 在 0.50 mol/L H_2SO_4 溶液中，在 Pt/C 电极上的循环伏安曲线。由图明显可以看出，随着 C_2H_5OH 浓度的增加，C_2H_5OH 氧化峰电流密度逐渐增加，C_2H_5OH 浓度为 0.05 moL/L 和 0.10 mol/L 两条件下的峰电位几乎一致，当 C_2H_5OH 浓度继续增加时，氧化峰电位逐渐正移，但 C_2H_5OH 浓度为 0.8 mol/L 和 1.0 mol/L 的第二个氧化峰电位几乎不变。以上结果表明，C_2H_5OH 在 PVC 电极上的电氧化是与 C_2H_5OH 吸附量有关的，C_2H_5OH 在电极表面的吸附量随

浓度增加而加大，从而使得氧化峰电流密度不断增加。

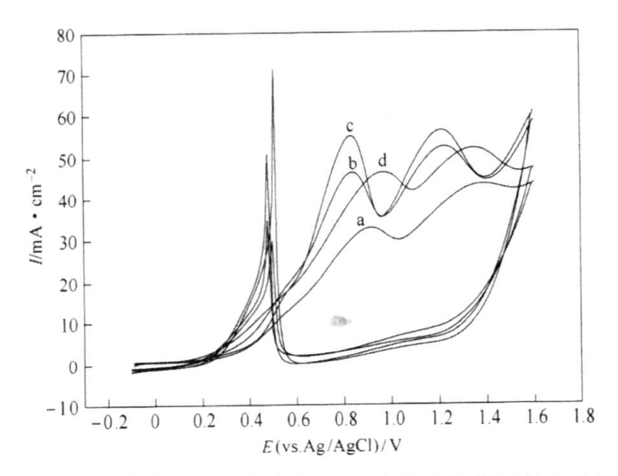

图 7-7　不同酸度下乙醇溶液在 Pt/C 电极上的循环伏安曲线（25 ℃）

a.0.10 mol/L H_2SO_4; b.0.30 mol/L H_2SO_4; c.0.50 moL/L H_2SO_4; d.0.64 mol/L H_2SO_4

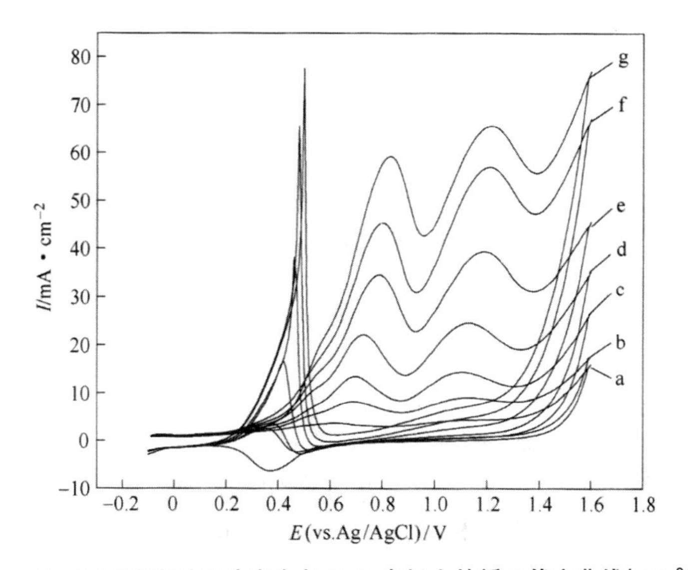

图 7-8　不同浓度时乙醇溶液在 Pt/C 电极上的循环伏安曲线（25 ℃）

a.0.01 m01/L; b.0.05 mol/L; c.0.10 mol/L; d.0.20 mol/L; e.0.40 mol/L; f.0.80 mol/L; g.1.00 mol/L

7.4.2.4 不同扫速时乙醇溶液的循环伏安特性

图 7-9 为 1.00 mol/L C_2H_5OH 在 0.50 mol/L H_2SO_4 溶液中,不同扫速下乙醇在 Pt/C 电极上的循环伏安曲线。从图中可以看出,随着扫速的逐渐增加,乙醇的两个氧化峰电流密度不断升高,说明随着扫速的增加,乙醇的氧化能力增强,但氧化峰电位不断正移,表现出乙醇电化学氧化的不可逆性。

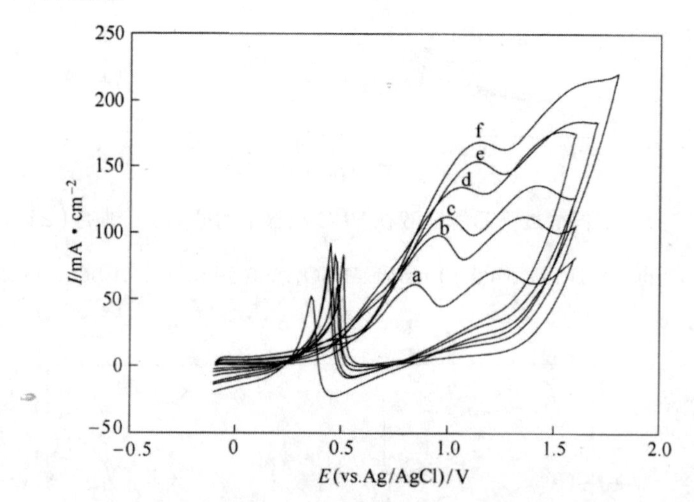

图 7-9 不同扫速时乙醇溶液在 Pt/C 电极上的循环伏安曲线(25 ℃)

a.10 mV/s; b.20 mV/s; c.40 mV/s; d.80 mV/s; e.100 mV/s; f.150 mV/s

7.4.2.5 不同温度时乙醇溶液的循环伏安特性

图 7-10 为不同温度时,1.00 mol/L C_2H_5OH +0.50 mol/L H_2SO_4 溶液在 Pt/C 电极上的循环伏安曲线。随着温度的升高,乙醇的氧化峰电流密度有较大幅度的增加。温度升高对乙醇在 PVC 电极上的电氧化是有利的,增加了乙醇在电极表面的电催化氧化速率,但随着温度升高,乙醇的氧化峰电位有一定程度的正移。说明在较高温度下乙醇在 PVC 电极表面的氧化需要在较正的电势下才能达到极限扩散电流。虽然乙醇在 PV/C 电极上的电氧化速率随着温度的升高而明显增大,但是通过提高温度来增加乙醇燃料电池效率的幅度是有限的,因为 Nafion 膜通常的使用温度在 120 ℃以下。

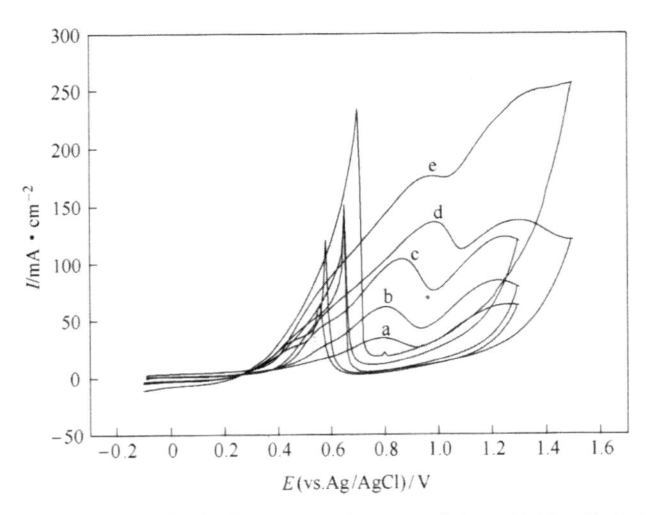

图 7–10　不同温度时 C_2H_5OH 在 PV/C 电极上的循环伏安曲线

a.15 ℃; b.25 ℃; c.40 ℃; d.60 ℃; e.80 ℃

乙醇在光滑 Pt 电极和 Pt/C 电极上的电氧化性质随酸度、扫速、浓度和温度的变化而不同。乙醇氧化峰电流密度随酸度、扫速、温度、浓度的增加而增加。

7.4.3 乙醇和 CO 在 Pt- ZrO_2/C 电极上的电氧化

7.4.3.1 乙醇在 Pt-ZrO_2/C 电极上的氧化

图 7-11 为酸性介质中乙醇在 PV/C 和 Pt-ZrO_2/C 电极上的循环伏安曲线。由图 7-11 可见，乙醇在 Pt-ZrO_2/C 电极上的氧化（如图 7-10b 所示）与在 PV/C 电极上的氧化（如图 7-11a 所示）相比，第一个氧化峰电位几乎一致，第二个氧化峰电位负移 30 mV，两个氧化峰电流密度都有提高，但提高不大，分别提高 4 mA/cm^2 和 5 mA/ cm^2。

图 7-12 为中性介质中乙醇在 Pt/C 和 Pt-ZrO_2/C 电极上的循环伏安曲线。由图 7-12 可见，乙醇在 Pt-ZrO_2/C 电极上的循环伏安曲线（如图 7-12b 所示）与在 Pt/C 电极上的循环伏安曲线（如图 7-12a 所示）几乎一致，有区别的是反扫有两个氧化峰，而在 Pt/C 电极上只有一个氧化峰，说明电极表面氧化掉吸附物质后，负扫时乙醇以及中间产物的氧化物不同。

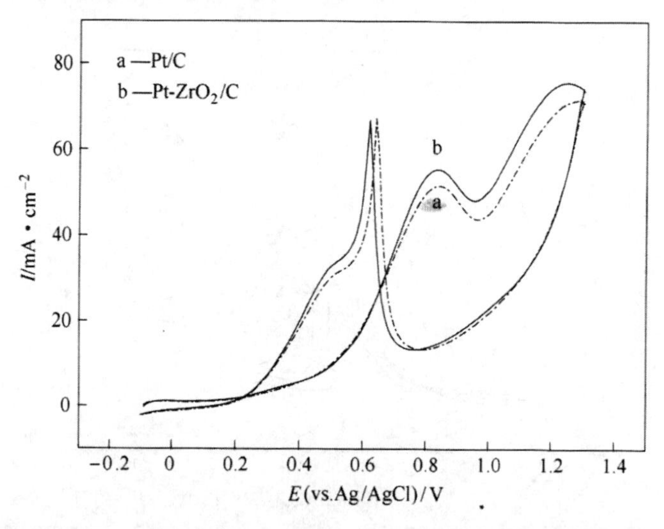

图 7-11　酸性介质中乙醇在 Pt/C 和 Pt-ZrO_2/C 电极上的循环伏安曲线

由图 7-11 和图 7-12 结果可知，催化剂中加入 ZrO_2，在酸性介质中能够对乙醇的氧化有一些促进作用，而在中性介质中没有作用。

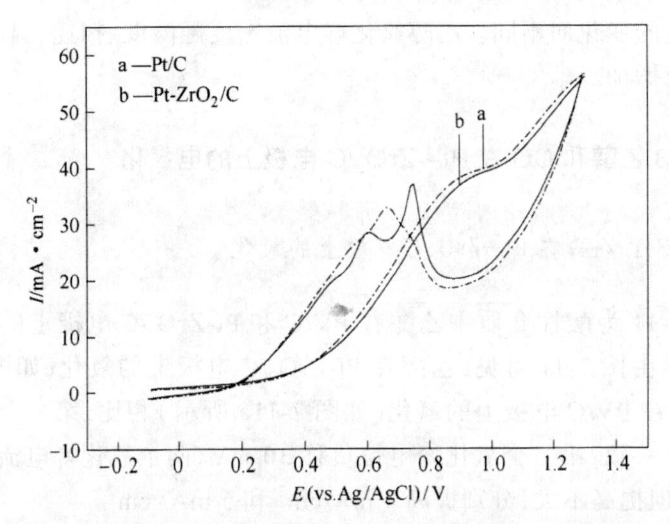

图 7-12　中性介质中乙醇在 Pt/C 和 Pt-ZrO_2/C 电极上的循环伏安曲线

7.4.3.2 CO 在 Pt-ZrO_2/C 电极上的氧化

图 7-13 为在酸性溶液中吸附的 CO 在 Pt/C 和 Pt-ZrO_2/C 电极上的线性扫描曲线。从图中可以看出，CO 在 Pt/C 和 Pt-ZrO_2/C 电极上的氧化峰电位分别为 0.57 V 和 0.62 V，Pt-ZrO_2/C 电极比 Pt/C 电极峰电

位正移 50 mV，而且起始氧化电位也有所正移，说明在酸性溶液中，Pt-ZrO_2/C 电极上不利于 CO 氧化。

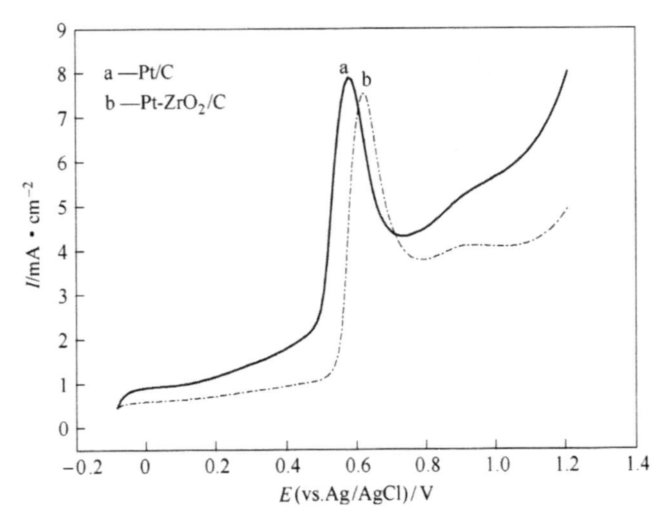

图 7-13　酸性溶液中吸附的 CO 在 Pt/C 和 Pt-ZrO_2/C

图 7-14 为在中性溶液中吸附的 CO 在 Pt/C 和 Pt-ZrO_2/C 电极上的电极上的线性扫描曲线线性扫描曲线。CO 在 P/C 和 Pt-ZrO_2/C 电极上的氧化峰电位分别为 0.49 V 和 0.60 V，与 Pt/C 电极相比，Pt-ZrO_2/C 电极上的峰电位正移 110 mV，比酸性溶液中正移幅度增大，与酸性溶液中情况相似，起始氧化电位也有所正移，说明在中性溶液中，Pt-ZrO_2/C 电极上也不利于 CO 氧化。

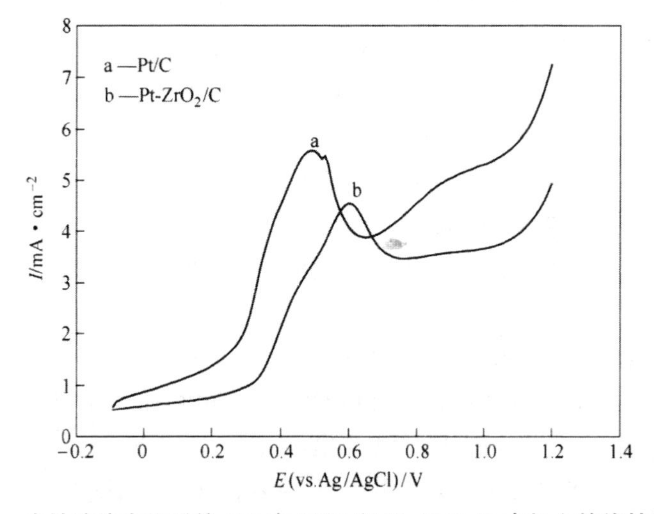

图 7-14　中性溶液中吸附的 CO 在 Pt/C 和 Pt-ZrO_2/C 电极上的线性扫描曲线

由图 7-13 和图 7-14 结果可知，无论在酸性还是在中性介质中，ZrO_2 的加入都不利于 CO 的氧化。

7.4.4 乙醇和 CO 在 Pt-WO_3/C 电极上的电氧化

7.4.4.1 乙醇在 Pt-WO_3/C 电极上的氧化

图 7-15 为酸性介质中乙醇在 Pt/C 和 Pt-WO_3/C 电极上的循环伏安曲线。

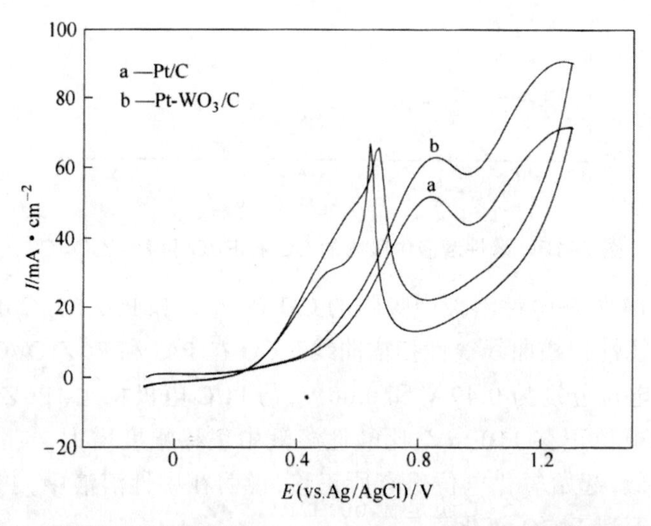

图 7-15　酸性介质中乙醇在 Pt/C 和 Pt-WO_3/C 电极上的循环伏安曲线

-0.1 ~ 0.1 V 电位下，在 Pt-WO_3/C 和 Pt/C 电极上都没有出现 H 的吸脱附峰，说明乙醇在低电位下就能较强地吸附在 Pt-WO_3/C 和 Pt/C 电极表面，从而抑制了氢的吸脱附。乙醇在 Pt/C 电极（图 7-15a 所示），电位正扫时在 0.84 V 和 1.28 V 处出现两个阳极氧化峰，峰电流密度为 51.7 mA/cm^2 和 71.8 mA/cm^2；乙醇在 Pt-WO_3/C 电极（如图 7-15b 所示），电位正扫时两个阳极氧化峰分别出现在 0.85 V 和 1.26 V，与 Pt/C 电极相比，第一个氧化峰正移 10 mV，第二个氧化峰负移 20 mV，虽然氧化峰电位变化不大，但峰电流密度有较大幅度提高，分别为 63.0 mA/cm^2 和 91.0 mA/cm^2。艺醇在 Pt/C 和 Pt-WO_3/C 电极上的起始氧化电位虽然都约为 0.4 V，但从图中可以看出在相同电位下，乙醇在 Pt-WO_3/C 电极上的氧化速率大于在 Pt/C 电极上的氧化速率。由图 7-15 结果可知，在酸性介质中 Pt-WO_3/C 电极比 Pt/C 电极对乙醇的催化氧化活性高。

7.4.4.2 酸性溶液中 CO 在 Pt-WO_3/C 电极上的氧化

图 7-16 所示为在酸性溶液中吸附的 CO 在 Pt/C 和 Pt-WO_3/C 电极上的线性扫描曲线。图 7-16a 所示为 25 ℃时 CO 在 Pt/C 和 Pt-WO_3/C 电极上的线性扫描曲线。从图 7-16a 中可以看出，CO 在 Pt-WO_3/C 和 Pt/C 电极上的氧化峰电位分别为 0.54 V 和 0.57 V，Pt-WO_3/C 电极比 Pt/C 电极峰电位负移 30 mV，峰电流密度增加 3.4 mA/cm^2，而且起始氧化电位也有所负移，说明电极上 Pt 与 W 氧化物之间的相互作用，有利于 CO 在 Pt 表面的氧化。图 7-16b 所示为 60 ℃时 CO 在 Pt/C 和 Pt-WO_3/C 电极上的线性扫描曲线。从图 7-16b 中可以看出，CO 在 Pt/C 电极上的氧化峰电位出现在 0.52 V，比 25 ℃时负移 50 mV，且峰电流密度有所减小，峰形变宽，说明温度升高有利于 CO 在 Pt/C 电极上发生氧化。在 Pt-WO_3/C 电极上，CO 的氧化峰电位在 0.46 V，比 25 ℃时负移 80 mV，随温度升高 CO 在 Pt-WO_3/C 电极比在 Pt/C 电极负移程度增加，说明在较高的温度下，Pt 与 W 氧化物之间的作用，对 Pt 和 CO 之间的相互作用的影响加强，更有利于 CO 的氧化。与同温度下的 Pt/C 电极相比，峰电位负移 60 mV，峰电流增加 4.4 mA/cm^2，起始氧化电位略有负移，说明 60 ℃时 CO 也容易在 Pt-WO_3/C 电极发生氧化。由此可知，酸性介质中无论在 25 ℃还是在 60 ℃，CO 在 Pt-WO_3/C 电极上的峰电流都明显比在 Pt/C 电极上高，说明 WO_3 的加入明显提高了催化剂中 Pt 的分散度，从而提高了催化剂的抗 CO 中毒能力，而且随着温度的升高 WO_3 的优势表现得越明显。

7.4.4.3 中性溶液中 CO 在 Pt-WO_3/C 电极上的氧化

图 7-17 所示为在中性溶液中吸附的 CO 在 Pt/C 和 Pt-WO_3/C 电极上的线性扫描曲线。其中，图 7-17a 所示为 25 ℃时 CO 在 Pt/C 和 Pt-WO_3/C 电极上的线性扫描曲线，在 Pt/C 电极上 CO 的氧化峰电位出现在 0.49 V，在 Pt-WO_3/C 电极上 CO 的氧化峰电位出现在 0.41 V，与 Pt/C 电极相比，峰电位负移 80 mV，峰电流密度有所增加，起始氧化电位明显负移，约负移 60 mV。图 7-17b 所示为 60 ℃时 CO 在 Pt/C 和 Pt-WO_3/C 电极上的线性扫描曲线，CO 在 Pt/C 和 Pt-WO_3/C 电极上的氧化

峰电位分别出现在 0.36 V 和 0.28 V，$Pt-WO_3/C$ 电极比 Pt/C 电极峰电位负移 80 mV，比 25 ℃时负移的程度增加，说明在中性溶液中随着温度的升高 Pt 与 W 氧化物之间的作用，对 Pt 和 CO 之间的相互作用的影响也加强，更有利于 CO 在 $Pt-WO_3/C$ 电极上的氧化，与同温下的 Pt/C 电极相比，峰电流也增加。由图 7-17 结果可知，中性介质中无论在 25 ℃还是在 60 ℃，CO 在 $Pt-WO_3/C$ 电极上的峰电流也都明显比 Pt/C 电极上高，与酸性溶液中得出的结论相似，WO_3 的加入对 CO 的氧化有明显的促进作用，而且在温度较高时 WO_3 的促进作用更明显。

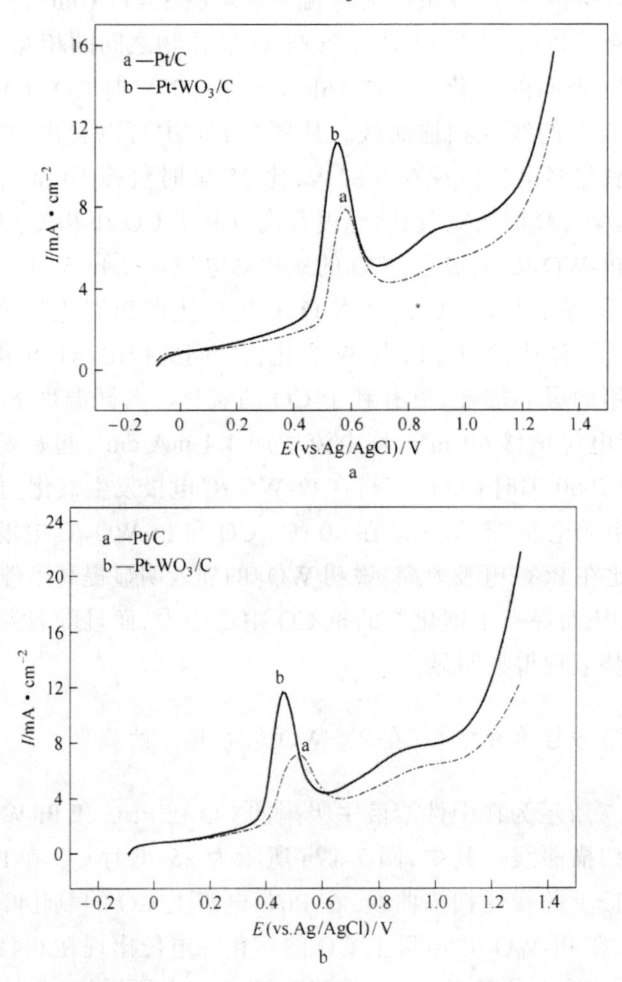

图 7-16　酸性溶液中吸附的 CO 在 Pt/C 和 $Pt-WO_3/C$ 电极上的线性扫描曲线

a.25 ℃；b.60 ℃

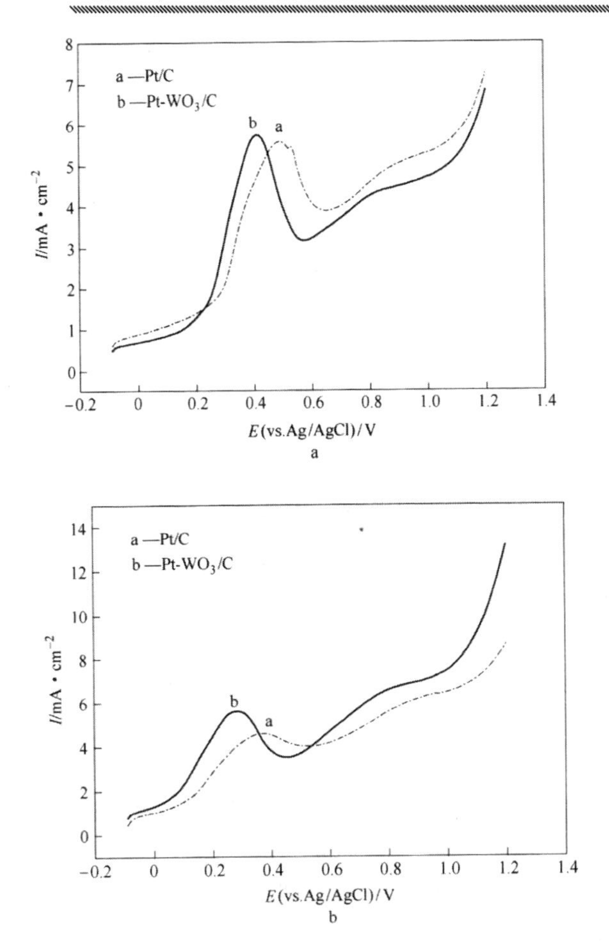

图 7-17　中性溶液中吸附的 CO 在 Pt/C 和 Pt-WO_3/C 电极上的线性扫描曲线

a.25 ℃；b.60 ℃

7.4.4.4 乙醇溶液在 Pt-WO_3/C 和 Pt/C 电极上的计时电流曲线

图 7-18 为电位恒定在 0.8V 时，Pt-WO_3/C 和 Pt/C 电极在 1.00 mol/L C_2H_5OH+0.50 mol/L H_2SO_4 溶液中的计时电流曲线。曲线 a 为乙醇在 Pt/C 电极上的计时电流曲线，曲线 b 为乙醇在 Pt-WO_3/C 电极上的计时电流曲线，由图 7-18 可看出，Pt-WO_3/C 电极与 Pt/C 电极有着近似相同的稳定性，但在 Pt-WO_3/C 电极上乙醇氧化的电流密度较高。两条曲线随着时间的延长，都显示出一定的电流衰减行为，这反映了在乙醇电催化氧化过程中产生的中间产物引起对催化剂的毒化作用。

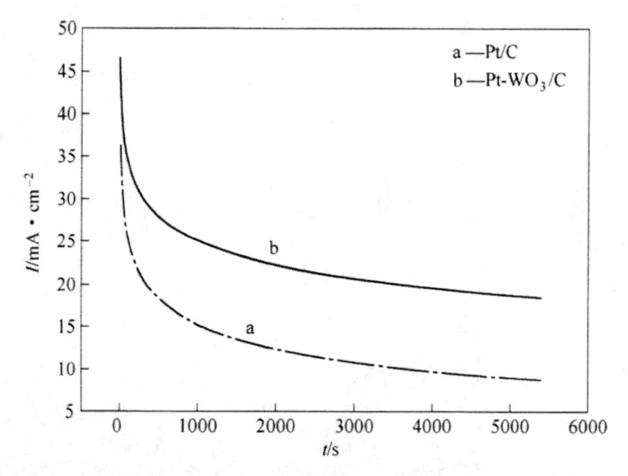

图 7-18　Pt/C 和 Pt-WO_3/C 电极在乙醇溶液中的计时电流曲线

7.4.4.5 Pt/C、Pt-ZrO_2/C 和 Pt-WO_3/C 电极对乙醇电氧化的比较

图 7-19 为酸性介质中，乙醇在 Pt/C、Pt-ZrO_2/C 和 Pt-WO_3/C 电极上的循环伏安曲线。由图 7-19 可看出，乙醇在 Pt-ZrO_2/C 电极上的峰电流密度比 Pt/C 电极上略高，峰电位几乎不变，在 Pt-WO_3/C 电极上峰电位略有正移，但峰电流密度比 Pt/C 电极有较大幅度提高。所以，在酸性介质中，乙醇在 Pt-WO_3/C 电极比在 Pt/C 电极和 Pi-ZrO_2/C 电极上容易氧化，说明 WO_3 的加入提高了催化剂对乙醇的催化氧化能力，而 ZrO_2 的加入效果并不明显。

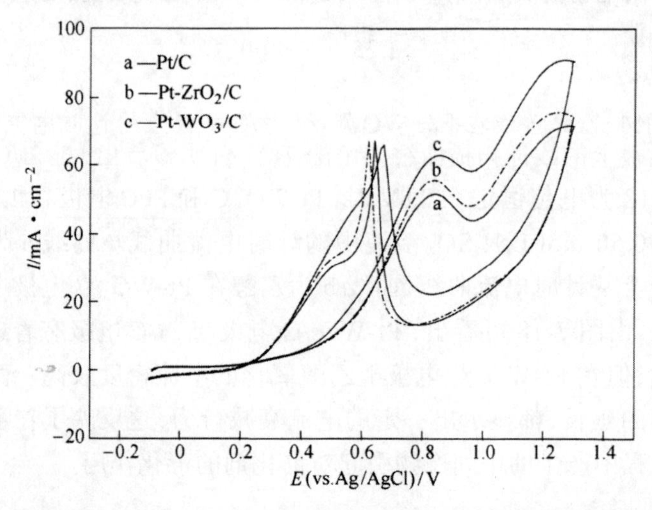

图 7-19　酸性介质中乙醇在 Pt/C、Pt-ZrO_2/C 和 Pt-WO_3/C 电极上的循环伏安曲线

图 7-20 所示为中性介质中，乙醇在 Pt/C、Pt-ZrO_2/C 和 Pt-WO_3/C 电极上的循环伏安曲线。乙醇在 Pt-ZrO_2/C 电极上的循环伏安曲线(图 7-20b)与在 PVC 电极上的循环伏安曲线(图 7-20a)几乎一致，而 Pt-WO_3/C 电极与 Pt/C 电极相比，峰电位有所正移，但峰电流密度有较大幅度增加且起始氧化电位也有所负移。由图 7-20 的这些结果表明，在中性介质中 Pt-WO_3/C 电极也比 Pt/C 电极和 Pt-ZrO_2/C 电极对乙醇的催化氧化活性提高。

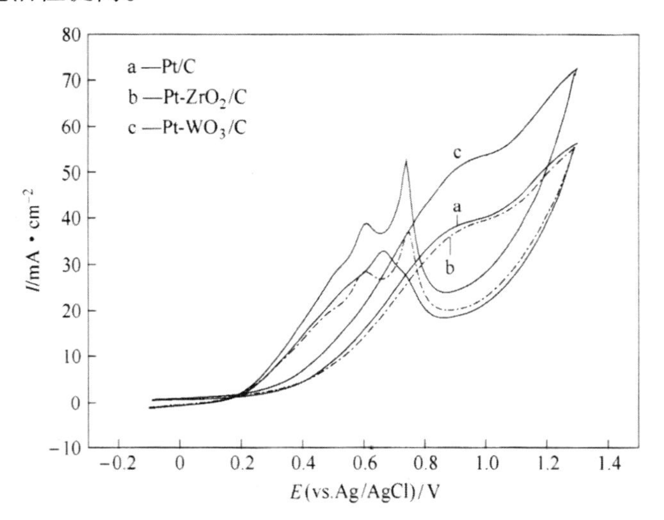

图 7-20　中性介质中乙醇在 PVC、Pt-ZrO_2/C 和 Pt-WO_3/C 电极上的循环伏安曲线

7.4.4.6 CO 在 Pt/C、Pt-ZrO_2/C 和 Pt-WO_3/C 电极上的氧化

图 7-21 所示为酸性介质中，吸附的 CO 在 Pt/C、Pt- ZrO_2/C 和 Pt-WO_3/C 电极上的线性扫描曲线。由图 7-21 可明显看出，与 Pt/C 电极相比，Pt- WO_3/C 电极上 CO 的氧化峰电位负移，而 Pt-ZrO_2/C 电极上的峰电位有一定程度的正移，这一点就说明了酸性介质中，CO 容易在 Pt-WO_3/C 电极上发生氧化。

图 7-22 所示为中性介质中，吸附的 CO 在 Pt/C、Pt-ZrO_2/C 和 Pt-WO_3/C 电极上的线性扫描曲线。由图 7-22 可明显看出，与 PVC 电极相比，Pt-WO_3/C 电极上 CO 的氧化峰电位负移，且负移程度比酸性介质中大，而 Pt-ZrO_2/C 电极上的峰电位明显正移，正移程度也比酸性介质中大，与酸性介质中得到的结论相似，在中性介质中，CO 也容易在 Pt-

WO_3/C 电极上发生氧化，其次是在 PV/C 电极上，不易在 $Pt\text{-}ZrO_2/C$ 电极上氧化。

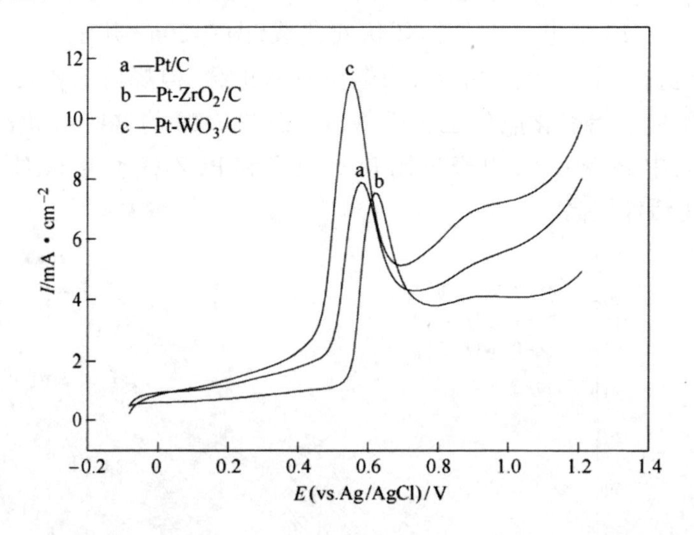

图 7-21　酸性溶液中吸附的 CO 在 Pt/C、$Pt\text{-}ZrO_2/C$ 和 $Pt\text{-}WO_3/C$ 电极上的线性扫描曲线

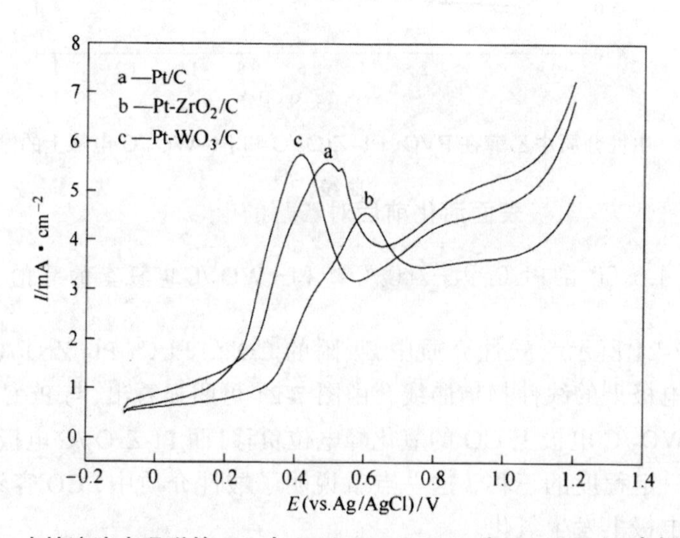

图 7-22　中性溶液中吸附的 CO 在 Pt/C、$Pt\text{-}ZrO_2/C$ 和 $Pt\text{-}WO_3/C$ 电极上的线性扫描曲线

无论在酸性介质还是在中性介质中，$Pt\text{-}WO_3/C$ 电极都比 Pt/C 电极和 $Pt\text{-}ZrO_2/C$ 电极对乙醇的催化活性提高，而且对 CO 的氧化能力也明显提高，并且随着温度的提高，Pt 与 W 氧化物之间的作用，对 Pt 和

CO 之间的相互作用的影响也加强，更有利于 CO 在 Pt-WO_3/C 电极上的氧化。

WO_3 的加入使 Pt-WO_3/C 电极对 CO 及乙醇的催化活性都明显提高。WO_3 之所以提高了催化剂的活性，一方面，WO_3 对乙醇在 Pt 上电氧化的助催化作用可能来源于 W 的氧化态在反应过程中的迅速转变，即氧化态在 W（Ⅳ）与 W（Ⅴ）、W（Ⅵ）之间变化，一般认为这种氧化还原作用有助于水的解离吸附，丰富催化剂表面的氧化基团，同时对吸附在 Pt 表面的质子的转移也可能有一定作用；另一方面，WO_3 的加入很可能提高了催化剂中 Pt 的分散度，增加 Pt 的活性表面，从而提高了催化剂在乙醇中的催化氧化能力和它在酸、碱溶液中的抗 CO 的中毒能力。

WO_3 可能起到一种活性载体的作用，这样 Pt 上的电化学反应可以转移到 WO_3 载体上进行，这种情况称为氢表面溢流效应，通过这种效应，乙醇的脱氢氧化可通过 WO_3 进行，WO_3 以 H_xWO_3 的形式传递质子，使乙醇脱氢形成$(CO)_{ad}$，同时使 H_2O 分解形成$(OH)_{ad}$，Pt 也同时可形成$(OH)_{ad}$，从而使$(CO)_{ad}$ 在低电势下被氧化。

实验结果表明，在 Pt/C 催化剂基础上加入 WO_3 对该催化剂进行改性，能提高该催化剂的催化活性，该催化剂是一种有发展潜力的低温乙醇燃料电池的阳极电催化剂。

7.4.5 Pt/C 电极表面活化前后对乙醇的电氧化作用

（1）酸性溶液中乙醇在 Pt/C 电极表面活化前后的循环伏安曲线。

图 7-23 所示为乙醇在酸性介质中表面活化处理前后 Pt/C 电极上的循环伏安曲线。图 7-23a 所示为未经表面活化处理的 Pt/C 电极在 1.0 mol/L C_2H_5OH+0.5 moL/L H_2SO_4 溶液中的 C-V 曲线。

图 7-23b 所示为乙醇在表面活化处理后的 P/C 电极上酸性介质中的 C-V 曲线。从图中可以看出，这两个峰中，较低电位下的峰电流密度在表面活化处理前增加的幅度更大。

（2）中性溶液中乙醇在 Pt/C 电极表面活化前后的循环伏安曲线。图 7-24a 所示为 Pt/C 电极表面活化处理前乙醇在中性溶液中的 CV 曲线。正扫方向乙醇的两个氧化峰分别出现在 0.79 V 和 1.25 V 处，峰电流密度分别为 19.5 mA/cm^2 和 32.1 mA/cm^2，起始氧化电位为 0.23 V。

图 7-24b 所示为乙醇在表面活化处理后的 PV/C 电极上中性溶液中的CV 曲线。

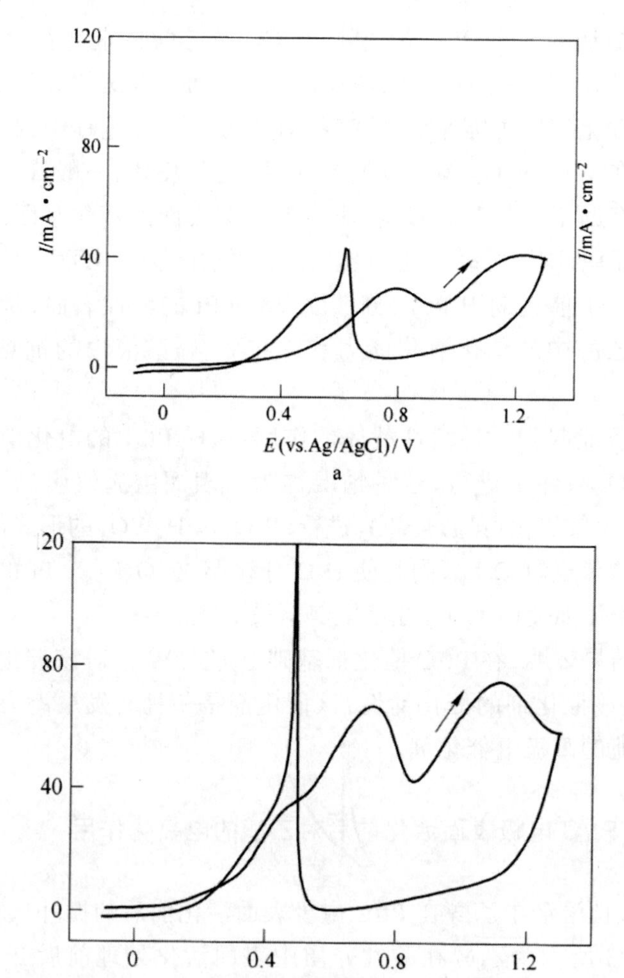

图 7-23　酸性溶液中乙醇在 Pt/C 电极上的循环伏安曲线

a. 未经表面活化处理的 Pt/C 电极；b. 表面活化处理后的 P/C 电极

与酸性溶液中相同，也有一个新的氧化肩峰出现，在 0.4 V 左右，较高电位处的两个氧化峰出现在 0.83 V 和 1.23 V 处，峰电流密度分别为 60.2 mA/cm^2 和 76.1 mA/cm^2。这两个峰中较低电位下的峰比表面处理前有 40 mV 的正移，而较高电位下的氧化峰略有负移，负移了 20 mV。在中性溶液表面处理后的乙醇氧化峰电流密度也有相当大幅度的提高，分别是未处理前的 3.1 倍和 2.4 倍。与酸性介质中相比，增加的幅度更大。与酸性介质中规律一致的是，都是较低电位下的氧化峰电流密度增加的幅度较大。

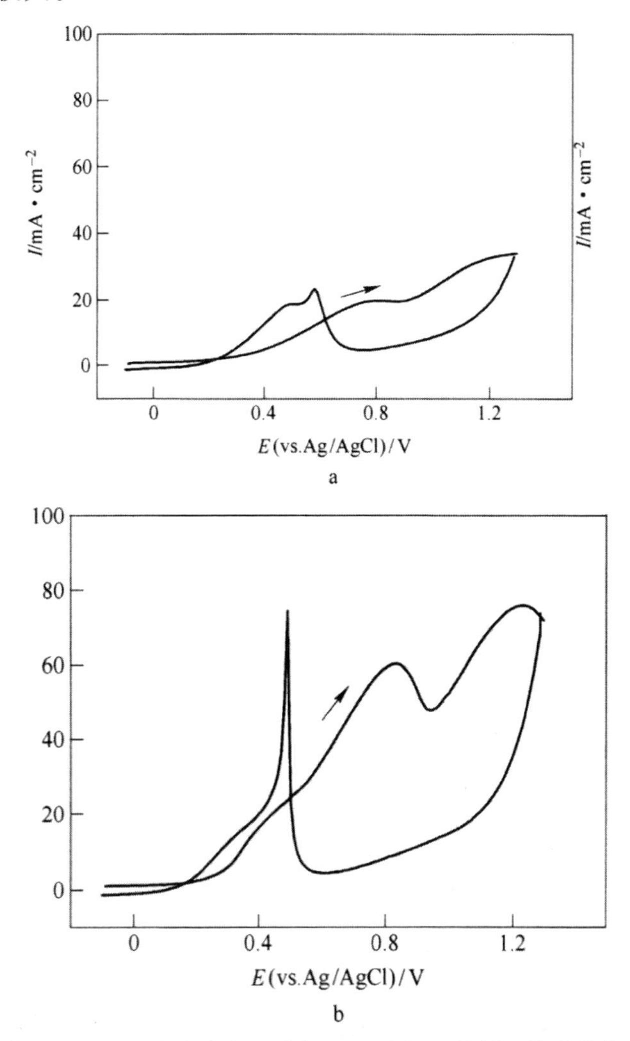

图 7-24　中性溶液中乙醇在 Pt/C 电极上的循环伏安曲线

a. 未经表面活化处理的 Pt/C 电极；b. 表面活化处理后的 Pt/C 电极

从以上的结果可以看出，表面经过活化处理后，无论是酸性溶液还是中性溶液中，乙醇在 Pt/C 电极上，在较低的电位处都有新的氧化肩峰出现，峰电流都有大幅度的提高，说明 Pt/C 电极表面经过活化处理后对乙醇的催化氧化活性明显提高。[①]

（3）有机试剂处理不同时间对 Pt/C 电极的影响。图 7-25 所示为 Pt/C 电极表面处理不同时间乙醇在酸性介质中的 C-V 曲线，从图中发现，有机试剂处理 5 min 后，峰电流密度显著增加，起始氧化电位明显负移，有机试剂处理 10 min 后，峰电流密度进一步有 所增加，且第一个氧化峰电位比处理 5 min 后时的提前 65.5 mV，第二个氧化峰电位比处理 5 min 后时的提前 77.8 mV，对乙醇的氧化能力进一步增强，但处理 15 min 后，峰电流密度开始下降。从图 7-26 所示，电流密度 - 时间曲线也可明显看出电极表面处理 5 min 时，电流密度就已经有非常明显的增加，10 min 时氧化电流密度进一步增加，但增加的幅度不大，15 min 时电流密度开始略有下降，所以电极表面处理选择 5 ~ 10 min 比较合适。

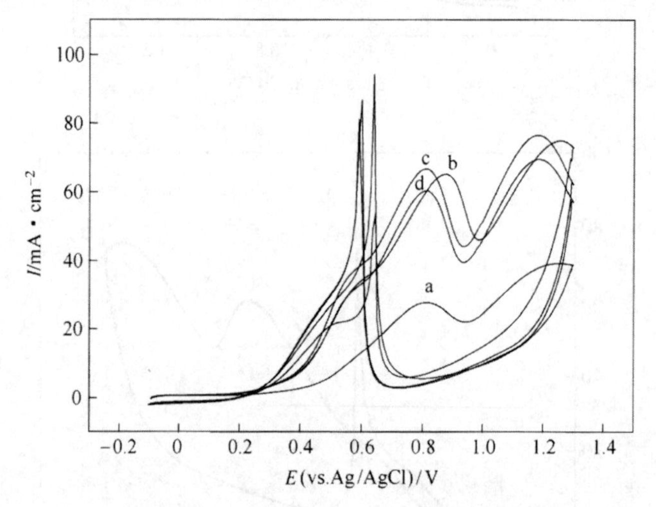

图 7-25　有机试剂处理 Pt/C 电极不同时间后乙醇的循环伏安曲线

a. 未处理；b. 处理 5 min 后；c. 处理 10 min 后；d. 处理 15 min 后

电极表面活化时间短可能电极上的一些表面活性剂还没除掉，电极活性还没达到最佳状态，而时间过长，可能有损电极上催化层的紧密度，使催化剂松动甚至脱落，从而导致对乙醇的氧化能力减弱。因此，有机试剂处理电极的时间要适度。

（4）循环扫描活化与有机试剂表面活化处理对 Pt/C 电极的影响。图 7-27 所示为不同扫描循环后的 P/C 电极与表面处理后的 PV/C 电极

① 王国富．乙二醇在铂及其合金电极上的电氧化行为研究[D]．南昌：江西师范大学，2008.

的循环伏安曲线。随着在空白溶液中扫描循环的增加，燃料中峰电流密度有所增加，说明扫描循环的增加能够激活 Pt/C 电极的活性，但这种方法激活电极的活性有一定的限度，在空白溶液中扫描 15 个循环、20 个循环和 25 个循环后，燃料循环伏安曲线几乎重合，峰电流密度几乎不变，说明电极的活性已经被激活到最好。当扫描循环次数增加到已不能再激活电极活性时，把这时的电极用有机试剂进行处理，发现峰电流密度又显著增加，而且起始氧化电位负移，第二个氧化峰电位也有所负移，说明此时电极的活性进一步增强。由此可知，有机试剂处理电极的方法并不是随着扫描循环次数增加的一种偶然现象，而是这种方法确实能够使电极的活性增强。

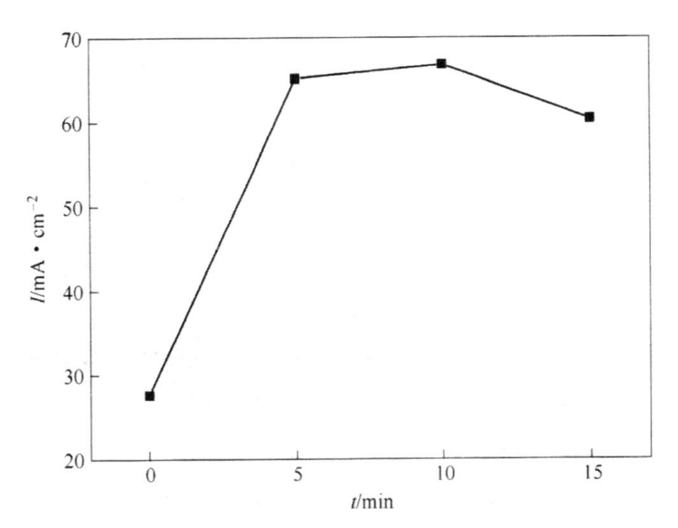

图 7-26　乙醇氧化峰电流密度随电极处理时间的变化曲线

从以上的结果可知，表面活化处理过的 PV/C 电极对乙醇在酸性和中性溶液中的催化氧化活性均比未处理过的电极大幅度增强，主要原因是表面活化处理，可以使电极表面暴露出更多 Pt 的活性位，其中一些新的活性位，能使乙醇在较低的电位下吸附和氧化。

7.4.6 电极表面活化处理对 CO 电催化氧化的作用

7.4.6.1 Pt/C 电极表面活化前后对 CO 的电氧化作用

（1）酸性溶液中 CO 在表面处理前后 PVC 电极上的氧化。电极表面活化处理大幅度地增加 Pv/C 电极对乙醇的电催化活性，除了上述的原因以外，另一方面也是由于表面活化处理后的电极对 CO 的氧化也有很大的促进作用。乙醇氧化的中间产物 Co，强烈吸附在电极表面，是使催化剂中毒的主要中间物种，已有很多报道。图 7-28a 和 b 分别表示 25 ℃和 60 ℃时 0.50 mol/L H_2SO_4 溶液中，CO 在表面处理前后 Pt/C 电极上电氧化。①

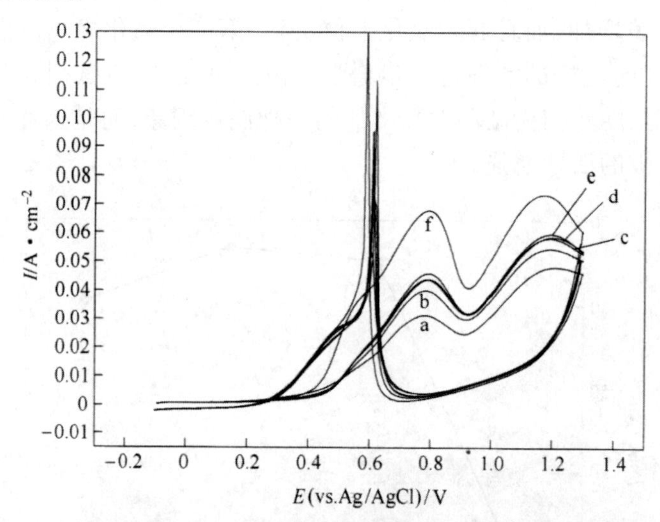

图 7-27　不同扫描循环后的 PI/C 电极与有机试剂处理后的 PVC 电极上乙醇的循环伏安曲线（空白溶液中扫速均为 80 mV/s）

a. 空白溶液中扫 5 个循环后；b. 空白溶液中扫 10 个循环后；c. 空白溶液中扫 15 个循环后；d. 空白溶液中扫 20 个循环后；e. 空白溶液中扫 25 个循环后；f. 有机试剂处理后

图 7-28a 中曲线 a 为 25 ℃时，CO 在表面处理前的 Pt/C 电极上的线性扫描曲线。CO 的氧化峰出现在 0.57 V，氧化峰电流为 6.0 mA/cm^2，起始氧化电位约为 0.45 V。图 7-28a 中曲线 b 为 CO 在 Pt/C 电极表面处理后的线性扫描曲线。与电极未活化处理前的 CO 的氧化峰相比，起始氧化电位没有什么变化。氧化峰电位出现在 0.53 V，负移了 40 mA。氧化峰电流为 5.6 mA/cm^2，比表面处理前有所降低。说明 25 ℃时，酸性介质中电极表面处理后，对 CO 的吸附减弱，使吸附的 CO 容易在电

① 曲微丽，邬冰，孙芳，等.C 电极表面活化对乙二醇和 CO 氧化的作用 [J]. 化学学报，2005，063（017）：1565-1569.

极表面氧化。

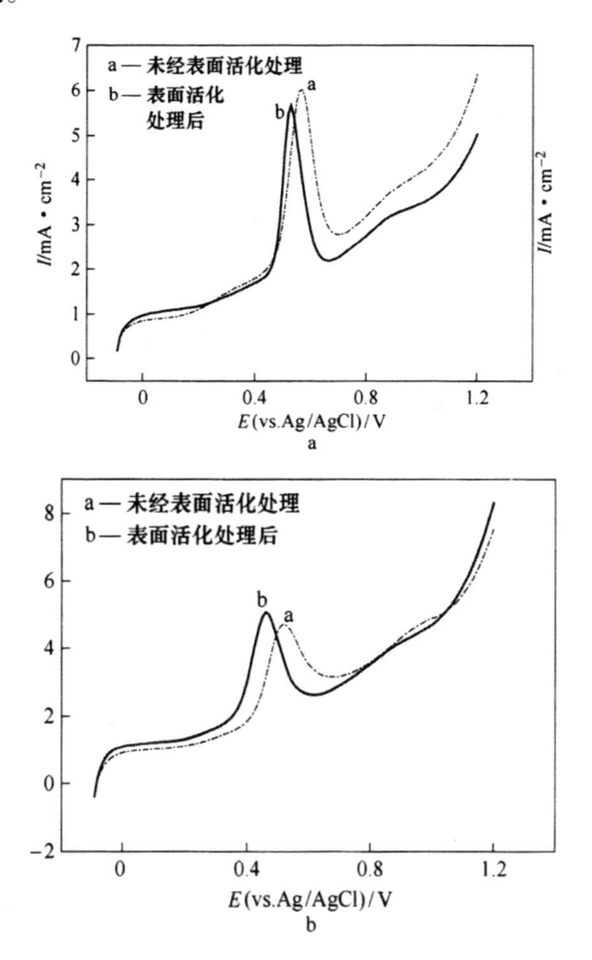

图 7-28　性介质中 CO 在 Pt/C 电极上的氧化

a.25 ℃；b.60 ℃

图 7-28b 中曲线 a 为 60 ℃时，CO 在表面处理前的 Pt/C 电极上的线性扫描曲线。CO 的氧化峰出现在 0.52 V，比 25 ℃时负移 50 mA，起始氧化电位约为 0.40 V，说明随着温度的升高，CO 能在较低电位下被氧化，氧化峰电流为 4.7 mA/cm^2，比 25 ℃时降低 1.3 mA/cm^2，温度升高，CO 的吸附也减弱，总之，酸性溶液中温度升高对 CO 的氧化有利。图 7-28b 中曲线 b 为 60 ℃时，CO 在 Pt/C 电极表面处理后的线性扫描曲线。CO 的氧化峰出现在 0.46 V，起始氧化电位约为 0.35 V，与电极未活化处理前相比，起始氧化电位和峰电位均明显负移，分别负移

50 mV 和 60 mV。说明 60 ℃时，酸性介质中电极表面处理后也有利于吸附的 CO 在电极表面氧化，并且负移程度比 25 ℃更明显，说明温度升高，电极表面的活化处理对 CO 的氧化更有利。

（2）中性溶液中 CO 在表面处理前后 Pt/C 电极上的氧化。图 7-29a 和 b 分别表示 25 ℃和 60％时 0.50 mol/L Na_2SO_4 溶液中，CO 在表面处理前后 Pt/C 电极上电氧化。

图 7-29a 中曲线 a 为 25 ℃时，CO 在表面处理前的 Pt/C 电极上的线性扫描曲线。CO 在表面未处理前的 Pt/C 电极上的氧化峰电位为 0.46 V，峰电流密度为 3.7 mA/cm^2，起始氧化电位为 0.25 V，比同一电极在酸性溶液中（如图 7-28a 中曲线 a 所示）氧化峰电位负移了 110 mV，起始氧化电位负移了约 200 mV，但氧化峰电流密度有较大程度的降低。说明 CO 在中性溶液中比在酸性溶液中在 Pt/C 电极上的吸附减弱，更容易被氧化。图 7-29a 中曲线 b 为中性溶液中 CO 在表面活化处理后 Pt/C 电极上的线性扫描曲线。CO 的氧化峰电位为 0.35 V，在约 0.1 V 时就有比较明显的氧化电流。

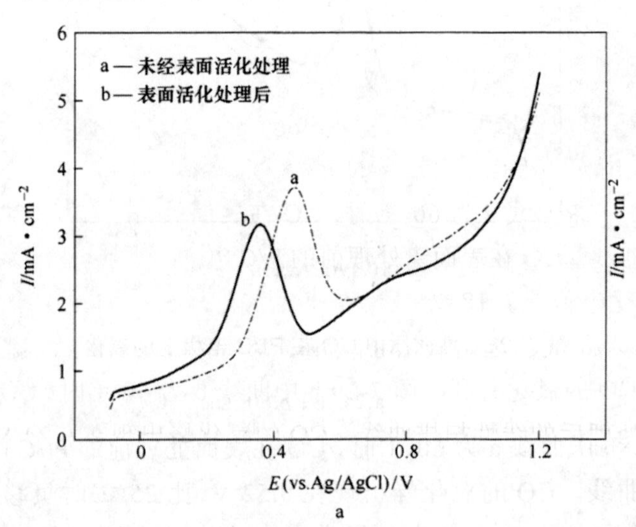

a

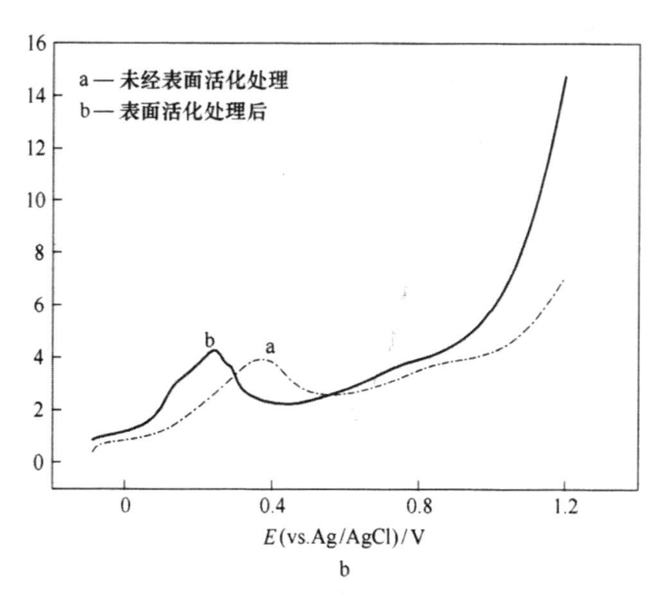

图 7-29 中性介质中 CO 在表面活化处理前后 Pt/C 电极上的氧化

a.25 ℃; b.60 ℃

Pt/C 电极相比,氧化峰电位负移 110 mV,起始氧化电位也有非常明显的负移,氧化峰电流略有降低。与酸性溶液中的情况相比,在中性溶液中,CO 在表面处理后的 Pt/C 电极上的氧化,无论是氧化峰电位还是起始氧化电位,都有更大幅度的负移。

图 7-29b 中曲线 a 为 60 ℃时,CO 在表面处理前的 Pt/C 电极上的线性扫描曲线。CO 在表面未处理前的 P/C 电极上的氧化峰电位为 0.37 V,起始氧化电位为 0.18 V,比同一电极在 25 ℃时(图 7-29a 中曲线 a)峰电位负移 90 mV,起始氧化电位负移 70 mV,说明在中性溶液中温度升高也对 CO 的氧化有利。图 7-29 b 中曲线 b 为 60 ℃时,CO 在 PV/C 电极表面处理后的线性扫描曲线。CO 的氧化峰出现在 0.24 V,起始氧化电位约为 0.06V,与电极未活化处理前相比,起始氧化电位和峰电位均明显负移,分别负移 130 mV 和 120 mV。可见 60 ℃时,中性介质中电极表面处理后也有利于吸附的 CO 在电极表面氧化,并且吸收峰面积比 25 ℃时变宽,负移程度也比 25 ℃时明显,说明温度升高,电极表面的活化处理对 CO 的氧化更有利。

从图 7-28 和图 7-29 的结果可以看出,无论在酸性还是在中性溶液中,电极表面活化处理后的 PV/C 电极对 CO 的电氧化有更好的催化活性，在中性溶液中表现得更加明显，其结果能使吸附在活性位上的CO在较低的电位下氧化掉，从而减少CO的毒化，提高了电极的抗CO中毒能力。

7.4.6.2 Pt-ZrO_2/C 电极表面活化前后对CO的电氧化作用

（1）酸性溶液中CO在表面处理前后Pt-ZrO_2/C电极上的氧化。图7-30所示表示25 ℃时，0.50 mol/L H_2SO_4溶液中，CO在表面处理前后Pt-ZrO_2/C电极上电氧化。曲线a为CO在表面处理前的Pt-ZrO_2/C电极上的线性扫描曲线，CO的氧化峰出现在0.61 V，起始氧化电位约为0.52 V。曲线b为CO在Pt-ZrO_2/C电极表面处理后的线性扫描曲线，出现两个氧化峰，分别在0.50 V和0.56 V，与电极未活化处理前的CO的氧化峰相比，分别负移110 mV和50 mV，起始氧化电位约为0.36 V，负移160 mV，峰电位和起始氧化电位均大幅度负移，说明25 ℃时，酸性介质中电极表面处理后，吸附的CO容易在Pt-ZrO_2/C电极表面氧化。

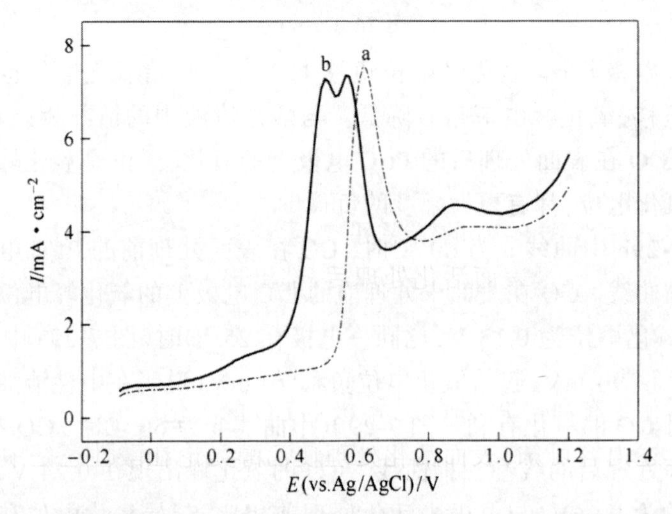

图7-30 酸性介质中CO在表面活化处理前后Pt-ZrO_2/C电极上的氧化

a. 未经表面活化处理；b. 表面活化处理后

（2）中性溶液中CO在表面处理前后PI-ZrO_2/C电极上的氧化。图7-31所示表示25 ℃时，0.50 mol/L Na_2SO_4溶液中，CO在表面处理前后Pt-ZrO_2/C电极上电氧化。曲线a为CO在表面处理前的Pt-ZrO_2/C电极上的线性扫描曲线，氧化峰电位出现在0.59 V，起始氧化电位为0.35V。曲线b为CO在表面活化处理后Pt-ZrO_2/C电极上的线性扫描曲线,同酸性溶液一样,也出现两个氧化峰,分别在 0.37 V 和 0.45 V,起始氧化电位约出现在 0.19 V,与表面未处理的 Pt-ZrO_2/C 电极相比,氧化峰电位分别负移 220 mV 和 140 mV,起始氧化电位也有非常明显的负移,说明中性溶液中, Pt-ZrO_2/C 电极经过表面处理后, CO 更容易氧化,电极的抗毒性能增强[①]。

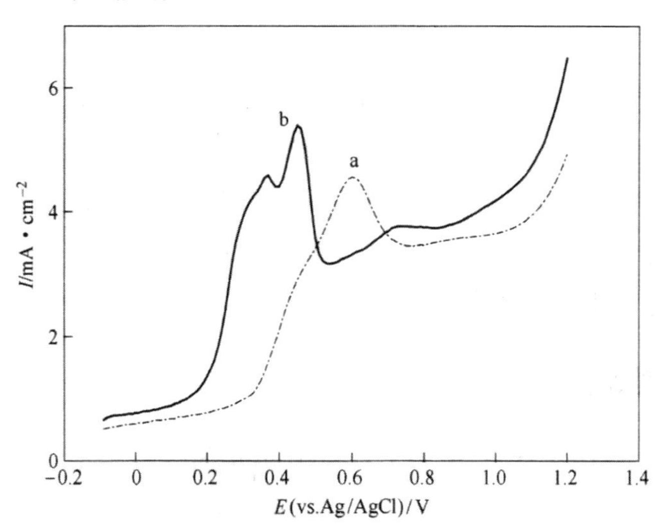

图 7-31 中性介质中 CO 在表面活化处理前后 Pt-ZrO_2/C 电极上的氧化[②]

a. 未经表面活化处理; b. 表面活化处理后

由图 7-30 和图 7-31 的结果可知,无论在酸性还是在中性介质中,Pt-ZrO_2/C 电极经过表面活化处理后,都出现两个吸收峰,说明活化使 CO 有两种吸附形式,改变了以前单一的吸附形式,表面处理使 CO 的峰位置大大负移,而且比 PV/C 电极和 Pt-WO_3/C 电极负移程度还大,说明表面活化更有利于 Pt-ZrO_2/C 电极上 CO 的氧化。

由上述内容可知,表面活化处理使乙醇无论在酸性还是中性溶液中,在 PV/C 电极、Pt-WO_3/C 电极和 Pt-ZrO_2/C 电极上峰电流密度都大幅度提高,而且 CO 的氧化峰也都明显负移,由此说明表面活化处理电极的方法能使乙醇的氧化能力大大提高,也使吸附的 CO 更容易氧化除掉。其主要原因是电极制备过程中表面一些 Pt 的活性位被 PTFE 乳液

① 孙芳, 邬冰, 曲微丽, 等. Pt—WO3/C 电极表面活化处理对乙醇和 CO 的电催化氧化作用 [J]. 哈尔滨师范大学自然科学学报, 2005 (03) : 64-67.

② 孙芳, 邬冰, 曲微丽, 等 . Pt/C 电极表面活化处理对乙醇电催化氧化的影响 [J]. 无机化学学报, 2005.

中的一些表面活性剂覆盖。此外一些杂质在电极的制备过程中也会堵塞一些活性炭的孔道，使一些活性的Pt不能参加乙醇的氧化反应。当电极表面经过活化处理后，能使电极表面Pt充分暴露出来，而且能出现不同的活性中心，新的活性位的出现能使吸附的CO在较低的电位下氧化掉，从而减少CO的毒化，提高了电极的抗CO中毒能力[①]。因此，表面活化处理电极的方法是一种实用有效的提高催化剂性能的方法。

① 孙芳，邬冰，曲微丽，等．Pt—WO3/C电极表面活化处理对乙醇和CO的电催化氧化作用[J]．哈尔滨师范大学自然科学学报，2005(03)：64-67.

参考文献

[1]（德）彼得·库兹韦尔．燃料电池技术基础、材料、应用、制氢 [M]. 北京：北京理工大学出版社，2019.

[2]（英）麦克杜格尔（A.O.Mcdougall）著．燃料电池 [M]. 江船，译．北京：国防工业出版社，1983.

[3] 章俊良，蒋峰景．燃料电池原理·关键材料和技术 [M]. 上海：上海交通大学出版社，2014.

[4] 曹殿学，王贵领，吕艳卓，等．燃料电池系统 [M]. 北京：北京航空航天大学出版社，2009.

[5] 窦志宇，赵妍，徐红，等．新型燃料电池用质子交换膜的合成和性能研究 [M]. 长春：吉林大学出版社，2011.

[6] 樊丽权．固体氧化物燃料电池纳米纤维电极的制备及性能研究 [M]. 哈尔滨：黑龙江大学出版社，2018.

[7] 郭公毅．燃料电池 [M]. 北京：能源出版社，1984.

[8] 郭瑞华．直接乙醇燃料电池催化剂材料及电催化性能 [M]. 北京：冶金工业出版社，2019.

[9] 黄倬，屠海令，张冀强，等．质子交换膜燃料电池的研究开发与应用 [M]. 北京：冶金工业出版社，2000.

[10] 李冰，马建新，乔锦丽．基于非铂催化剂的质子交换膜燃料电池研究 [M]. 上海：同济大学出版社，2017.

[11] 李强．固体氧化物燃料电池电极材料的制备及电化学性能 [M]. 哈尔滨：黑龙江大学出版社，2013.

[12] 李瑛，王林山．燃料电池 [M]. 北京：冶金工业出版社，2000.

[13] 林维明．燃料电池系统 [M]. 北京：化学工业出版社，1996.

[14] 毛宗强，王诚．低温固体氧化物燃料电池 [M]. 上海：上海科学技术出版社，2013.

[15] 毛宗强等 . 燃料电池 [M]. 北京：化学工业出版社，2005.

[16] 石英，全书海，娄小鹏 . 质子交换膜燃料电池扩散层物性分形表征方法及其应用 [M]. 武汉：中国地质大学出版社，2012.

[17] 隋智通，隋升，罗冬梅，等 . 燃料电池及其应用 [M]. 北京：冶金工业出版社，2004.

[18] 孙芳 . 直接乙醇燃料电池和葡萄糖氧化所需阳极催化剂的研究 [M]. 北京：冶金工业出版社，2019.

[19] 王洪涛，王焱 . 燃料电池及其组件 [M]. 合肥：合肥工业大学出版社，2019.

[20] 王洪涛，王永忠 . 电解质与燃料电池 [M]. 合肥：合肥工业大学出版社，2019.

[21] 王林山，李瑛 . 燃料电池 [M]. 北京：冶金工业出版社，2005.

[22] 王绍荣，肖钢，叶晓峰 . 大能源固体氧化物燃料电池 [M]. 武汉：武汉大学出版社，2015.

[23] 王绍荣，肖钢，叶晓峰 . 固体氧化物燃料电池吃粗粮的大力士 [M]. 武汉：武汉大学出版社，2013.

[24] 王绍荣，叶晓峰 . 固体氧化物燃料电池技术 [M]. 武汉：武汉大学出版社，2015.

[25] 韦文诚 . 固态燃料电池技术 [M]. 上海：上海交通大学出版社，2014.

[26] 吴寿松 . 燃料电池 [M]. 北京：水利电力出版社，1960.

[27] 夏天，王敬平 . 固体氧化物燃料电池电解质材料 [M]. 哈尔滨：黑龙江大学出版社，2013.

[28] 肖进 . 固体氧化物燃料电池结构设计与性能研究 [M]. 镇江：江苏大学出版社，2018.

[29] 徐腊梅 . 质子交换膜燃料电池模拟与优化 [M]. 北京：国防工业出版社，2012.

[30] 衣宝廉 . 燃料电池高效、环境友好的发电方式 [M]. 北京：化学工业出版社，2000.

[31] 尹诗斌 . 直接醇类燃料电池催化剂 [M]. 徐州：中国矿业大学出版社，2013.